JN101248

建設業のしくみと実務がよくわかるテキスト

建設業 新入社員読本 第3版

ニッコン建設産業研究所
中村秀樹・志村 満 共著

はじめに：建設会社に入社した君たちへ

建設会社へ入社した君たちは、今どんな気持ちでいるだろうか。おそらく不安と期待で心が揺れ動いているに違いない。

日本は今後人口減少に悩み、高齢化社会の難題に立ち向かっていかなくてはならない。担い手が不足している背景には３Ｋ（きつい、汚い、危険）というイメージがあり、それを打ち破るために新３Ｋ（給与良い、休日有り、希望あり）へ変革していこうと国も本腰を入れている。それでもすぐには担い手が集まる訳ではない。今後、若い君たちが誇りをもって元気よく建設に従事している姿を後輩たちに見せることが建設業の復活に繋がるのだ。それには越えなければならない壁がいくつかある。

1．社会に役立つ仕事がしたいのに実感できるだろうか。

2．自分が建設の仕事に適しているかどうかわからなくなるかもしれない。

3．間関係に悩むことで不安が増してきたらどうしようか。

これらを解決していくためには"自分の目標"を持つことだ。目標は「こんな設計してみたい」「1級を取るぞ」「3分でトランシットをセットするぞ」など身近なものでも将来のものでも良い。アスリートはオリンピックでのメダル獲得を目指して必死に練習する。その過程で「もう限界だからやめよう」と悩み挫折することは何度でもある。そのとき周囲のアドバイスのひと言で立直り、チームが支えて再び目標目指して頑張ることができる。建設業も同じだ。失敗やミスは成長する石段と同じだ。一生懸命努力すれば先輩たちが支えてくれる。そのためには仕事に興味・関心を持ち、自ら考える習慣をつけることだ。

次の写真を見てみよう。どんな印象をもっただろうか。

「すごいな、どうやって作ったんだろう」

…これは一般の人が考えることが多い。新人の君たちも同じように感じるだろう。ところが、**2か月、6か月、1年、2年と経験を積んでいく**とどうなるか。

【2か月後】「どんな材料を使ったのか」「どんな機械を使ったのか」

【6か月後】「どんな職種の人たちが何人働いていたのか」「何か月くらい各作業が行われたのか」

【1年後】「風の強い日や大雨のときどう安全対策をしたのか」

【2年後】「設計するにはどんな基準、計算式を用いたのか」「現場の調査はどんなことをしたのか」

【5年後】「材料の調達をどこからいくらでしようか」「材料の置場、作業工程の合理的方法は何が適しているのか」

【10年後】「図面と現地に食い違いがあったらどう変更しようか」「工事コストを考えた段取りを皆で話し合おう」

【20年後】「施工方法を比較して最適なものを採用するため検討会を行おう。工事現場の人たちを指導して安全に無事遂行するための組織づくりを考えよう」

というように見方、感じ方が成長していくのだ。

新人の君たちは、**まずは用語を覚えることからスタートだ**。同時に建設の流れをイメージでとらえると良い。

本書は新入社員の君たちが入社したところから、およそ1年間で習得すべき基本内容を平易に解説している。まさしく、右も左もわからない君たちの水先案内人でもある。実務に慣れながら、早く仕事のポイントや方法を身につけられるように具体的に明示してある。

また、建設業界の一員である以上、必要最少の知識も取り入れてみた。1年経てば、この本の70%以上はマスターできるはずである。この本をきっかけに、より詳細な専門書、マニュアル、仕様書などを読めるようになれば大したものである。これからの君たちの健闘に期待したい。

株式会社日本コンサルタントグループ
建設産業研究所
中村　秀樹／志村　満

建設業新入社員読本 第 3 版
＜目次＞

第1章

建設業とは

今、君たちの前に広がる建設業の世界とはどんなものだろうか。

まず面白味から入ってみることにしよう。そうすれば、自然と興味が沸いてくるはずだ。知らず知らずのうちに"やってみたい"と思うようになる。こうなればしめたものである。

どんどん先輩に質問し、自分でノートをつくれば、必要な知識が身についていく。いつしかやり甲斐に変わり、その頃には少しずつ仕事を任されるようになっているだろう。

まずは、建設業に対する興味からである。

1. 建設の面白みとやり甲斐

(1) 建設技術者は何を相手にするのだろうか

君たちは新人教育を受けた後、現場で実習することになるだろう。まだ専門用語も道具名もわからないまま、先輩の後ろについて現場を見て回る。

ヘルメットをかぶり、ユニフォームに身を固めていると、いかにも工事監督の姿に見えてくるから不思議だ。立っているだけなら、アルバイトでも人形でもよい。これから一人前の建設技術者になっていくのであれば、人形やアルバイト以上の役目を果たさなければならない。

そこで、次のような場面でどんな答え方をするのか、自分自身で考えてみよう。

【演習１】

道路上で穴を掘っている作業場面に、君がいるとしよう。通行人に「何の穴を掘っているのですか」と尋ねられたとき、君ならなんと答えるだろうか。

下の①～④の中から選んでみよう。

注）イラストはイメージであり正しい施工管理を示したものではありません。

①「危ないですよ。近づかないでください。」

②「サア？　今図面を調べてみますので少し待っててください。」

③「アッこれね。下水ですよ。」

④「これは各家庭から出される汚水をこの管にいれて処理場に集め、きれいに

して川に流すんですよ。この下水管は見えないところで人々の生活を支えてくれているんです。」

建設技術者は、単に与えられたことを実行していればよいのだろうか。立入禁止を強調し、市民と会話もできないのでは一体何のための公共工事かわからない。重機作業中で危険であれば近づけない処置をして当然であるが、歩行者通路が近くにあれば、通行人の中には作業に関心を持つ人もいるだろう。

＜市民への工事案内例＞

この写真は、公共工事において工事の目的を、市民に向けてイラストで親しみやすく説明している例である。

建設技術者は社会に建設物を造って、人々を自然から守り、人々の生活を便利に楽しくしていく役割をもっている。むしろそこに生き甲斐があるはずである。

次世代への遺産を残し、歴史を刻む建物を造ることだってあるのだ。

君たちは、自分が現場でしようとしていることは何のためかを、いつも考えるようにしよう。君たちは建設という仕事を通して人々と対話し、自然と語り合っていることを忘れないでおこう。下の図のように、建設技術者が相手にするものを、自分なりに分類してみよう。

演習１の質問に対して、②、③の答え方をする人は自分の立場を理解していない。④のように、建設が人々にどのように役立つのかをわかりやすく教えてあげることが、建設業と市民の距離を縮めていくのだ。

<建設技術者の相手>

(2) 建設技術者のやり甲斐とは何だろう

君たちのほとんどは"建設物を造る喜び"に魅せられて、建設会社を選んでいることだろう。自分の裁量で「人、モノ、金」を動かして、図面に描かれたものを造り上げることに面白味を感じているからである。

われわれの生活の中でもそれに似た喜び、達成感はいくらでもある。例えば1200 ピースのジグソー・パズルを完成したときや、精密なプラモデルを 1 カ月かけて完成したときなど達成感はひとしおだろう。

建設業もスケールの違いはあるものの、同様な気持ちになるものである。しかしながら、ジグソー・パズルやプラモデルと大きく違う点がある。それは完成したときは同じものでも、作り上げていく過程、すなわち施工方法は自分で考え出さなくてはならないことである。

建設のやり甲斐はまさにそこである。自分の経験、会社のノウハウ、本からのヒントなど全ての情報をもとに、最も適した施工方法を選択して所定のものを完成させるゲーム、それが建設なのである。

次の問題を例にとって考えてみよう。

【演習 2】

工事現場に下記のような小川がある。最も経済的な方法で幅 3 m の歩行者通路用の橋を作ってみよう。

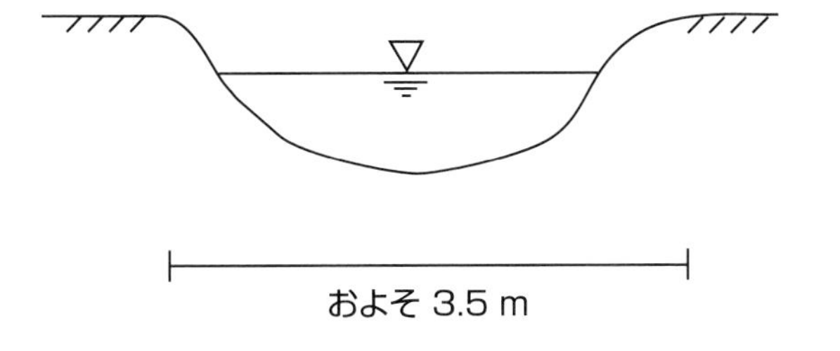

さあ、人の通れる幅３ｍの橋をつくる考えがまとまっただろうか。下記のようないろいろな考えや答えが出てくるだろう。その過程は工夫次第で、安くも高くもなるので検討してみよう。(用途によって安全上の制約があるがここでは発想としての設問と考えてみる)

【演習２解説】

君たちの今の知識からいくと、次のような答えが出てくるだろう。

① この橋はとても丈夫でコストの高いものになる。人の荷重を考えればもっと安い材料があるはずである。

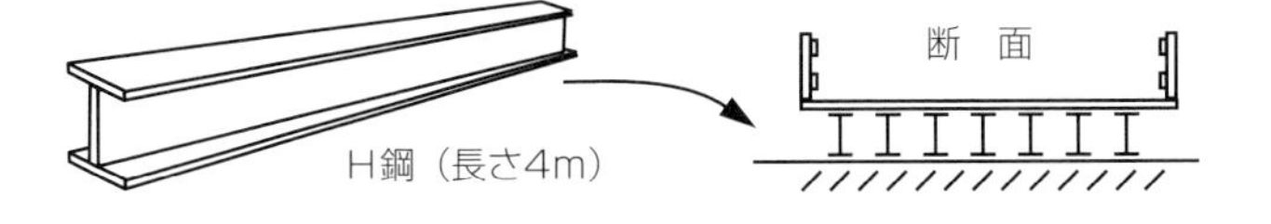

② H鋼と五寸角の１本当りの強度と価格を知っていれば、安全かつ経済的な施工を見つけられる。

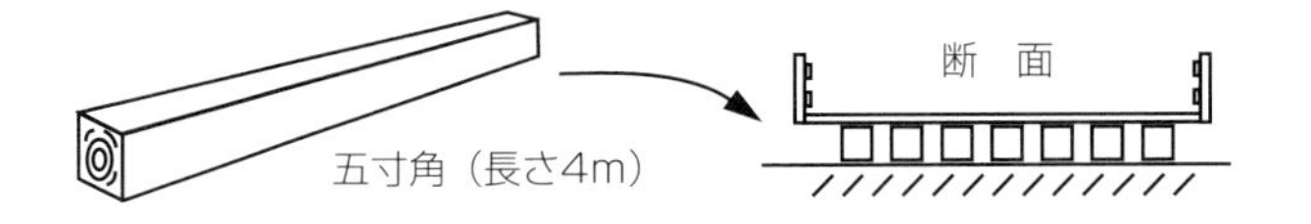

③ さらに経験を重ねていくと、足場板を縦に利用することも大変経済的であることがわかる。ただし、足場板を梁材として使用することは適切ではない。ここでは横と縦の使い方でZ（断面係数）が大きく異なることに気付いてもらうアイデアとして捉えてください。

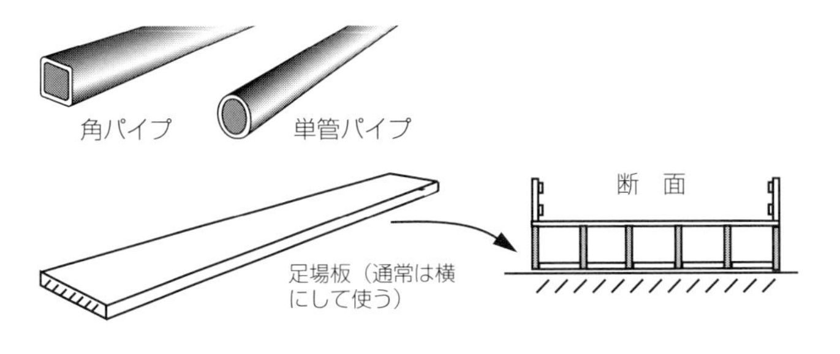

④ 少しキザっぽく施工しようとすれば、このような橋ができる。この他にも自分で考えてみよう。

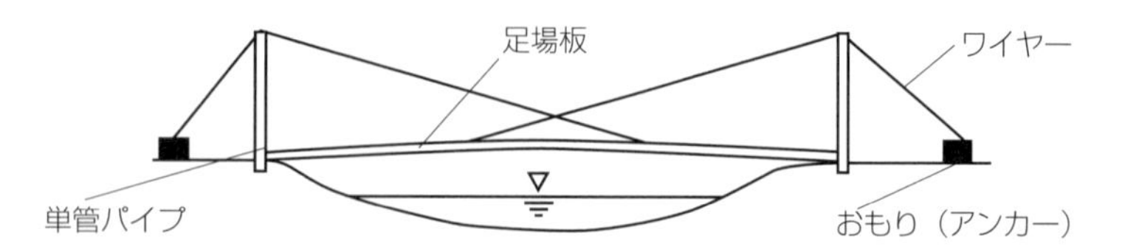

君たちはまだ材料の呼び名、使い方をほとんど知らないはずだ。しかし、今は興味をもつことが大切なのだ。ちょっとした作業にもいろいろな考え方を用いて、施工を面白くしていくことが、建設技術者としてのやり甲斐につながるからである。今から積極的に材料の値段、用途、規格などノートを取って覚えていき、自分の発想で建設物を造っていくことができるようになろう。

(3) 建設技術者はどんな責任をもつのだろう

君たちは、たとえ新米でも工事監督としての立場でヘルメットをかぶり、作業員たちを指揮する立場にある。その責任は経験を増すごとに重くなっていく。

現場に慣れてくると、早い人で 2～3 か月後には簡単な仕事を任されることがある。例えば測量だ。図面から計画高を算出し、レベル測量にて掘削の底を明示するかもしれない。あるいは、柱の位置を出すことがあるかも知れない。

初めは先輩がチェックしてくれるので、ミスがあっても見つけて訂正してくれるだろう。しかし、その仕事を任されたとなると、自分で何度もチェックしないと落ちつかない。なぜなら万一、高さや位置を間違えたらどうなるだろうかと不安だからである。建物は一度造ったら、取り換えは容易ではない。コンクリートの位置を間違え、解体してやり直せば数千万円の損害になることもある。クレーンのセット位置を計画通りにしなかったために倒壊し、隣の民家を直撃して大事故を起こすこともある。

建設技術者は、いつも"危険"と"ミス"の背中合せで仕事をしていると言ってよい。裏を返せばそれだけ緊張し、用意周到な計画を立て、毎日の現場点検を何度も繰り返さなければならないということだ。だからこそ、工事がうまくいったときには感激し、天にも昇る満足感を味わえるのである。「キツイ、汚ない、危険」と呼ばれる「3K」が建設業のデメリットと言われている。しかしながら、工事に夢中になっているときは、そんな 3K などは何とも感じないものである。

そこで考えてみよう。毎日自由で、楽で、責任のない仕事をしていて、本当に満足感が得られるだろうかを………。君たちは地球上に形の見えるものを造ろうとしているのだ。先人たちは困難に立ち向かって文明を築いてきたのだ。君たちも、やり甲斐のある仕事を責任をもって果たしていこう。

(4) 建設技術者の感激

建設物を包んでいた外装養生シートが外されていく。するとピカピカのビルが顔を出し、通行人が注目する。この時「やったあ！」の達成感が出てくる。

＜建設技術者の感激いろいろ＞

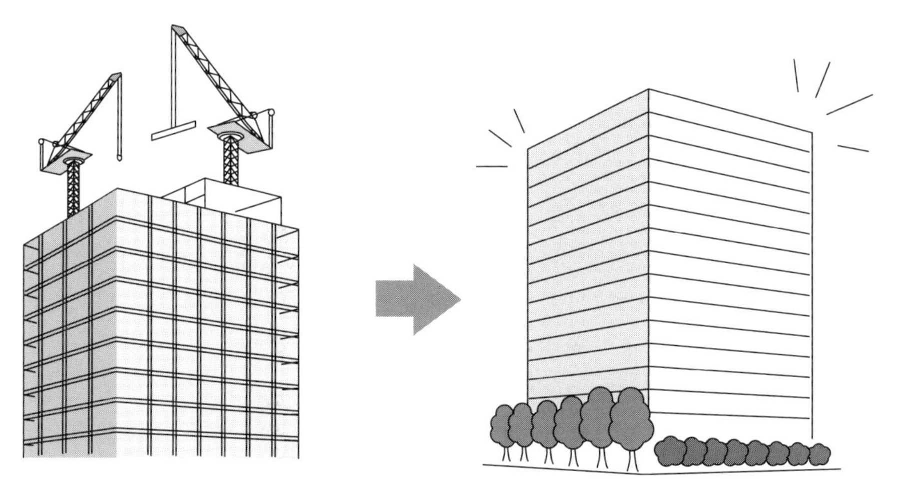

達成感とは、重い責任を背負った人のみが味わえる感激である。

施主	設計者	設計者/工事担当者
こんなビルを造って下さい。こんな機能を取り入れ、この予算でお願いします。	何度もプランを練り直し、施主と打合せする。社内でも議論する。	いろいろ苦労ありましたが、お客様に気に入っていただき、とても感激です。

“立派な建物”を完成していただき、本当に有難うございました。“立派な建物”を完成していただき、本当に有難うございました。

施主から「ありがとう」と感謝されたとき
「よかった！」という感激が心から沸いてくる。

※ 顧客満足（CS：カスタマー　サティスファクション）という考え方も「あたりまえ」になってきた。施主を満足させてこそ、技術者としての使命を果たすことができるのだ。

2. 建設業界とはどんなところだろう

ここでは、建設業界の基本について、知っておくと役立つ項目を取り上げていく。まずは自分の働く建設業界の世界を知っておこう。

(1) 建設業界の実態

これまで右肩上がりの時代（バブル期）を経て、大巾な工事量減少となった。収益力の低下したゼネコンは淘汰のうずに巻き込まれ、生き残る企業が選別されているのだ。ところが 2011 年度（震災復興）のターニングポイントから、工事量が増加し、アベノミクス政策により景気浮上として建設投資が見直されている。建設投資は横ばいで推移し、ゼネコン各社は人手不足、コストアップの問題を抱えて必死に工事遂行努力をしている。

建設業は GDP のおよそ 10％を占める基幹産業であり、建設工事に関連している産業は、資材・機械メーカーをはじめ、運輸業など広範にわたっている。

建設の 60.7％は民間工事、39.3％が公共工事となっている。また、「建築工事」61.6％、「土木工事」38.4％がおよその構成比である。

全産業の 7.4％に相当する 492 万人の就業者を抱えているものの、技術者不足、資機材調達難など労働環境はよいとは言えない。（以上、建設業ハンドブック 2021（日本建設業連合会）による）

下のグラフに示すように、今後の建設経営は、生産性や合理化を考えた施工技術の開発、海外建設輸出、インフラ老朽化対応技術など戦略的な判断が求められていく。

＜建設投資の推移（名目値）＞

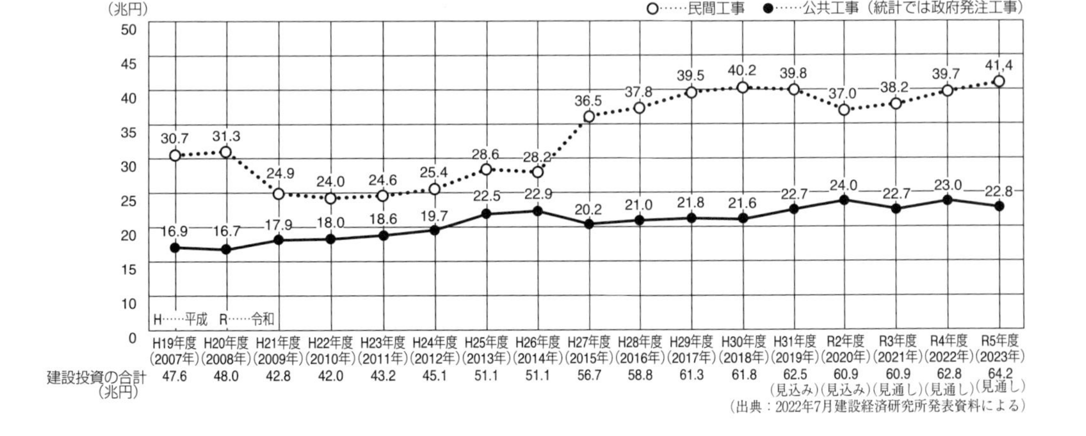

（出典：2022年7月建設経済研究所発表資料による）

建設業界は、他産業（全産業）と比べて高齢化の傾向が顕著であり、令和２年現在で就業者は 55 歳以上が約 36%、29 歳以下が約 12%と高齢化が進行している。そのため、次世代への課題が山積しており、その課題は大きく３つある。

①インフラ維持・更新において人手を必要とするものの将来的に 100 万人くらい人手不足になると言われている。
②担い手の大半が専門工事会社で働く技能員たちである。この人たちが高齢によりリタイアしていくので現場で働く人たちが不足する。
③若い人たちが建設業に入職しないと中小建設会社が廃業の危機に直面する。すると協力会社が少なくなりゼネコン（元請会社）は受注しても施工する工事会社がいなくなってしまう。

このようなトレンドを新人の君たちは理解し、解決へのエネルギーを発揮してもらいたい。

<建設業就業者の高齢化の進行>

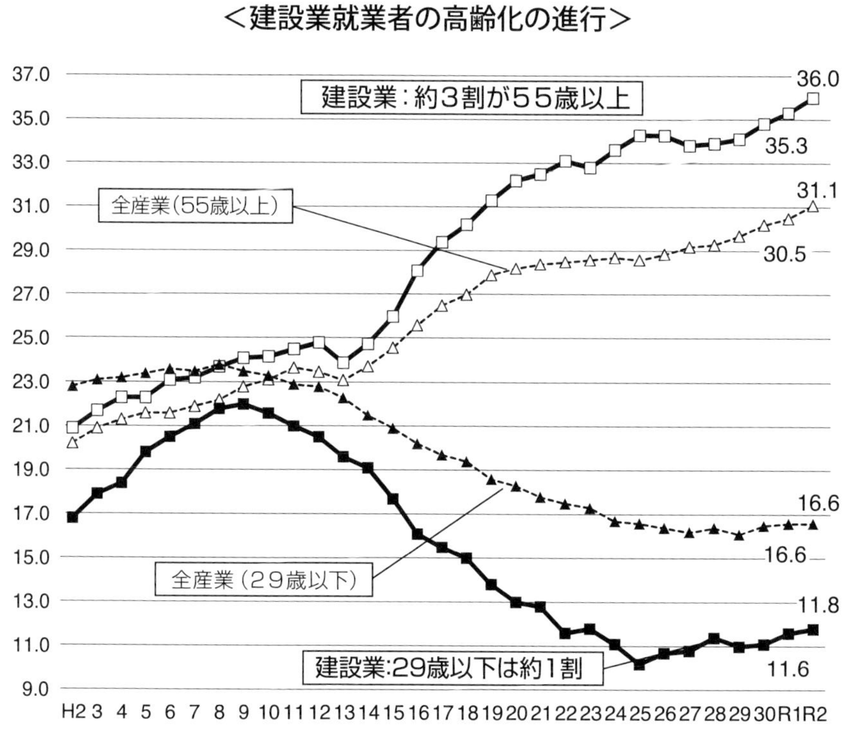

出典：総務省「労働力調査」を基に国土交通省で算出

3. 建設業界、改革の流れと現状

(1) 変動する建設市場と業者数

現在、約 47.5 万社（2022.3 時点）の許可業者が建設市場でビジネス競争している。その中で、本当に建設の仕事をして生計を立てている建設業者は推定 30 万社くらいではと言われている。残りは名前（看板）だけであったり、仲介（口聞き）だけであったり、実態の伴わない建設業者と言われている。

そこで、『施工体制台帳』により、現場の下請負体系を明示して、技術者を常駐させて（『技術者の専任制』）本当に施工しているかどうかを行政が点検できるようになっている。

これらは不良不適格業者を排除するための『入札契約適正化法』により厳しいチェックを受け、違反した業者には重いペナルティー（指名・営業停止や許可取消し）を課している。現場で働く担い手不足も問題となり、行政は新しい仕組みを立ち上げている。

＜淘汰される建設業者＞

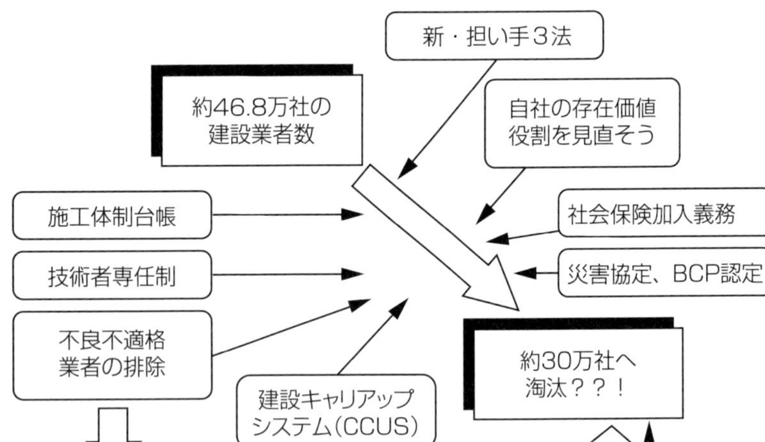

注）BCP＝事業継続計画
注）新・担い手３法：2019.6に改正建設業法、「改正公共工事品確法」「改正入契法」を一体的改正しまとめたもの
注）建設キャリアアップシステム(CCUS)：技能者の給与を技能と経験に応じて引上げ若者に技能のキャリアパスを示していく新しい制度

(2) 新市場進出の模索

1992 年に約 84 兆円の建設投資額のあった建設業界は、バブル崩壊後に右肩下がりとなり、40 兆円を割るところまで落ち込んだときもあった。

ところが、東日本大震災による被害想定が約 17 兆円（原発被害は除く）と算定され、むこう 10 年間、30 兆円の復興予算計画が立てられた。

2020 東京五輪・パラリンピック景気に支えられたものの担い手不足の問題に悩みながら 2020 年以降の工事受注に各社戦略を練っているのだ。2020 年を境にインバウンド（訪日観光客）は更に増加し、地方ビジネスもこの流れで観光施設を充実させてきた。ところがコロナ禍が世界的に混乱を生み、人の集まる分野や大きな痛手を受けた。テレワークや働き方改革の流れで、地方建設会社も地元の産業に目を向けて柔軟性（発想）あるビジネスに協力していく取り組みが求められているのだ。

＜今後の建設市場＞

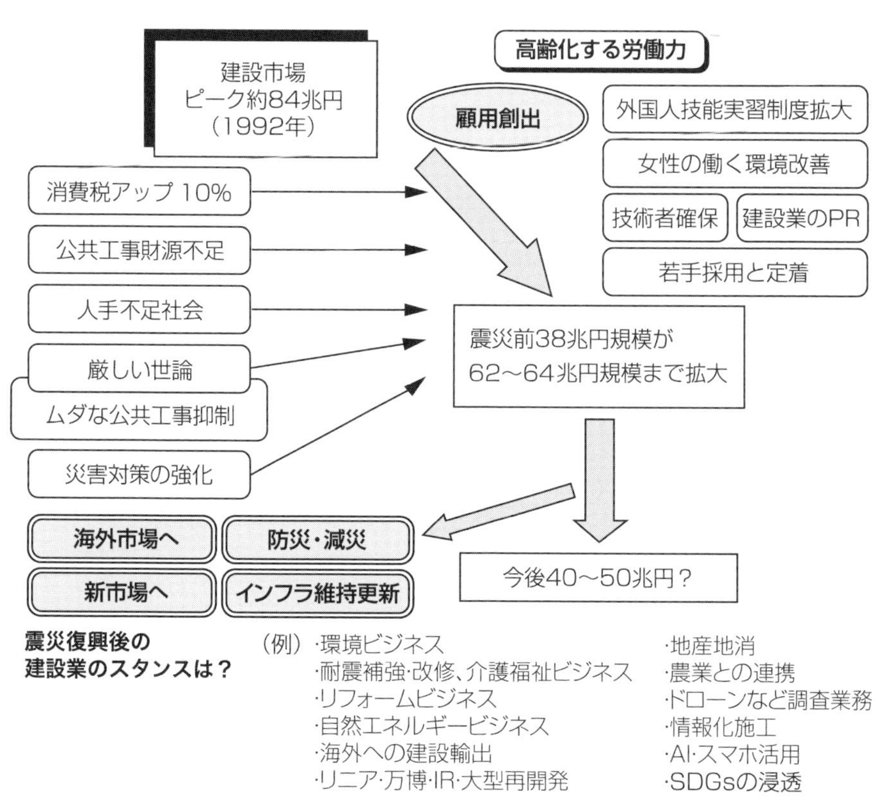

(3) 企業間競争の激化

a.「ユニットプライス」の導入

国は、2004年以降の4年間で公共工事コストを2割削減する方針を打ち出した。これまでの6年間でおよそ21%のコスト縮減をしてきたものを、さらに下げていくというものである。

その方針の1つは『ユニットプライス』と呼ばれる施工単価方式導入である。従来の役所積算は施工断面当たりの材料・労務・機械の各費用を積み上げていくやり方であったものを、元請会社が下請・外注会社に発注する相場単価をデータ化して標準単価にしていく方法に移行していこうとする試みである。

したがって、コスト管理力のない会社は利益の出せない企業体質となり、入札競争に勝てなくなっていくことだろう。

b. 性能規定による技術革新

一方、1999年から試行されてきた性能規定は総合評価方式による入札に関連していく。なぜ、これが入札に関係するのだろうか。それは行政はコスト削減を至上命題としているからだ。民間技術を導入して安く施工する知恵として、VEやデザイン&ビルド方式と共に、性能規定の出番である。

この考え方は、例えばガードレールを考えてみよう。その図面と仕様書に基づき、図面通りに施工するのが通常である。これを仕様規定と呼ぶ。一方、性能規準を設定して、例えば10tダンプが時速40kmで衝突しても飛び出さない強度を持つものなら、施工者が技術の裏づけを示せば何でも良いというのである。ワイヤーでもフェンスでもコンクリート擁壁でも丸太でも構わない。性能規準を満たしているという証明があればよい。

実験によりその性能を満たしているかどうかを証明するにはお金がかかる。従って、既存メーカーのカタログ性能に頼ることになる。コストが安く合理的な施工提案は技術力のある大手が有利になる。

性能規定は各技術、基準に関して広く採用されている。消防法、建築基準法などでも採用されているが、図面で拘束するより性能規定で柔軟な対応をしようとする技術革新と考えられるのだ。

一歩進んだ企業は『NETIS』(国交省の新技術情報提供システム)を活用している。2001年より、インターネットを通じて一般に民間技術を紹介しているシステムである。建築(土木・建築・設備他)に関して各企業の特徴である(安全、品質、コスト、省力化、環境配慮など)材料、施工法などがデータ化されている。

これらに自社技術を載せて広くPR・活用を狙うと同時に、総合評価方式の新展開に伴い、施工計画、技術ノウハウを社内蓄積して活用していくことが、企業優劣に大きく影響していく。

< NETIS 活用の影響>

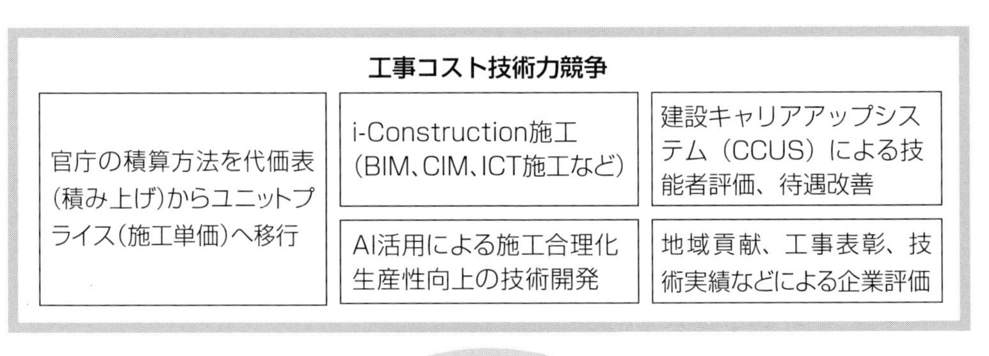

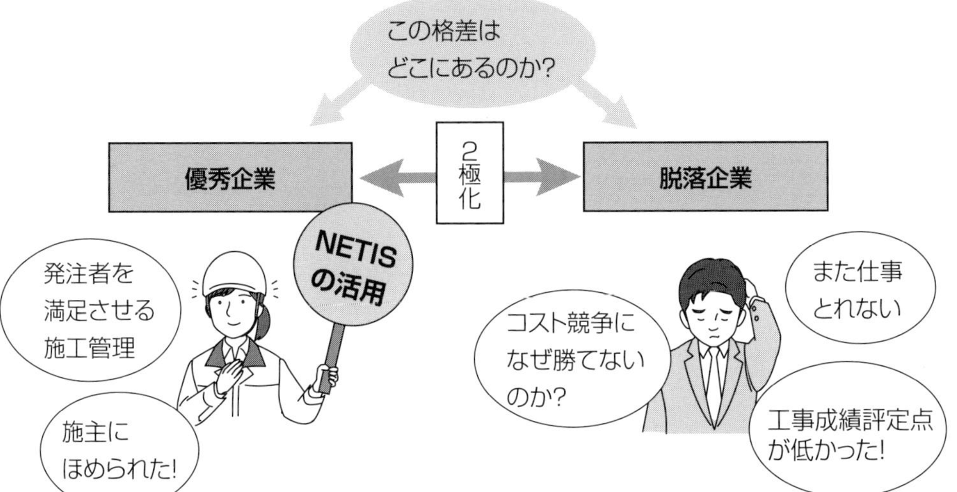

BIM…ビルディング・インフォメーション・モデリングの略。構造や仕上げ情報を使って(入力して)3次元の建物を表示し、設計・施工・維持までのワークフローを合理的に運用していくシステム。

CIM…コンストラクション・インフォメーション・モデリングの略。調査・設計・施工・維持管理において3次元モデルによる生産システム効率化を目指すもの。この発展形としてi-Constructionの施工例がある。

ICT施工…ICTはインフォメーション・コミュニケーション・テクノロジーの略で、情報通信技術を活用した施工のこと。

i-Construction…CIMの活用を施工に適用させていくこと。

(4) 企業間競争の激化

a. 環境問題の時代背景

1950年代から公害が社会問題となり、その対策としての法律条例が環境に対する国民の意識を変えていった。工場からの廃液による悪影響や排出される煙からの空気汚染、車の排ガスなど1960年代・70年代はこれらの規制が年を追うごとに厳しくなっていった。

1970年代、80年代に入ると、工事現場も一時的とは言え、作業によって出る騒音や振動、さらには重機からの排ガスも住民への健康被害に繋がることもあり、施工法を検討する動きが目立っていった。

例えば杭を打撃により打設すると大きな音が響き、周辺から騒音振動の苦情が寄せられる。工事によって住民に被害を与えることは減らさなければならない。すると、工事において騒音、振動がどの程度かを調査し、それを減らす施工法に変更する必要も出てくる。

これらの社会的要請が当時の杭工事を変えていった。打撃から圧入、さらにはプレボーリング（外堀や中堀）、現場造成杭（掘った杭の孔にコンクリートを流し込む）という騒音、振動を大幅に減らす杭施工が盛んに採用されるようになっていったからである。

したがって、工事施工計画を考える場合、工事を行う場所や、地方条令を調べ、環境に優しい施工法を考えていく知識も身に付けていかなければならないのだ。この他重機や工事用車輛は2000年に入って低騒音型、排出ガス対策型建設機械などが使用されるようになり、厳しい環境規制値をクリアすることが求められるようになっていった。今では道路工事等でよく見られる太陽光を使ったサインボード、標識看板も省エネのためでもある。

では世界的な動向はどうだろうか。今や地球温暖化の問題が日々のニュースで取り上げられている。今後は地球温暖化対策が更に厳しい数値で、具体的な実行計画を伴って要求されてくるだろう。温室効果ガス（主にCO2排出）による世界の平均気温上昇が顕著だからである。大雨や超大型台風、森林火災、海水面の上昇、気候変動など我々の生活に大きな影響を及ぼしていると考えられているからだ。

またフロンによるオゾン層破壊は将来的には地球を壊す要因にもつながると言われている。今では代替フロンを利用しているもののオゾン層を守ることが技術で可能かどうかわからない。地球規模の環境問題について、建設を通して理解することも若い君たちの宿題ともいえる。

またバーゼル条約（有害廃棄物の国境超えた移動に関する国際条約）において、リサイクルに適さないプラスチックごみを規制対象にするという。コンビニ袋やペットボトルなどの処分も大きな社会問題となり、国民が知恵を出して使用制限することが求められるだろう。

建設現場も省エネ、省資源、リサイクルに努めCO2排出削減に知恵を出していくことが、若い君たちの課題になっていくと考えてもらいたい。そして、SDGsの取り組みにも関心を持とう。

b. 建設現場の廃棄物

建設現場においては、建設副産物（現場で使用して残った材料（物品）の総称）のうち、再利用できるものがある。これらは建設リサイクル法（平成 12 年）によってリサイクル率を高める取組みがなされている。

建設発生土、金属屑は原材料として使用できる。中間処理施設に運んで再利用できるコンクリート塊、アスファルト合材、建設発生木材などは路盤材料や舗装合材にも広く利用できるようになってきた。

したがって、建設工事においては施工計画に廃棄物の処理方法を明記しておく必要がある。その手続きとしてマニフェストを作成し、廃棄物処理を確実に外部委託するような仕組みが確立されているので、工事に従事する人は十分理解しておくことが大切である。

<環境問題と対策のキーワード　（時代背景の目安）>

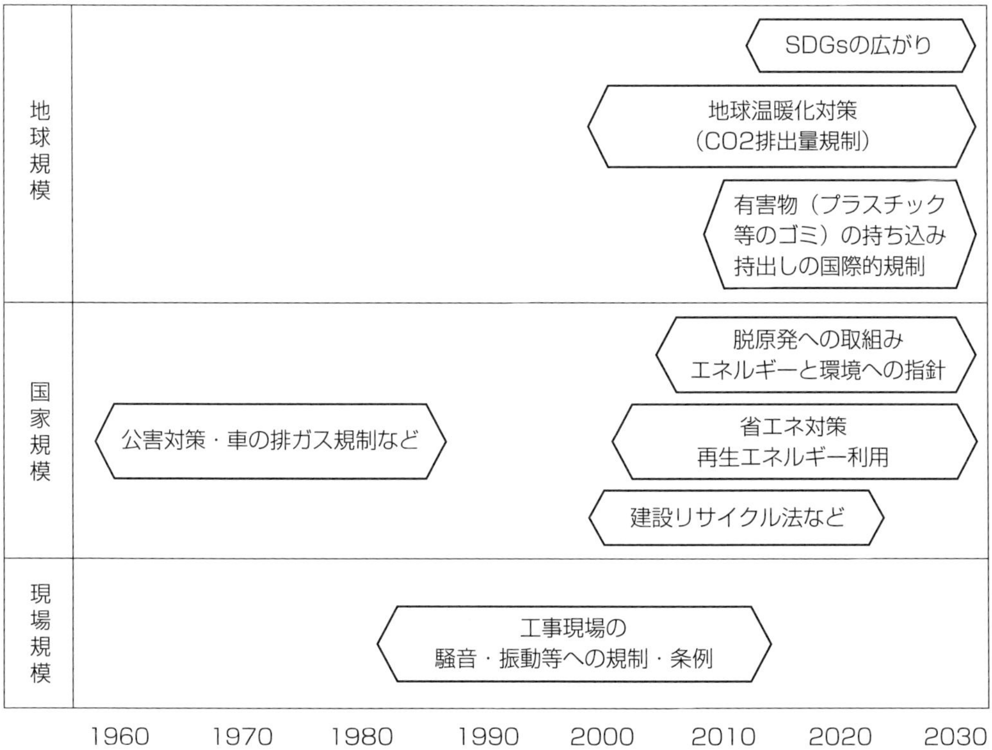

＜環境問題に関連する政策＞

- 役所の施設を率先して $LCCO_2$（ライフサイクル CO_2）の少ない省エネ・環境配慮型にして建設する⇒ **グリーン庁舎**
- リサイクルされた材料を率先して活用する⇒ **グリーン調達またはグリーン購入**
- 現場のゴミをゼロにする⇒ **ゼロエミッション**
- 建設材料をリサイクルしていく⇒ **建設リサイクル法**
- 大型ビル・工場に省エネの義務づけ ⇒ **改正省エネ法**
- 中小ビルを含めた事業者へのエネルギー管理義務 ⇒ **改正省エネ法**
- 省エネを推進するESCO事業（エネルギーサービスカンパニー）

(5) CSR（企業の社会的責任）とコンプライアンス（法令順守）

日本を代表する企業を含めて、法令違反が社会問題となった。これまで、社会ルールを逸脱した行為が大小頻繁に行なわれてきているといえる。

建設会社も法令によって規制された行為と背中合わせで受注活動、現場管理をしている。労働災害を起こした現場がその災害報告をしなかったり、住民協定ルールを破って施工したり、下請へ丸投げ禁止（建設業法第22条）にもかかわらず、一括下請をさせたり、これまでいくつも指摘されてきた。

そこで建設企業はサービス業やメーカーで先行して実施されている顧客満足（CS＝カスタマー・サティスファクション）を取り入れていこうとする動きが盛んである。個人情報の取扱いや情報セキュリティーの教育も実施されている。

顧客（施主・発注者・近隣）に満足のいく（感謝されたり、感動を与えたり、不快な思いをさせない対応）しくみをつくり、そのマナーを身につけ、会社の存在価値を高めていかなければならないのである。

昔ながらの現場体質では、これからは通用しないと肝に銘じておくことである。

＜CSR とコンプライアンス＞

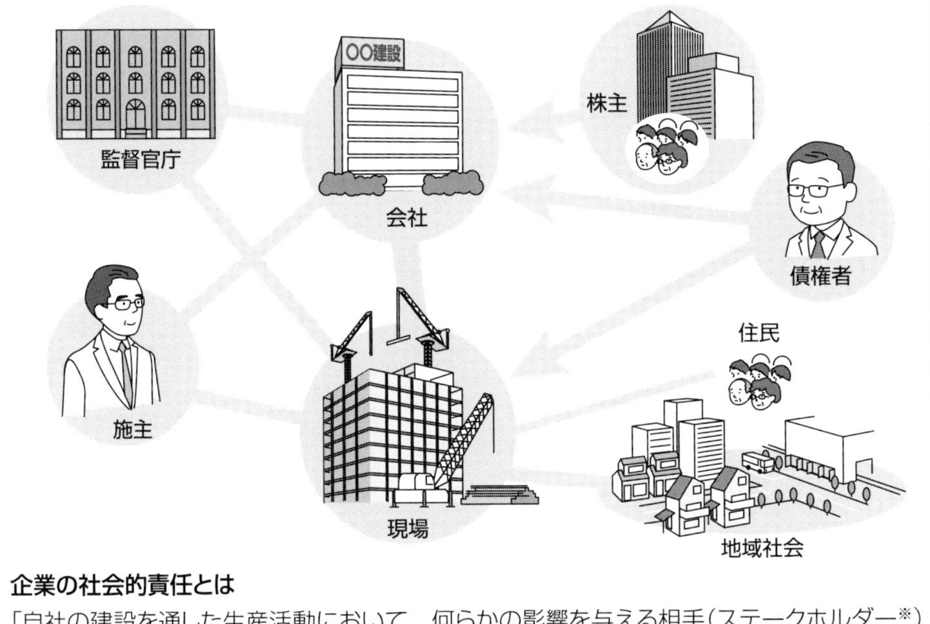

企業の社会的責任とは

「自社の建設を通した生産活動において、何らかの影響を与える相手（ステークホルダー※）に対して信頼され、期待を裏切らない企業として存在することである」と定義づけできそうである。

※「ステークホルダー」…利害関係者のこと

CSRとは

Corporate Social Responsibilityの略で“企業の社会的責任”と解釈されている。

事故、品質不良、顧客不満足、不祥事･･･トラブル、契約不履行

顧客満足経営（CS）による会社への信頼を高める

不祥事を起こさないコンプライアンス（法令遵守）

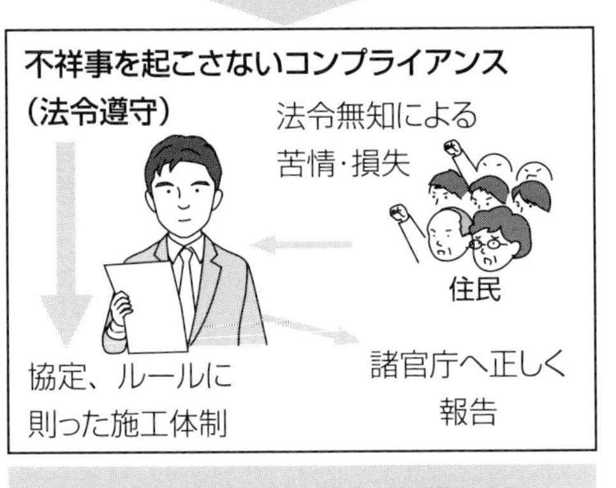

コンプライアンスを充分に認識しよう

(6) 建設会社の現状と課題

今、君たちは大震災（東日本、熊本など）後に入社した若手だろう。一方バブル期に入社した上司（1990年代入社）たちは、金の卵として大切に（辞められては困るから）育てられた。この間の中堅(先輩)社員は、建設業の不況、不安定により少ない入社人数だった。即ち多い40代〜50代の半面少ない30代の社員構成と言える。20代の君たちは建設の明日の担い手として切望されている。

従って、これまで述べてきた建設業界の現状を理解して、君の所属する企業としての悩みや課題を見つけ、必死になって立ち向かっていかなくてはならない。

そこで、建設会社の現状と君たちへの期待をまとめてみることにしよう。

・〔**現状①**〕君たちはなぜ建設に従事したいか。そのきっかけは何だったか。どんなイメージをもっているか。先輩や上司は十分理解できていないので、そのギャップに悩むこともあるはずだ。そのときの乗り越え方を今から考えておこう。

〔**アドバイス**〕君たちは**働き方改革**の時代の中で建設工事に従事している。一方、先輩や上司、さらには協力会社の人たちはそんな悠長なことは考えていない人も多い。なぜなら所定の期日までに作業を終える責任があるからだ。そのため「材料はいつ入る！」「まだ墨が出ていないぞ！」と厳しい要請があるかもしれない。そんなとき「自分はやっていけるのか」不安になるだろう。

そんな君たちを見て先輩、上司たちは**その壁を乗り越えてもらいたいと願っているはず**だ。社会貢献したい、自分が従事した建物を子供たちに見せたいと夢を持っているのなら、**現場で先輩、上司と一緒に話し合ってみる**ことだ。職人の人たちの中には、君たちと同じ思いをもって働いている人もいる。**理解してもらえないのは話し合っていないからだ。**

・〔**現状②**〕マニュアル、手順や書類重視の工事管理が重要であるものの、作業の目的を根本から考えていないので応用力が身につかない。指示されたことしかできないと、レッテルを貼られてしまう。

〔**アドバイス**〕まずは**用語、作業の流れ、打合せの言葉を覚え、**少しずつ先輩、上司の指示に従って仕事を覚えていく。現場に配属されて数カ月経ってやっと小さなことを一人でできるようになる。このとき「こんなこと指示していない、やり直しだ」というようにミスすることもよくある。そのとき指示内容で不安なこと、不明なことを復唱して確認すればよい。「指示内容はこうすればいいですね」と**具体的にわかることを復唱する**のだ。

「もう一度お願いします」ではなく「〜したあと、そこがわかりません」と言い返せばよい。すると先輩、上司もどこがわからないかに気付いて再び具体的に丁寧に教えてくれる。更には、指示内容が終わったら「次どうしましょうか」と言うのではなく、「終わったので次はこうしようと思います。よろしいでしょうか」と**先輩、上司に YES/NO で判断してもらうように前向きになるのだ。それには次は何をするのかという自らの判断力が応用力を養う訓練になるからだ。**

- 〔**現状③**〕パソコンから iPad、スマホ活用の ICT が建設現場にどんどん活用されていく。それには早く工事管理の方法知識を身に付けてメーカーとの開発に協力できるようにしておくことだ。

〔**アドバイス**〕3D 設計、GPS による測量、自動化された重機作業、CAD による施工計画と書類作成、電子書類の受け渡しなどは今後どんどん普及していく。

こうした情報に敏感になり、先輩上司の手助けできるようになってもらいたい。君たちの方がこのような機器や取扱説明には慣れているからだ。大半の先輩、上司はパソコン世代であり、ワード、エクセル程度しか使えないと思っておくことだ。**君たちはスマホや通信技術において今後大いに頼られるだろう。**

- 〔**現状④**〕インフラの維持、更新そして国土強靭化（自然災害への対策）へ社会に建設業の役割を伝えていこう。そのためには建設をもっと PR する方法を君たちの手で実行しなければならない。

〔**アドバイス**〕大雨洪水や大震災が起こったとき、**建設会社は地域を守るために迅速に出動する。**このネットワークは全国的にホットラインがあり相互に助け合っている。君の所属する会社の上司に聞いてみるとよい。これまでの災害時緊急出動、復旧工事など多くの実績があるはずだ。その一員としてイザのときに備えて**現場周辺のハザードマップ**（崖崩れの起こりやすい場所、決壊しそうな河川、浸水地域、液状化地域など）を調べ、時々観察しておくことだ。それにはその専門知識（土砂崩れのメカニズムや兆候など）を早く身に付けることだ。地域から頼られ、選ばれる技術者を目指してほしい。

- 〔**現状⑤**〕建設工事は地味でコツコツ。そこから会社へ利益をもたらし次への技術開発（新しい施工法の採用など）、地域貢献（町おこしやイベントへの支援など）に結びつける原動力になることだ。

〔**アドバイス**〕**工事の経済性、安全性を十分取り入れた施工計画、施工実施をすることだ。**早くて３年たたないとプロとは言えないだろう。工事には予算がありオーバーすると赤字になる。すると会社は存続できなくなってしまう。**お金とのバランスを考えてこそ建設プロフェッショナル**に近づいていくのだ。

(7) 見えるようで見えない建設の仕事

君たちの中で営業・事務・企画を担当する人は、これまで説明してきたトレンドを頭に入れて上司・先輩や社外の人とお付き合いをしなくてはならない。

一方、工事・積算・設計に従事する人は、現場の枠の中で仕事をすることが多くなり、トレンドと言うより建設物を常に対象とした、目先の知識が当面必要になってくる。

ここでは、建設の仕事を通した他産業との大きな違いを説明してみることにする。

【演習3】

次の3つの質問について(A)～(D)から適切なものを1つ選んでみよう。

①出面の読み方は、(A)でがしら、(B)でいめん、(C)にんく、(D) でづら、である。
②トンネルの中では古くから、次のようなことをしてはいけない慣習になっている。(A)タバコを吸う、(B)ダイナマイトを使う、(C)口笛を吹く、(D)小便をする。
③周囲の地面が崩れてくることを、(A)土、(B)鬼、(C)山、(D)危険、がくると呼ぶ。

【演習3解説】

新入社員の中で、3問正解者はほとんどいないであろう。当てずっぽうで1～2問正解する人が2～3割いる程度で、理由を聞かれても答えられないだろう。

この質問の意図は、建設業は古い歴史の中から、独特の言い方や表現を使う世界であることを言いたいのである。これらの言葉を知らなくして、建設の仕事には従事できないと言ってよい。例えばレストランやコンビニでアルバイトしたとき、理解できない用語はそれ程使わないであろう。だから素人でもすぐに仕事ができるのである。なぜなら、一般の人々を相手にしているからである。

一方、建設はそこで働く人々を相手にしている。施主や近隣の人々にはていねいでわかりやすい用語を用いているが、現場においては別の言語で会話していると思われるくらいの意味不明確な言葉に聞こえてくる。

新人が初めて現場に出たときはそう思って当然である。建設現場で働いている様子は、第三者でも見ることができる。建物が完成していく順序や作業の一つ一つも観察できる。しかし、新人のうちは打合せや作業合図などの会話にはついていけない。新人の2～3か月は、まさに用語を覚えるのに必死になる。"見えるようで見えない建設業の仕事"とはこのような意味なのである。

さて、問題の解説をしておこう。

①**出面（でづら）**と呼ぶ。何人の人が、その作業をしたかという記録をとること。「○人／日」と書くことが多い。1日当り○人の人が働いたという意味であり、Day men（デイメン）を当て字で出面と訳し、そのまま［でづら・でずら］と呼ぶようになったという説がある。

②**トンネル内で口笛を吹くと寝ている山の神が目を覚まして、トンネルが崩れるという言い伝えである**。このような慣習はたくさんあり、また地方ごとにもいろいろある。知らなかったでは済まされないこともあり、先輩から早く教えてもらっておくことだ。特に建築住宅では家相を気にする施主がいる。"鬼門" [1]とか"床刺し" [2]など間取りを考えるとき十分調べておくことだ。

③掘削作業をしているとき、「**山がこないように注意していろよ**」と先輩から指示を受けることがある。その意味は地山（じやま）が崩れることである。日常よく使う表現である。これらの用語をノートにメモして、早く覚えておくと先輩たちの会話の中へ早く入り込め、仕事を早く覚えられるのだ。

<周囲の地面の崩壊>

建設業も近代化を推進し、一般の人にわかりやすい業界を目指している。特殊な表現は少しずつ減らしていき、センスのある聞きやすい用語を多く使っていかなくてはならない。その役目は君たちにある。

---

1. **鬼門：**（きもん）日本では古来鬼が北東からやってくると言われ嫌われる。建物の中心から北東方向を鬼門、反対方向の南西方向を裏鬼門と言う。
このように、建設には古くからの風習、祭、伝統行事など様々な慣わしがある。神社仏閣、城などに関連して歴史的に興味をもつとよい。現代はこれらのことを気にしない傾向にあるが、知っておくことで役に立つことが多い。
2. **床刺し：**（とこざし）床の間の天井の板の継目（竿縁（さおぶち）天井の場合は竿縁）が床の間の方向に向いていると不吉とされる。

(8) 用語の意味

● i-Construction（アイ・コンストラクション）

「ICT（情報通信技術）の全面的な活用」等の施策を建設現場に導入することによって生産性向上を図り、魅力のある建設現場を目指す国土交通省の取組みのこと。

出典:国土交通省「i-Construction～建設現場の生産性革命～」

● BIM／CIM

BIM（Building Information Modeling）は建築系の三次元モデル、CIM（Construction Information Modeling/Management）は土木系の三次元モデルのこと。調査、設計段階から３次元モデルを導入し、施工、維持管理の各段階においても、属性情報（材料、強度等）を付与しながら一連の建設生産・管理システムにおいて活用することで、品質確保とともに生産性を向上することを目的としている。

● ドローン

ドローンは遠隔操作や自動制御で飛行する小型無人航空機のこと。ドローンは工程写真の撮影、現場巡視の活用、橋梁やビルなどの保守点検などに活用されている。また、ドローンにより測量し三次元図面にしたり、図面から土量の算出をしたりすることができるようになった。

● オンライン電子納品システム

調査・測量・設計、施工、維持管理などの建設生産・管理システムにおけるデータ利活用環境の構築のため、成果品の電子納品を実施している。受注者が成果品となる電子データを発注者に納品する手段として、CD-R 等の電子媒体を用いた納品を行ってきたが、国交省ではインターネットを介して電子データの納品を行う「オンライン電子納品」を 2020 年度より試行を開始している。

● VR（ヴァーチャルリアリティ）

VR は仮想現実のこと。安全管理で体験学習に使ったり、図面を三次元で確認したりできる。建設現場で現場の施工状況と三次元の図面を重ね合わせて、チェックすることも試みられている。また、テレワークの普及に伴い、メタバースによる打合せや遠隔臨場（立会）にも活用されている。

● 建設キャリアアップシステム

「建設キャリアアップシステム（CCUS）は、技能者の資格、社会保険加入状況、現場の就業履歴等を業界横断的に登録・蓄積する仕組みのこと。このシステムにより技能者が能力や経験に応じた処遇を受けられる環境を整備し、将来にわたって建設業の担い手を確保する。

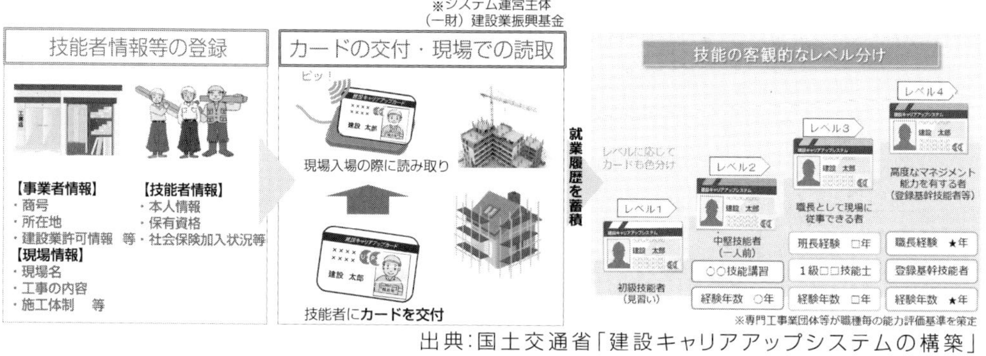

出典：国土交通省「建設キャリアアップシステムの構築」

● 特定技能

外国人技能者が増えてきているが、2019 年から「特定技能」という在留資格が加わった。これまでは「技能実習」「特定活動」という在留資格があったが、定められた期間で送り出し国に帰る必要があった。「特定技能」は人手不足を解消する戦力を提供することが目的で新設され、要件を満たすことで在留期間の更新ができ、将来的には永住権を取得することも可能な制度。

● グリーンインフラ（グリーンインフラストラクチャー）

グリーンインフラは、社会資本整備や土地利用等のハード・ソフト両面において、自然環境が有する多様な機能（生物の生息・生育の場の提供、良好な景観形成、気温上昇の抑制等）を活用し、持続可能で魅力ある国土づくりや地域づくりを進めること。従って、自然環境への配慮を行いつつ、自然環境に巧みに関与、デザインすることで、自然環境が有する機能を引き出し、地域課題に対応することを目的とした社会資本整備や土地利用は、おおむねグリーンインフラの趣旨に合致する。

● 気候変動対応

地球温暖化により21世紀末までに気温が2℃上昇するという予測があり、その場合には降雨量が約1.1倍、洪水発生頻度は約2倍になるという試算がある。将来予測を踏まえた豪雨による治水対策、堤防などの既設施設の整備など、リスクへの対策が必要になる。また、カーボンニュートラル政策も重点化されているので、今後注目しておこう。

● 総合評価方式

総合評価方式は、価格以外の要素を含めて総合的に評価して落札者を決定する入札方式のこと。価格競争だけの自動落札方式ではなく、価格と建設会社の技術提案を総合的に評価して落札者を決める。例えば100点の評価の企業が1億円の入札金額でも、110点の企業が1億900万円なら後者が高い工事金額で　落札できるということである。

● VE

VE（Value Engineering）は、価値工学と呼ばれ、機能を分析、追求することで目的に必要な機能を取り上げ、最小コストでその目的を達成させようとする手法。建設物の機能・性能を保ちながら他の製品や施工法に変えることにより、コストダウンを行う手法として活用されている。VEを取り入れた入札も行われている。

$$\boxed{\text{建設物の価値（V）}} = \frac{\text{機能（F）}}{\text{コスト（C）}}$$

● NETIS

NETIS（New Technology Information System）は、2001年より「コスト構造改革プログラム」において、新技術の活用を促進することで公共工事をより安く、安全に、よいもの（環境や品質など）にしていこうという主旨である。そのために、国土交通省のサーバーを広く行政・民間の発注者や施工者に新技術情報を提供していこうとするものである。

● SDGs

SDGs（エス・ディー・ジーズ、Sustainable Development Goals）とは「持続可能な開発目標」で、「世界中にある環境問題・差別・貧困・人権問題といった課題を、世界のみんなで2030年までに解決していこう」という計画・目標のこと。「持続可能な」とは人間の活動が自然環境に悪影響を与えず、その活動を長期にわたって実施し続けられるという意味である。昨今、新聞や雑誌、ニュースなどでよく目にしたり耳にしたりする用語だ。君たちの会社でも取り組んでいる（宣言している）ことが多い。

地球（全世界）という規模で誰ひとり不幸な人をつくらないという、オール地球の取り組みだ。身近なことで一つ一つできるところから始めよう。

＜2030年を年限とする17の開発目標＞

目標1［貧困］
あらゆる場所あらゆる形態の貧困を終わらせる

目標2［飢餓］
飢餓を終わらせ、食料安全保障及び栄養の改善を実現し、持続可能な農業を促進する

目標3［保健］
あらゆる年齢のすべての人々の健康的な生活を確保し、福祉を促進する

目標4［教育］
すべての人に包摂的かつ公正な質の高い教育を確保し、生涯学習の機会を促進する

目標5［ジェンダー］
ジェンダー平等を達成し、すべての女性及び女児のエンパワーメントを行う

目標6［水・衛生］
すべての人々の水と衛生の利用可能性と持続可能な管理を確保する

目標7［エネルギー］
すべての人々の、安価かつ信頼できる持続可能な近代的なエネルギーへのアクセスを確保する

目標8［経済成長と雇用］
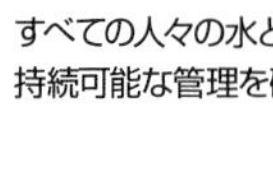
包摂的かつ持続可能な経済成長及びすべての人々の完全かつ生産的な雇用と働きがいのある人間らしい雇用（ディーセント・ワーク）を促進する

目標9［インフラ、産業化、イノベーション］
強靭（レジリエント）なインフラ構築、包摂的かつ持続可能な産業化の促進及びイノベーションの推進を図る

目標10［不平等］
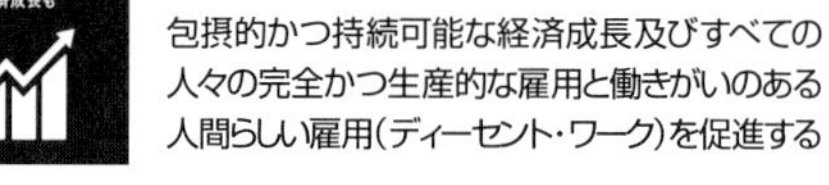
国内及び各国家間の不平等を是正する

目標11［持続可能な都市］
包摂的で安全かつ強靭（レジリエント）で持続可能な都市及び人間居住を実現する

目標12［持続可能な消費と生産］
持続可能な消費生産形態を確保する

目標13［気候変動］

気候変動及びその影響を軽減するための緊急対策を講じる

目標14［海洋資源］

持続可能な開発のために、海洋・海洋資源を保全し、持続可能な形で利用する

目標15［陸上資源］
陸域生態系の保護、回復、持続可能な利用の推進、持続可能な森林の経営、砂漠化への対処ならびに土地の劣化の阻止・回復及び生物多様性の損失を阻止する

目標16［平和］
持続可能な開発のための平和で包摂的な社会を促進し、すべての人々に司法へのアクセスを提供し、あらゆるレベルにおいて効果的で説明責任のある包摂的な制度を構築する

目標17［実施手段］
持続可能な開発のための実施手段を強化し、グローバル・パートナーシップを活性化する

出典：外務省「持続可能な開発目標（SDGs）と日本の取組」

☑ まとめ（第1章　建設業とは）

毎日、建設物を造る喜びを体感できる。

・図面の建設物が形に表われたとき、何とも言えない達成感が味わえる。
・丁張り（測量してブロックを積む定規）を作り、職人たちがそれを信頼してくれている。

造ったものが形として残り、人々の生活や産業の中で使われていく。社会に貢献し、歴史を刻む一員であることを誇りに思う。

・「よいものを造ってくれてありがとう」と感謝されたときの感激は、責任が重くなるほど大きくなっていく。

経験・知識・工夫により、様々な計画を考えて施工できる面白味がある。

・スタートとゴールは同じでも、現場条件を利用していろいろなアイデアを取り入れた施工ができる。

世界各国と比べて高い水準の建設投資額をもつ日本では、バブル崩壊後大きく工事量が減少したものの、国土強靭化や、インフラ維持更新、自然災害対策、大型再開発、リニア建設、世界的イベント誘致などで建設はやや持ち直している。

・コスト縮減、技術力重視、新市場進出、環境配慮政策などの時代の変化をよく理解しておこう。

大手ゼネコン、地元ゼネコン、専門工事会社（協力会社）、工務店など48万社を淘汰させていくハードル（専任技術者常駐、工事評定点、VE・技術提案、施工実績、技術者資格など）が高くなっていく。工事技術に強くなり、現場調査や設計変更提案など発注者からの要望に応えられることが大切だ。

・新しい発想と工夫で発注者ニーズを満足させようではないか。
・施工技術提案力を磨いていこう。

建設業界には特殊な用語や慣習がある。これらに早く慣れることで仕事が早く身に付くのだ。

・先輩に質問し、自分でノートをつくることが早く覚える近道である。

✍ 練習問題（第１章　建設業とは）

［問題１］

君はどんなことをしたくて建設会社に入ったのだろうか。
ここで自問自答してみよう。

［問題２］

日本の建設業界は今後どんな試練を向かえていくのだろうか。
あなたが思うことを３つ挙げてみよう。

⇒（解答は P.256「第１章　建設業とは（解答）」を参照）

第2章

建設会社のしくみ

建設業とはどんな業界か、少しずつ理解できたであろう。それでは次に、君たちが働く建設会社のしくみを学んでみることにしよう。

この章では、建設会社の業務の流れや、建設会社がどのような部門構成になっており、各部門でどのような仕事を行っているかを説明していくことにする。

1. 建設会社のしくみはどんなだろう

(1) 建設会社の業務サイクルと工事現場の体制

建設会社は工事を受注（請負契約を結ぶ）し、請負契約を遂行し、発注者や施主※に成果品（完成品）を納め利益を確保している。利益を高めて、技術研究開発や施工法の改善などに投資していく。建設会社の60～70％は技術系社員で占められ、技術の優劣が他社との受注競争の競争力になっていると言っても過言ではない。

君たちはまず、建設会社のしくみを知っておくことだ。しくみがわかれば、お互いに仕事が関連して成り立っていて、自分の仕事がどんな目的でなされているか理解できる。そうすると、早く一人前になるために、どのような能力・知識が必要であるかがわかってくる。

<建設会社の業務サイクル>

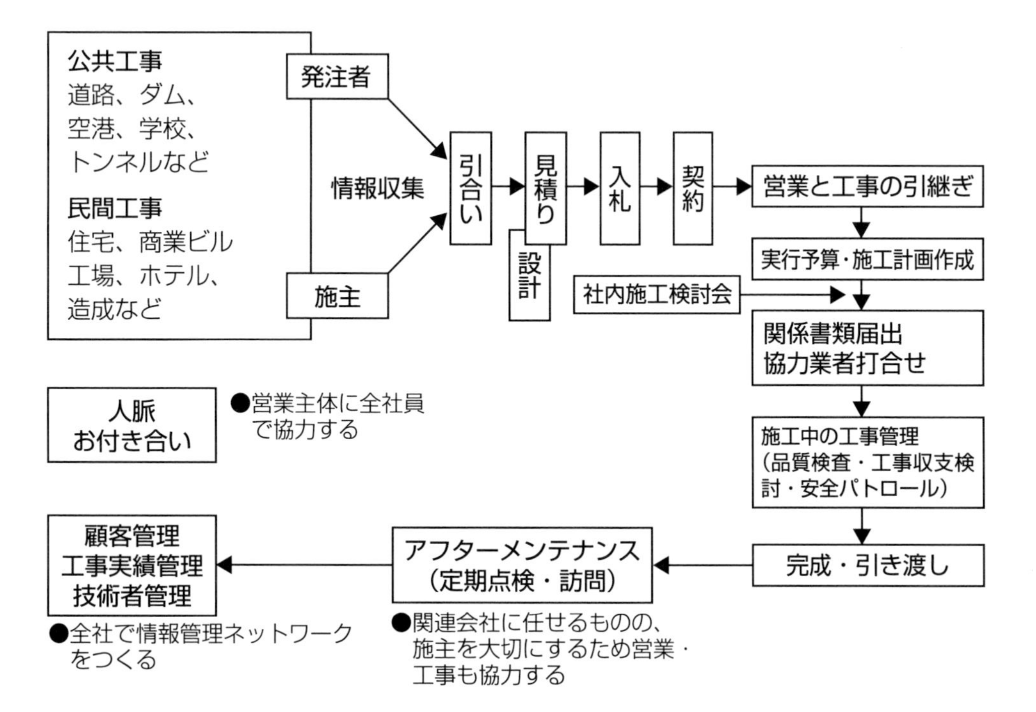

※**発注者、施主**：工事を依頼する側を一般に「発注者」と呼ぶが、民間工事では「施主」という言葉が多く使われている。発注者以外の工事を依頼する者、例えば下請負契約での発注側を「注文者」と言う。この場合、「注文書＝下請負契約」となる。

<工事現場の体制>

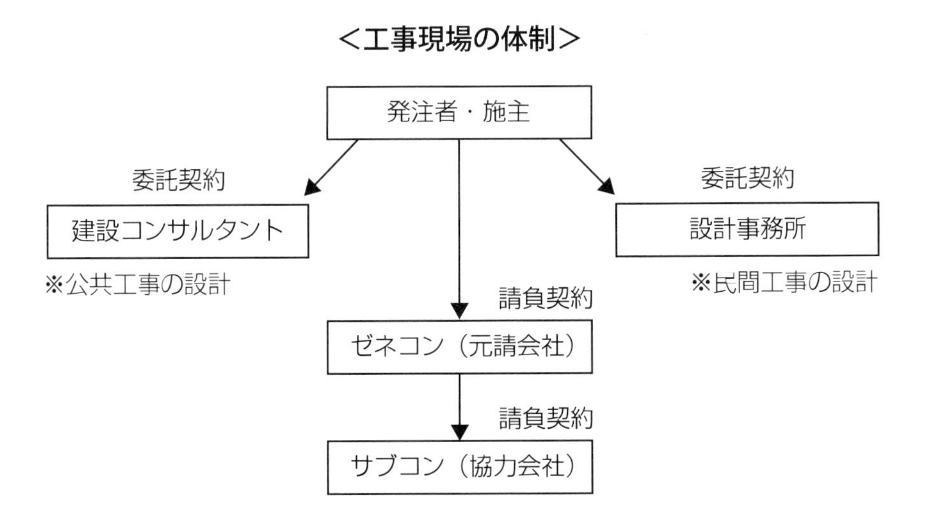

(2) 建設会社の３つの機能

建設会社は大きく分けると、営業系、施工系、事務・経営系の３つの機能を持っている。小さな会社では、営業部、工事部、総務・経理部のように分けられ、大きな会社になると下記のようなさまざまな部署に分かれている。

<建設会社の３つの機能と主な部門>

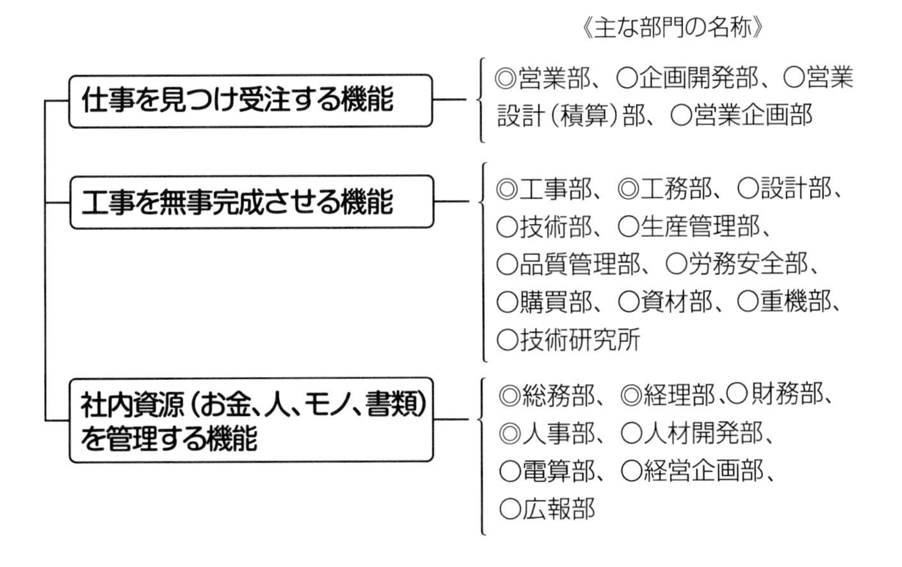

a. 仕事を見つけ受注する機能

受注する機能は、公共工事と民間工事では異なり、会社によっては部署を分けている。公共工事では客観性が求められ、定められたルールに従い、見積をして入札する。一方、民間工事では施主との関係性が重要であり、工事情報を入手し、何度も打ち合わせを行い、施主から選ばれることが必要になる。

民間工事では、これらの業務は人脈の深さ、施主へのメリット（どんな満足を与えられるか）営業マンの誠実さ、技術の信頼性などあらゆる要素を含んでいる。営業を担当するものは、経済動向（金利、企業動向など）、法律（税務、建築基準法、商法、民法など）、建設施工知識、一般教養など、幅広い対応力を求められている。スポーツ新聞やマンガばかり読んでいる人は、施主から相手にされなくなるのは当然の結果である。

営業部門に配属される君たちは、年上の人たちと話をし、お付合いをしていかなければならない。まず好感のもてる若者として言葉使い、マナーからマスターしていくことだ。営業活動のポイントは、長い間の会社の歴史、お付き合いしている得意先をしっかり勉強するとともに、営業のコツを一つ一つ先輩・上司から教えてもらうことだ。

まず人間的に好かれることが大切だ、ということを肝に銘じておこう。

b. 工事を無事完成させる機能

■営業からの引継ぎ

営業部門から受注報告書が届くと、工事部門は営業との工事引継ぎを行う。どのような施主からどんな規模、工種の工事を受注したかを知る。特に施主からの要望や受注経緯には関心をもっておく必要がある。例えば○月△日にお店をオープンしたい、○○の材料を使用してくれといった意向があるからだ。工事担当者がこれらのことを知らずに施工し、後に施主から指摘されて恥をかくこともある。

会社の信用も傷つくばかりではなく、施主は工事に対して不安になってくる。施主を安心させられない会社は、次の工事を受注するチャンスが少なくなる。工事に従事する君たちは"どんな目的の建物であるのか"、"どのように利用されるのか"、"工事上の施主への満足は何であるのか"を頭に入れて仕事をすることだ。

施工知識は不十分であっても、このような工事を進めていくうえでの運営ポイントはわかるはずである。将来、工事所長として大きな工事を任される人は、新入社員のときから、このようなことにいつも気を遣っていたのである。

■施工計画からスタート

請負契約書の質疑応答書、設計図書などを精査し、現場条件を調査して「施工計画書」を作成する。また、全体工程表、原価目標としての実行予算書、施工計画や工程計画に合わせた安全管理計画を作成する。施工管理は、品質管理、原価管理、工程管理、安全管理をしっかりと実施することだ。

新人の君たちは所長や主任、先輩社員から指示を受けて、その人たちの代理となって施工管理を遂行しなければならない。わからないことは質問し、曖昧な指示をしないようにする。協力会社への間違った指示は、間違った施工となってしまうからである。

■工事完了後も施主とお付き合い

建設物は完成・引渡しをした後に、維持管理しながら長い間使われる。良い建設物を造ることは施主の良い評価となり、次の仕事に結びつく。また、維持管理中のアフターサービスが良いことは、施主との信頼関係を強固にし、リニューアルの受注、他物件の紹介受注など営業活動に貢献する。建設物は造ることが目的ではなく、使うことが目的なので、完成後の使う場面を考えながら施工をすることが、優れた技術者の条件になるのだ。

c. 社内資源を管理する機能

会社の経営資源である「お金、人、モノ、情報」などを管理する部署がある。経理関係の部署はお金を、総務関係の部署は人、モノ、情報を主に管理している。次の業務フローをみて、お金の流れを確認してみよう。

＜工事に関するお金の流れの例＞

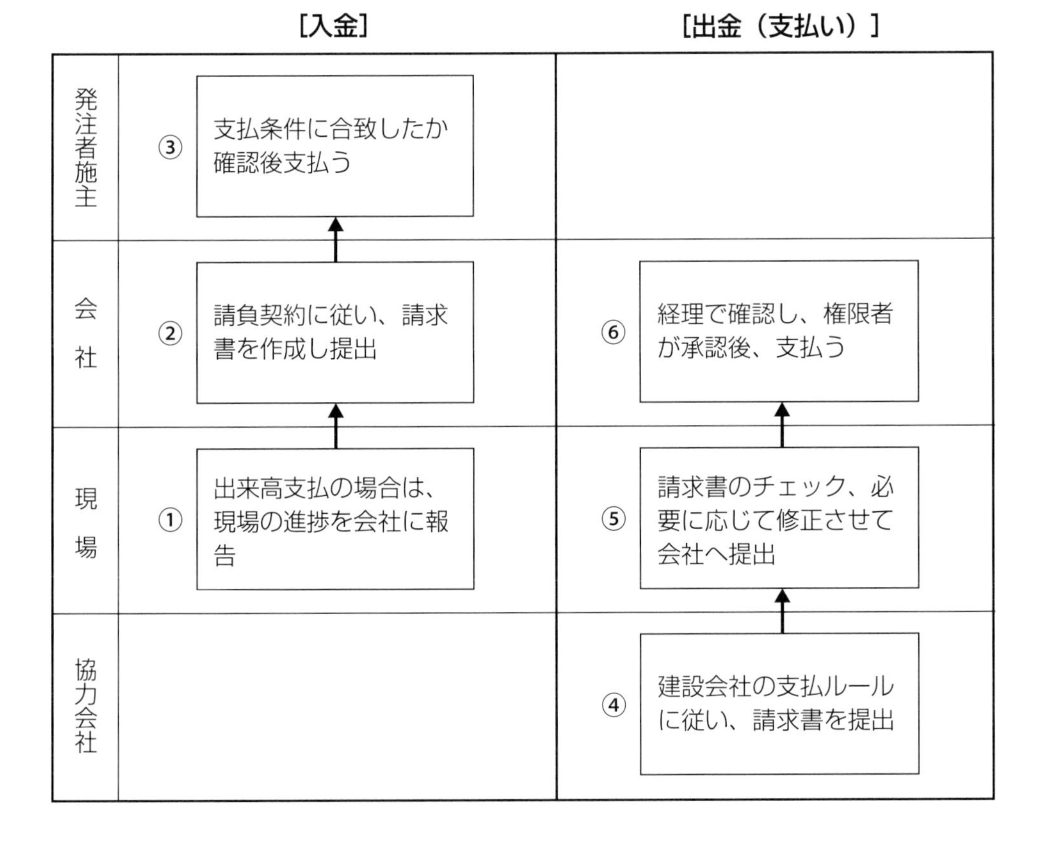

①請負契約で支払時期と金額が決められている。中間金がある場合は、現場が条件を満たす日程を会社に報告し、すみやかに請求できるようにする。

・出来高は、一般に施工した部分（出来形）をお金に換算したものをいう。

・建物では「上棟」の支払がある場合がある。上棟は木造建築では棟木を取り付けたとき、鉄骨は最上階の鉄骨を取り付けたとき、鉄筋コンクリート造は、最上階のコンクリートが打ちあがったとき。

②請負契約の支払の条件が整ったら、請求書を作成して提出する。

③発注者・施主は支払い条件が満たされたことを確認して建設会社にお金を支払う。竣工・引渡しをして、残金をもらって現場は終了になる。

④支払ルール（例、月末締め、請求書提出は５日まで）に従って、協力会社は請求書を会社もしくは現場に提出する。

⑤現場で請求書が正しいかどうかをチェックする。

⑥会社で確認し、権限者が承認の上で支払う。

2. 建設会社はどんな仕事をするのだろう

建設会社には３つの機能があることを学んできた。君たちは組織の部署に配属されるが、どんな仕事をするのか概要をつかんでおくと、飲み込みも早くなるだろう。それでは、建設会社の部門ごとの仕事の内容を説明しよう。

(1) 営業部門

公共工事と民間工事とでは営業の仕事も異なっている。

a. 公共工事の場合

■経営事項審査と情報収集

公共工事の元請けをする企業は、「経営事項審査」を受けなければならない。経営規模、経営状況、技術力、その他（社会性等）の審査項目を評価し、点数化する。この点数は資格審査の客観的事項の審査に使い、資格審査の総合点数によって格付けされ、入札に参加できる範囲が決まってくる。

公共工事では入札情報の入手が重要である。会社のランク、営業地域に合わせて、どのような公共工事がいつ発注されるかを情報収集する。自社のランクを対象とした工事物件をインターネット、専門誌、公示などによって調べる。

入札方式には発注者が参加する企業を指名する「指名競争入札」と格付けさえ満たせば参加できる「一般競争入札」がある。公共工事では客観性が重要視されるので、一般競争入札制度が主流になっている。価格だけはなく技術力を加味した総合評価方式が多くなっている。

＜公共工事の入札の流れ＞

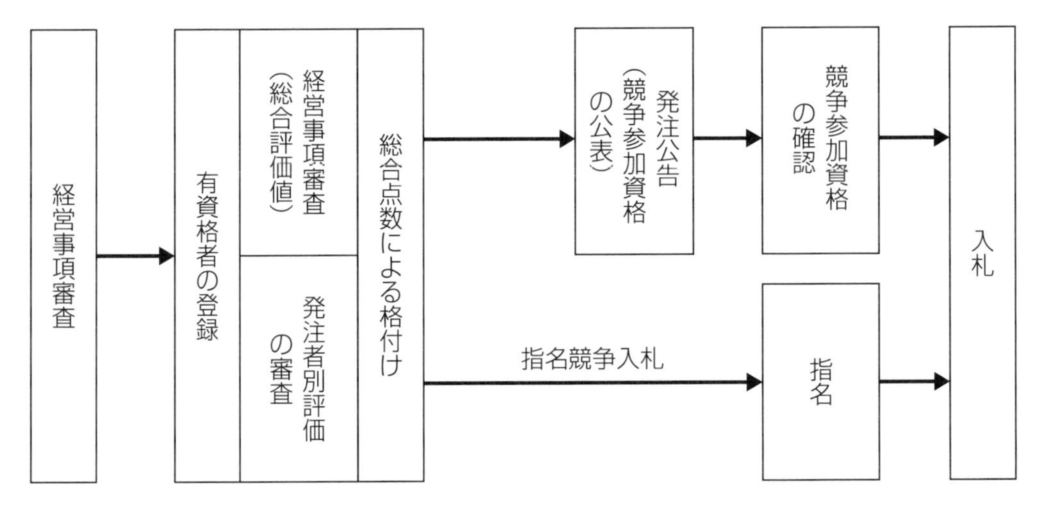

■積算と入札

入札では図面・仕様書以外に発注者からの現場説明があり、工事条件などの質疑応答が行われる。現場説明の特記事項、質疑応答者の内容は、図面・仕様書よりも優先されるので、受注したときには工事への引継ぎに盛り込まなければならない。

一般競争入札制度は一定の条件を満たせば、すべての建設会社が入札参加できる。発注者は予定価格（アッパーリミット）を定め、すべての建設会社が予定価格をオーバーした場合は「不調」といい、入札は成立しない。発注者は予定価格に対して最低価格を定め、それよりも下回った建設会社は失格になる。最低価格があるのは、ダンピング業者を防ぐためである。建設会社は積算により予定価格と最低価格を予測して、入札の金額を決める。

＜入札工事金額の予定価格と最低価格＞

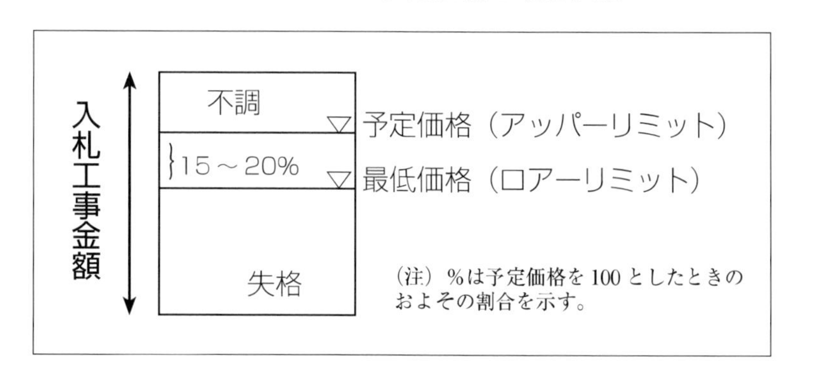

b. 民間工事の場合

■情報収集と交渉

他社より早く情報を手に入れて、施主と会うことが受注する近道である。そのため、公開されている一般情報の他、知り合いや設計事務所、税理士、取引先の銀行、デベロッパー、生命保険会社などに何度も足を運んで情報収集しなければならない。

空地の所有者を見つけて、飛び込み訪問することもある。そんなとき建設会社の名刺を出すと冷たく応待されることもしばしばである。民間工事は、施主の選んだ建設会社が自由に競争するので、価格が安いことが決め手になるケースが多い。これ以外に、「ギブ・アンド・テイク（G&T）」という施主にメリットある条件を提示した方が勝ちになることもある。

たとえばオフィスビルであればテナントを見つけてくる、あるいはテナント保証をするということで施主のリスクは軽減され、それがG&Tになることもある。

信頼を高めれば特定の一社だけに建設を依頼するケースもある。いわゆる"特命"である。

一方社内では施主のニーズを早く知り、会社がどのような決め手をもって受注していくかの作戦会議が重要となる。中小企業は社長中心に営業会議が行われ、大手企業は支店長中心に行われる。

営業担当者は、毎日の行動計画（何のためにどこを訪問するのか）をしっかりと立て、上司の指揮のもと迅速かつ綿密な行動をとらなければならない。特に訪問先や競合他社の動きなどを、毎日詳しく上司に報告しておくことが会社にとって営業上の重要な判断材料になる。

若い営業担当は上司の指示を忠実に守り、的確な状況判断のもと勝手な行動をとらないことである。

■受注後の施主のフォロー

受注後もときどき施主を訪問し、工事上の諸問題を聞いたり、祭事（上棟式、定礎式など）の打合せをしたりする。

事前に工事担当者と打合せして、施主を現場視察させることもある。施主と同行し、工事が順調にいっている印象を与えなければならない。

■企画提案

近年、施主の満足する事業を建設会社で計画し、それを提案することで建設工事を受注することが当り前になってきた。相続税対策のために賃貸マンションを建てることは、その代表例である。

営業担当者は、幅広い知識をもって施主を説得させなければならない。いい加減な知識で施主を怒らせることもよくある。会社の営業方針に基づいて、若いときからしっかり勉強しておくことだ。

■その他

下請工事の場合は見積書をつくり、元請会社へ折衝にいく。値切られたり、無理な注文をつけられたりすることもある。このようなときは、相手に頭を下げるだけではなく、切り返し話法や相手の弱点を突いた交渉条件をつけるなど、工夫が必要である。

若い君たちにはまだ無理であるが、ベテラン営業マンの良い手本を参考にして、自分の交渉力や話し方を磨いていくことだ。人間関係をうまくできるのが、営業としての第一の条件といえる。

(2) 積算・設計部門

民間工事を請け負っている建設会社は、設計部門を持っていることもある。企画や設計から施主に提案して、設計と施工を一緒に受注する「設計施工請負形式」と、施主が設計事務所に設計を依頼し、その設計図に基づいて施工のみを請負う「施工請負形式」がある。

公共工事では建設コンサルタントが設計業務を行い、一般的には施工請負形式で入札する。なお、設計と施工を一緒に発注する「デザインビルド方式」という入札方法もある。

＜設計施工請負形式と施工請負形式＞

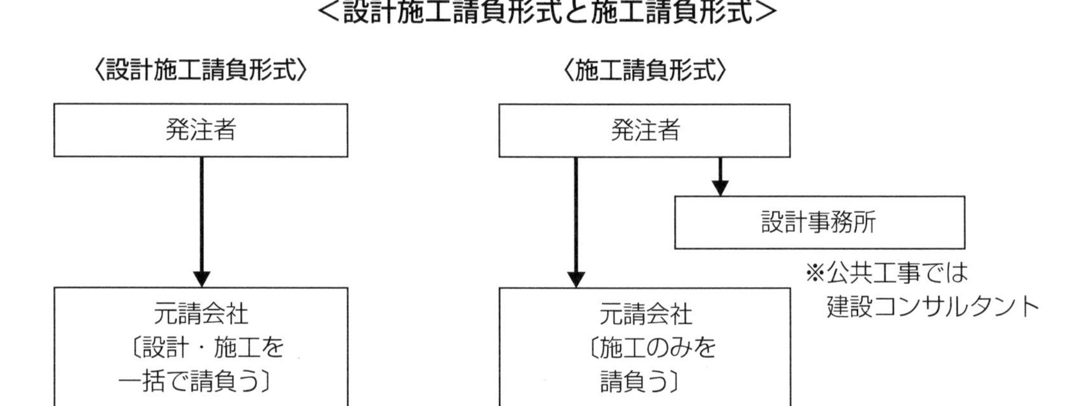

a. 企画・調査

どのような敷地に、いくらの予算で、どんな目的・ニーズの建物を造るのかを現地調査する。制約条件（規制、土地形状、法律など）を加味して、基本プランをつくっていく。事業に関するものは、事業採算性を分析して施主へ報告する。従って、関係官庁への打診、市場調査、近隣調査、敷地調査などがこのときの主な仕事となる。

b. 計画・設計

企画・調査からの資料をもとに基本計画を作成し、施主と打ち合わせを繰り返しながら設計を進めていく。基本計画がＯＫになると基本設計、実施設計へ進めていく。これらの設計図書をもとに、積算をして工事金額を算出し、価格交渉をする。

c. 積算

積算は設計図書、現場条件などをもとに、数量の算出、金額の設定をしていく。民間工事では交渉の過程で、施主に満足してもらい、価格を合わせていくために

VE※提案を出す。たとえば同じグレードでメーカー変更したり、施工方法を変えたりする。君たちは提案ができるように幅広く学ぶ必要がある。

※VE：バリュー・エンジニアリング（価値工学）のことで、機能を下げずに価値を上げたりコストダウンしたりする手法。

(3) 工事部門

a. 工事部門と現場

工事部門の事務所をのぞいてみると、人があまりいない。ほとんどの人が現場にいるからである。そこでまず、工事部門と現場のかかわりを見てみよう。

＜工事部門と現場＞

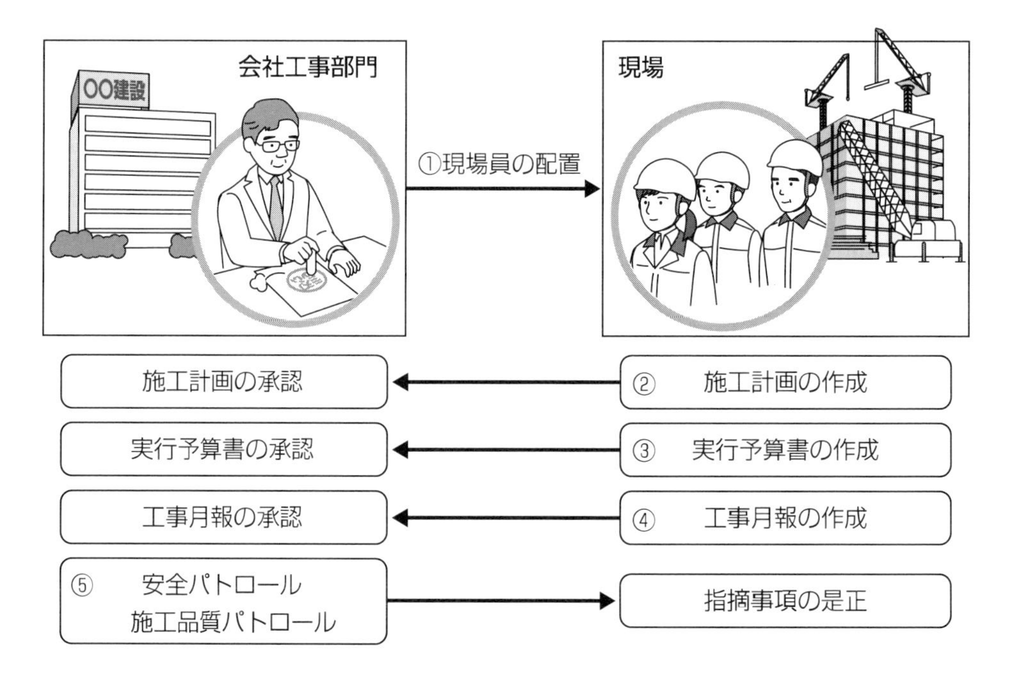

①現場員の配置

発注者・施主と請負契約が結ばれると、工事規模や技術者の経験や得意分野などのバランスを考えて現場員が編成される。配置できる技術者が限られている場合には、その時のタイミングによって人選が決まることも多い。

②施工計画の作成

現場のスタートは施工計画を作成することだ。品質、原価、工程、安全についてバランスをとりながら、着工から完成までの全体をどのように進めるかを考える。

③実行予算書の作成

実行予算は施工計画によって変わってくる。ゲートや荷置き場所の位置が異なるだけで、原価も変わってくるのだ。ここで原価を削減するように創意工夫することが大切だ。

④工事月報の作成

毎月会社に工事の進捗、工事の状況、工事原価の支出状況と今後の予定から最終利益予測を報告する。

⑤安全パトロール、施工品質パトロール

会社は安全面や品質面について、現場の状況を確認する。現場が忙しいなどの理由で不具合が発生している場合には、会社から指導したり、現場が適正な状況になるように支援したりする。

b. 工事係員（工事担当者）の一日の仕事

現場においてどのような仕事をするのかを、平均的な1日を想定して説明しよう。写真をみながらイメージしてみよう。

■朝礼

朝7時50分。協力会社、重機オペレータなどの現場で働く人たちが集まっている。元請会社の工事技術者の代表が朝礼をはじめた(下記写真参照)。

『皆さん、おはようございます。今日からシートパイル打設工事がはじまります。重機災害には十分気をつけるとともに、お互い連絡・合図の徹底を図ってください。それでは、KYK※を各グループに分かれて行ってください。』

※ KYK：危険予知活動の略

＜朝礼の様子＞

■自分の仕事を考える

工事係員は、1日の作業予定を頭に入れて現場に行かなければならない。作業予定のなかで、自分の役割や仕事があるからだ。

たとえば、コンクリートを午後から打設するのであれば、そのための段取りが午前中にある。現場で施工状況のチェックを行ったり、打設の準備をしたりする。打設するコンクリートの数量を計算して、生コンプラントに生コンの仕様、打設時間、生コン車の出荷間隔、連絡待ちの数量※を連絡しておかなければなない。当然、コンクリートの打設日は事前に予約しておく必要がある。

※**連絡待ち数量**：打設状況を見て、最終確定数量を決める。そのため、設計数量のやや不足気味を仮数量としておく。生コン車は一般に4.5 ㎥で1台なので、大きく余った時には経済ロスが生じてくるのを防ぐためである。（以前は6 ㎥／台であったが過積載に注意するため、4.5 ㎥/台または4.25 ㎥／台となった）

<工事写真の一例>

工事写真を撮ることも、工事係員の重要な仕事だ。特に隠れてしまう部分は、写真の目的に応じて記載した黒板を付けて、記録を残しておく。それが品質管理をしている証拠にもなる。

たとえば、配筋写真であれば配筋が正しいことを確認してから写真をとる。間違った施工を見逃さないように、施工知識を身につけておかなければならない。

足場、支保工の工程写真を撮影するときには、安全規準を守って作業を進めているか、安全規準に沿った設備になっているか、チェックすることも工事係員の役目である。

<足場・支保工>

■内業とは

一方、事務所に戻って内業することもある。

型枠材料の発注数量を木材会社へ注文したり、使用材料の承認願い[1]の書類を作成したり、週間工程表の作業計画案をつくったりといった業務である。

実際には、10日前に作成した工程表は、その工程どおりに現場はなかなか進まないものである。天候の影響や機械能率の低下など、人的努力以外の力も加わってくる。したがって工事係員は、今どんな状態で作業が進められ、そのままの状態で進めてよいのかどうかを判断する力が備わっていなければならない。内業を通して工事の進み具合や今必要なことを整理しておくことだ。

一つの作業の遅れが、他の多くの作業に影響し手待ち[2]や手戻り[3]を起こすことにもなりかねない。"この作業は大切なカギだ"というものをいくつか頭に入れて現場を見る習慣が必要である。また、工事全体を指揮する立場になるほど、常に大局的な工事を判断していかなくてはならない。

君たちは所長・主任へ現場の状況をなるべく詳しく報告することが求められる。チンプンカンプンな的外れの報告しかできないようでは困る。

---

1. **承認願い**：どこのどんな規格の材料を使用するかを、事前に品質資料とともに発注者へ提出し、許可をもらう。
2. **手待ち**：予定した作業の取りかかりができず、じっと待っていること（このぶん作業が進まないので職人からはいやがられる）。
3. **手戻り**：一度行った作業を中止して、もとに戻ってもう一度作業を進めること。二度手間といえる。

■作業終了前の大切さ

さて、1日の現場作業も終わりに近づいてくると、特別な作業を除いて、整理・整頓を各作業グループごとに行う（下記写真参照）。

風の強い夜には、ベニヤや土のう袋、シートが飛散し、近隣に迷惑をかけるかもしれない。夜中の大雨で河川が増水し、河川敷の材料が流されてしまうかもしれない。近くの子どもたちがこっそり遊びにやってきて、穴に落ちてしまうかもしれない。安全上の責任は、作業終了時の工事係員のチェックに負うところが多い。しっかり現場を点検しておこう。

<資材置き場の一例>

■現場のコミュニケーション

1日の現場作業を終えて事務所でお互い顔を合わせたとき、チームワークのよい現場は、自分の仕事（内業）を進めながらコミュニケーションをとっている。

- **主任**：「掘削の土運搬は予定どおり進んでいるかい」
- **係員**：「はい。ダンプ5台で回っていますが、少しバックホウが遊び気味ですね」
- **主任**：「もう1台増やしてみようか。すぐに協力会社に電話して手配しておいてくれるかい。それから、近くの住民から苦情がなかったかな」
- **係員**：「お昼ごろ、老人が20分くらいじっと作業を見ていました。特に何もいわれませんでしたが……」
- **主任**：「ダンプが土を引きずって、道路を汚さないかをチェックしているんだよ。雨降りのあとは、ダンプのタイヤを十分泥落とししてから場外へ出すようにしてくれよ。十分注意して」
・**係員**：「はい」

というように、工事全体を見る立場の人は、工事係員たちから現場状況を知ろうとする。長い経験で、工事の問題点や今対処すべきことがすぐに判別できる力を持っているからだ。

工事はチームワークでするものである。作業所長を中心に、主任、工事係員のコミュニケーションをとるのが夕方のひとときである。

(4) 事務部門

事務部門の人は事務業務が主体となる。ここでは工事に係る注意点を考えてみよう。事務部門の人は会社にいる仕事が多く、会社には発注者、協力会社、ときには近隣住民などから電話がある。あるいは、施主や設計事務所が会社を訪問することもある。そんなときに好印象を与える応対も必要である。

a. 対応マナー

事務担当を含め、全ての社員が礼儀やマナーを心得ておくことは当り前であるが、特に事務所にいる人は、いつも関係者から見られる機会が多いので注意が必要である。

新入社員の君たちはまず書類の作成手伝い、コピー、伝票整理、事務所の美化、電話応対、接客など様々なことをする。何か仕事を指示されたとき、業務の流れを頭に入れて自ら「～ということを××までに作成すればよろしいのですね」と必ず復唱する習慣をつけることだ。大切なことはメモをすることだ。

明るくハキハキと行動することで、現場事務所は活気づく。先輩が現場から戻ってきたら「お疲れ様です」と挨拶し、自分が銀行などに外出するときは「○○へ行って××時頃戻ります。行ってきます」と大きい声で言おう。新人の君たちにできることはまずここからである。

b. 工事担当者の補佐

・「○○君、これを××会社へ送付しておいてくれ」
・「△△君、××の見積書の計算集計をチェックしておいてくれ」
・「○○君、ここの材料を××会社へ、明日中に納入できないか催促してくれないか」

など、工事に伴う内業の一部を手伝うこともある。最初は言われたことをすればよい。だんだん慣れてくると応用を効かせなくてはならない。先輩はひと言ふた言を指示すればやってくれるだろう、と思い込んでしまっているからである。

人と人とのコミュニケーションには必ず勘違いがあると用心して、少しでも疑問に思ったことは確認しておかなくてはならない。工事担当の補佐役として次に大切なことは、工事が進んでいるのでその進み具合いを客観的に把握しておくことである。

工事主任が忙しく現場と事務所を往復しているとき、本人は何かを忘れていることがある。そんなとき「主任、今日午後３時に○○会社が来所することになっていますが、予定を変更されたのですか」と念を押しておくとよい。遠回しに言うことも親切である。なぜなら「～忘れてないでしょうね」と言うことは年上の人に対して失礼だからである。相手が君を生意気と思うかもしれないからである。

また、「○○の材料明日朝到着しますが、置き場所を指示していただければこちらで業者に指示しておきます」と一歩先を考えて、工事担当者への負担を減らしてやるとよい。

あくまで脇役となって、工事がスムースに進むように配慮することがポイントとなる。工事が完成したとき、工事事務担当者も技術者と同じような達成感を得られるのだ。

☑ まとめ（第２章　建設会社のしくみ）

● 営業部門

自社の能力・工事実績をもとに、得意先や特定地域を歩き回る。他社とのかけ引きや施主との見積交渉など、高度な経験が求められる。幅広い知識をもつことは当然で、人脈を増やしていく努力をしなければならない。

・新人の君たちは、上司の指示に基づいて的確な判断で行動することが重要だ。

● 積算・設計部門

積算は、いかに工夫して安く見積るかが受注競争の決め手になる。変更提案を作成し、より安い単価の材料を探し出す力を養うことが必要である。設計は施主のニーズ、考えを早く知り、企画、調査、計画、設計へとより具体的に図面を作成していく。

・自己満足のための設計担当は企業のお荷物となる。品質を維持して、より経済的な設計を心掛けることだ。

● 工事部門

工事現場は工事部門の一つの出張所である。実行予算書や工事収支状況など、常に現場の様子を工事部門へ報告しておかなければならない。現場の一日の仕事では、施工の進み具合いで工事担当者の仕事が変化していく。後手に回るようでは技術者失格である。

・現場内（所長-主任-係員）および作業間（元請と協力会社）のコミュニケーションは大切である。報・連・相（報告・連絡・相談の略）を徹底しよう。

● 事務部門

工事担当者を補佐する工事事務は客観的に工事状況を把握し、脇役として内業の手伝い、施主への対応をしなければならない。いつも事務所にいるので、野球でいうキャッチャー（女房役）的存在である。

・事務担当もある程度の工事用語、施工の流れ、打合せの意味を理解しておくことだ。

✍ 練習問題（第２章　建設会社のしくみ）

［問題１］

次の左の「建設の流れ」の番号Ａ～Ｄをよくみて、右の①～⑩の用語に対して関連する番号を入れてみよう。

（建設の流れ）
- 引き合い
- Ⓐ
- 契約
- Ⓑ
- 着工準備
- Ⓒ
- 施工
- 竣工・引き渡し
- Ⓓ
- メンテナンス

（番号を入れる）
- ①実行予算書　（　　）
- ②定期点検訪問　（　　）
- ③安全パトロール　（　　）
- ④企画営業　（　　）
- ⑤上棟式　（　　）
- ⑥計画書届出　（　　）
- ⑦入札　（　　）
- ⑧見積り　（　　）
- ⑨施工検討会　（　　）
- ⑩営業と工事の引継ぎ　（　　）

［問題２］

建設会社の社員として、次の各々の立場で与えられた仕事を怠ると、どんな結果になるかを例にならって記入してみよう。

（例）積算・見積りする立場…

数量計算を間違えたり、見積条件を見逃したりすると受注できなかったり、大赤字で受注したりする。

①工事を遂行する立場
②営業・事務を担当する立場
③設計をする立場

⇒（解答はP.256「第２章　建設会社のしくみ（解答）」を参照）

第３章

建設実務の基本知識

基本知識の第１ステップは用語である。工事現場や工事事務所、社内でよく使う用語を中心に、わかりやすく説明してみることにする。この中に出てくる用語は、実際に毎日使用されている数百分の一である。しかし、基本用語が身につくと、それに関連する用語もどんどん吸収することができる。

加えて、法的規則に関する知識も仕事をするうえで欠かせないものである。実際に仕事の中で直面する主なケースに沿って学んでいこう。

1. 実務で扱われる用語と書類

※以降の価格（単価）表記は、実勢を表したものではない。

(1) 仕事の引き合いから受注に至るまで

①見積書

見積書

名　称	寸　法	数　量	単位	単　価	金　額	摘　要
		新　築　工　事			円	
	鉄筋コンクリート地下1階地上5階建塔屋付				延床面積776.1m2(234.77坪)	
A　共通仮設工事		1	式		10,300,000	
B　建築工事		1	〃		125,290,000	
C　電気設備工事		1	〃		17,200,000	
D　給排水衛生設備工事		1	〃		14,000,000	
E　冷暖房設備工事		1	〃		12,100,000	
F　昇降機設備工事		1	〃		6,800,000	
G　外構工事		1	〃		1,390,000	
H　解体工事		1	〃		600,000	
I　現場管理費		1	〃		12,150,000	
J　設　計　料	地質調査費共	1	〃		7,200,000	
K　諸　経　費		1	〃		19,470,000	
合計					226,500,000	

解説

請負業者がこの工事であればこれだけの金額で仕上げることができるというもの。設計図、仕様書に基づき工事の内訳を細かく項目別に算出される。

ポイント

- どんな小規模工事であっても、また同じような工事であってもこの見積書が必要である。
- 契約条件、現場条件等が一件毎に異なる。
- 材料のロス発生を見込んでおく。
- 必ず経験豊富な第三者のチェックを受ける。

見積業務の流れ

設計図・仕様書の把握
↓
工事数量の計算
↓
値　入　れ
（単価を決める）
↓
見積算出
↓
見積内容を再検討
↓
提出見積金額の決定

②建設工事請負契約書

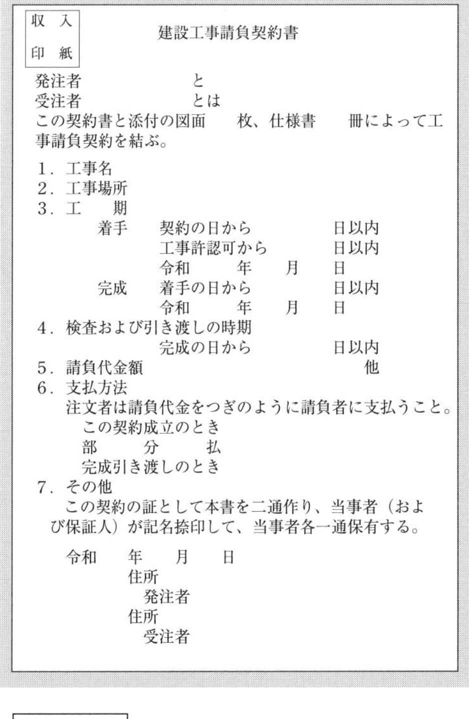

収入印紙

建設工事請負契約書

発注者　　　　　　と
受注者　　　　　　とは
この契約書と添付の図面　　枚、仕様書　　冊によって工事請負契約を結ぶ。

1．工事名
2．工事場所
3．工　期
　着手　契約の日から　　　　日以内
　　　　工事許認可から　　　日以内
　　　　令和　　年　　月　　日
　完成　着手の日から　　　　日以内
　　　　令和　　年　　月　　日
4．検査および引き渡しの時期
　　　　完成の日から　　　　日以内
5．請負代金額　　　　　　　　他
6．支払方法
　注文者は請負代金をつぎのように請負者に支払うこと。
　　この契約成立のとき
　　部　　分　　払
　　完成引き渡しのとき
7．その他
　この契約の証として本書を二通作り、当事者（および保証人）が記名捺印して、当事者各一通保有する。

令和　　年　　月　　日
　住所
　　発注者
　住所
　　受注者

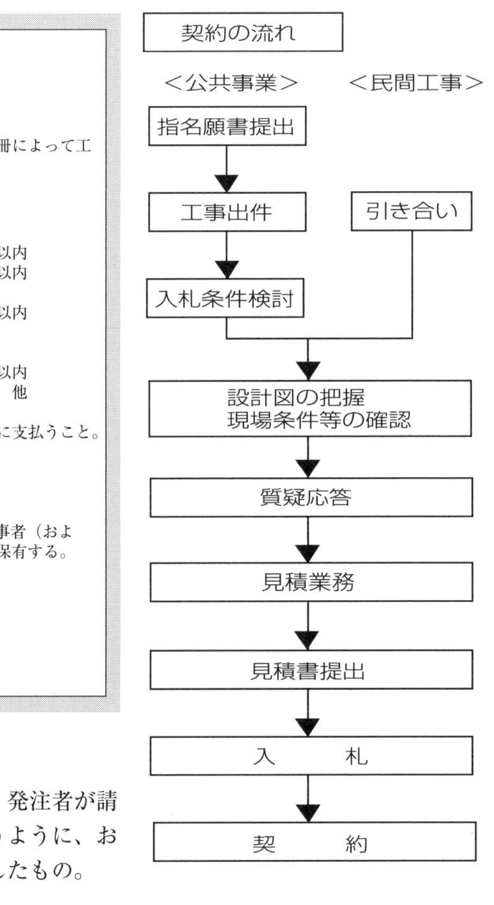

解説

請負業者が工事の完成を約束し、発注者が請負代金の支払いを約束するというように、お互いの約束ごとを書面であらわしたもの。

ポイント

- 責任をもって請負業者が工事を完成させるためにかわす書類（これがないと工事が始まらない）
- 工期の厳守は絶対的なもの。遅れた場合、会社の信用に大きく影響する。
- 会社は営利を目的とする。従って請負代金の支払い方法をきちんと明記する。
- この請負契約書は発注者と受注者の両者が保管する。

③仕様書

（土木工事共通仕様書）

解説

請負業者が工事を行うので、発注者の求める品質に適合するように、作業の手順、使用材料の品質数量、規格などを示したもの。

ポイント

- 公共工事の発注機関においては、共通仕様書と当該発注工事に特別に定めた特記仕様書がある。
- 日本建築学会では『建築工事標準仕様書・同解説（JASS)』がある。
- 仕様書は、工事を進める際の必読書である。

④経営事項審査

X 1	完成工事高（業種別）	25
X 2	自己資本額 利払前税引前償却前 利益の額	15
Y	経営状況分析の結果 （財務諸表からの点数）	20
Z	技術職員数（業種別） 元請完成工事高（業種別）	25
W	労働福祉の状況 防災活動への貢献の状況 法令遵守の状況 建設業の経理の状況等	15

総合評点（P）＝
0.25X1+0.15X2+0.2Y+0.25Z+0.15W

（審査項目）

解説

公共工事を適正に施工させるために、請負業者の施工能力や経営内容を審査する制度。（業者の格付けを行う）

ポイント

- 公共工事においては、必須要件である。
- 技術者の数は重要となる（1級土木・建築施工管理技士)。
- 労働災害を起こさずに仕事を完成させている。
- 働く環境づくりに努力している。

(2) 受注から着工まで

①工事体制

現場代理人
主　　任
係　　員
（元請業者）

1次下請業者
2次下請業者
3次下請業者
（下請業者）

解説

元請業者と下請業者がそれぞれの役割を受けもち、工事を効率よく進めていくために編成された組織をいう。

ポイント

- 発注者から直接請負った業者を「元請業者」と呼び、その元請業者から直接請負った業者を「1次下請業者」と呼ぶ。
- 1社だけではなく多くの業者が工事にたずさわり、そのために協力体制をとる。

②現場代理人

〈現場代理人の役割〉

1 現場を見て、現場条件等に合わせた段取を組む。
2 施工計画書を作成し、工事全体の流れを把握している。
3 実行予算書を作成し、事前原価を把握している。
4 下請業者との交渉や打合せをスムーズに行う。
5 見積りを行う能力をもつ。
⋮

解説

ある現場を任され、社長の代理人として責任と権限が与えられ、請負契約を履行し、工事を無事完成させる責任者である。

ポイント

- 現場の最高責任者である。
- 現場で働く人達全員の安全を守る義務がある。
- 利益を出すことが求められる。
- 発注者ときちんと対応し、発注者の立場になって物事を考えられること。

③施工計画

設計図書の把握
↓
現　地　調　査
↓
不確定要素の確認
↓
基　本　計　画
↓
詳　細　計　画
↓
実　地　計　画

解説

工事を施工するに当たって「良く(Q)、安く(C)、早く(D)、安全に(S)」(注)を最重点に人、材料、機械、方法、資金(5M)をうまく選定し、施工の具体的方法をきめる。

ポイント

- 発注者から指示された契約条件を必ず守る。
- 現場条件をきちんと調査する。
- 基本となる工程(全体工程表)を組み、基本方針を決定する。
- 施工法と施工順序を決定する。
- 仮設備の計画をたてる。

(注) Q=Quality(品質)、C=Cost(原価)、D=Delivery(工程)、S=Safety(安全)
5M—Man(人)、Material(モノ)、Money(金)、Machine(設備)、Method(方法)
※ QCDS に加えて、E = Environment(環境)を入れることもある。

④実行予算書

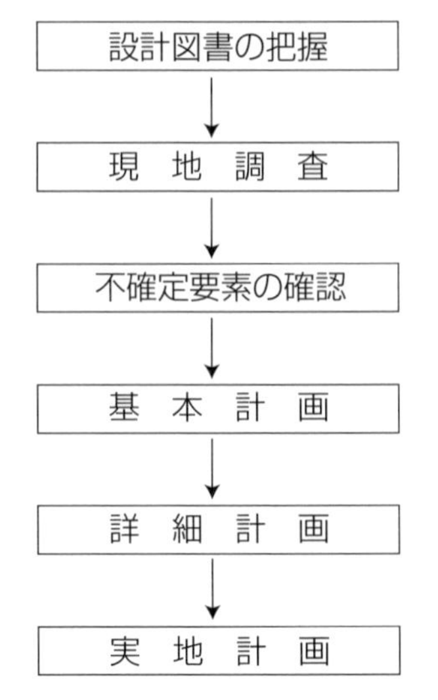

実行予算書

工種名	種　別	要　　素	数　量	単価(円)	金額(円)
準備工	測　量	労務(手元)	6　人	16,000	96,000
	伐　開	労務	40　人	16,000	640,000
	〃	チェーンソー	16台・日	10,000	160,000
土　工	掘　削	バックホウ0.9	2台・日	54,000	108,000
	〃	手　元	4　人	16,000	64,000
	岩掘削	人　夫	36　人	16,000	216,000
	〃	バックホウ0.7	12台・日	54,000	648,000
	〃	大型ブレーカー	12台・日	55,000	660,000
運搬費	資材運搬	4ｔ車	5　台	32,000	160,000
	回　送	台　車	12　台	8,100	972,000
	燃料費	軽　油			
	資材予備費	資　材		一式	357,000
	雑費	土地代・補償費			500,000

解説

見積書をタタキ台(基となる案)に細部の検討を加え、この工事はこれだけの金額でできるという現場代理人の意思表示書である。

ポイント

- 実際の原価に近づける。
- 利益確保を目的として作成される。
- 施工の流れと密接に関係する。
- 支払いの土台になる。

⑤全体工程表

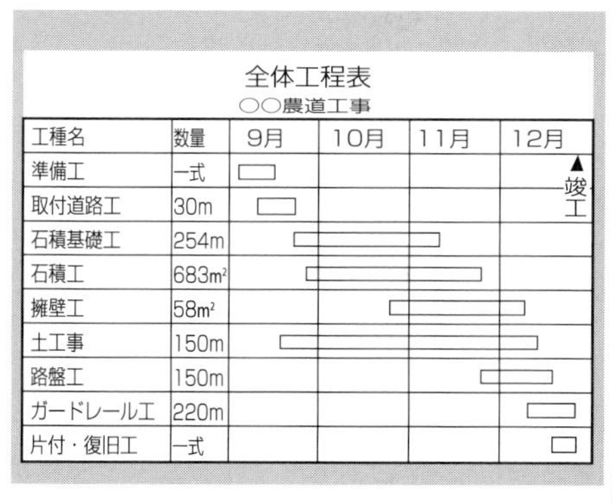

全体工程表
○○農道工事

工種名	数量	9月	10月	11月	12月
準備工	一式				▲竣工
取付道路工	30m				
石積基礎工	254m				
石積工	683m²				
擁壁工	58m²				
土工事	150m				
路盤工	150m				
ガードレール工	220m				
片付・復旧工	一式				

解説

工事には、必ず契約工期がある。標準工程で組んだものがピッタリと契約工期になるとは限らない。

まず、これを守るために、作業を進めるための基本を設定する着工から完成まで、全体をながめることができるもの。

ポイント

- 詳細工程を先に組んではダメ。
- 作業の種類と数量をきっちりつかむ。
- まず、主要工種の概略工程をつかむ。

⑥注文書・請書

注文書 控　No.

様　令和　年　月　日
建設業許可番号
住所
氏名　㊞

工事名（納入品）		支払条件・方法	
		前金払　有無	
注文金額	円	出来形部分払　有無	締切 請求書
工（納）期	着工　令和　年　月　日 完成　令和　年　月　日	清算払	支払
工事（納入）場所		現金手形の別・割合	
工事（納入品）内訳	1. 別紙見積書の通り 2. 別紙内訳書の通り 3. 下記の通り	備考	

名称	数量	単位	単価	金額	摘要

解説

元請業者と下請業者間で取りかわす契約書のこと。

口頭で言った言わないを防ぐために用いる。

ポイント

- 元請業者から下請業者へ「注文書・請書」を渡し、下請業者が引き受ける場合には「注文書」を保管し、「請書」を元請業者に提出することで契約が成立する。
- 法律上は、口頭でも契約は成立するが、建設業法では契約後のトラブルを防ぐために書面化を求めている。

(3) 着工から竣工まで

①納品書

納品伝票

工事名　県道改良工事

6月5日

品名	規格	数量	金額
砕石	40-0	30 m³	

受領印

小野

解説

材料などを、資材納入業者が現場に納めた際に渡す伝票のこと。

この伝票の受領印（サイン）により納品されたことの証拠書類になる。

ポイント

- 現場別にまとめるため、現場名を記入する。
- 必ず確認した際にサインをする。
- 材料名、規格寸法、数量を正しくチェックする。

②請求書

請求書

令和　年　月　日

○○○○社　御中

下記の通り請求いたします

取引先コード

住所○○県○○市○○町2丁目3番地

氏名　○○○産業　㊞

工事コード

工事名　第2山中幹線4工区

注文番号

請求金額　¥216300

第　回請求

記号	名称	単位	数量	単価	契約金額	前回迄御請求額	今回請求額	累計請求額	契約残額
	山砂		45	3000	135000	0	135000		
	砕石		30	2500	75000	0	75000		
	合計						210000		
						消費税（10%）	21000		
						総計	231000		

記入について

毎月末日に締め切り、翌5日迄に提出してください。

①は取引先控、②～④は提出用です。

工事コード工事名欄を必ず記入してください。

解説

資材納入業者、下請業者から当月購入したものについて、取決めによる出来高をもとに作成され、支払い金額のもとになるもの。

ポイント

- 納品書により、請求書をチェックする。
- 何月何日を締切日にしているのか、いつまでに提出するのか等、きちんと決めてあること。
- 請求書がなければ、支払いはできない。

③作業日報

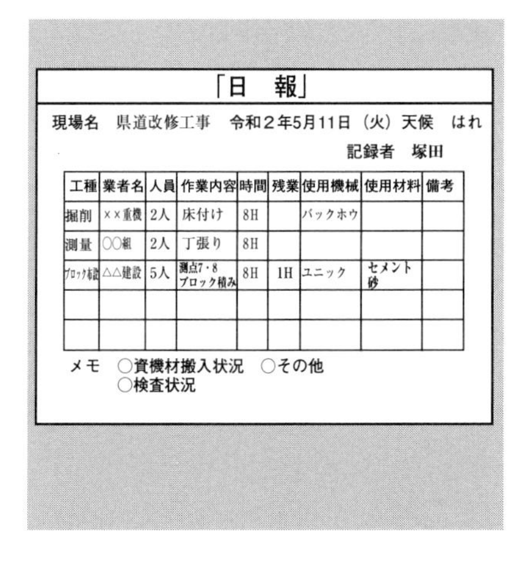

「日　報」

現場名　県道改修工事　令和２年5月11日（火）天候　はれ

記録者　塚田

工種	業者名	人員	作業内容	時間	残業	使用機械	使用材料	備考
掘削	××重機	2人	床付け	8H		バックホウ		
測量	○○組	2人	丁張り	8H				
ブロック積設	△△建設	5人	測点7・8 ブロック積み	8H	1H	ユニック	セメント 砂	

メモ　○資機材搬入状況　○その他
○検査状況

解説

１日の作業内容と、働らく作業員の名前を記入する。さらにその日に使用した材料や機械等も、作業別に記入する。また出来高数量など、記録することにより支払い金額の算定基準にもなる。

ポイント

- 実際原価の基になる記録なので、重要なものである。
- この作業日報を支払い査定や歩掛り等に使うなど、後で使いやすいように整理しておく。
- 働く作業員の技能レベルの行動が、きちんとわかるように記録する。

④月次原価報告書

月次原価報告書

番号	工種目・項目	実行予算額			進捗率対応予算額					
		数量	単価	①金額	前月まで合計		今月消化予算額		今月まで合計	
					数量	②数量	数量	③数量	数量	④数量
										=②+③
01	動力水道光熱費			378,000		120,000		50,000		170,000
02	事務用品日			290,000		100,000		30,000		130,000
26	仮設構築物費			2,030,000		1,600,000		250,000		1,850,000
27	足場費			7,100,000		3,230,000		880,000		4,110,000
41	石積基礎工	253.1m	4,745	1,201,000	150.1	712,000	53	251,000	203.1	963,000
42	石積工	682.8m²	20,942	14,299,000	232.8	4,875,000	251	5,256,000	483.8	10,131,000

解説

作業日報で１ヵ月にかかった人工、材料、機械等を集計し、実行予算と比較して差異がわかるもの。そして、どこに問題（遅れ、ロス等）があるのか解決の糸口になるもの。

ポイント

- 支払い金額だけわかるのではダメである。
- これから利益を少しでも多く出すために、どうすればいいのかを表わしていること。
- 経営者の意思決定資料となる。

2. 知っておきたい届出・法的規則

ここでは、工事着工から竣工まで、どんな許可を得る必要があるか（法的規則）を君たちが直面する主なケースを取り上げ、考えていくことにする。基本的なものだけであるので、経験が増すごとにもっと深く、広く学んでもらいたい。

(1) 建設工事計画届

建設現場において重大な災害を生ずる恐れのある場合は、その工事計画を関係各所に事前に届出をする必要がある。なぜなら、万一事故のあったとき、迷惑を受けた人たちは誰に対して文句を言ったらよいのかを明確にするためである。つまり、建設工事を誰もが自分勝手に施工してはいけないようになっている。

工事計画書の内容を労働基準監督署が事前チェックし、災害が予想される場合や危険なところがある場合は、計画を変更させたり、修正を加えさせたりする。建設工事計画書は、いわば施工の台本（シナリオ）と考えられる。必要な届出としては、

①建設物の工事規模に関係なく必要なもの
②一定以上の工事規模に必要なもの
③その他地域的な条例により必要なもの

以上の３つに大別できる。それぞれの中で、主なものを説明してみよう。

①建設物の工事規模に関係なく必要なもの

・足場の高さが 10m 以上のもの
　使用期間が 60 日を越える足場については、「足場届出書」および「平面図」、「立面図」、「詳細図」等を提出し、承認をもらっておく。
・型枠支保工について、支柱が 3.5m 以上のもの
・「型枠支保工の届出書」および「組立図」、「配置図」を作成し、計算書を添えて提出する。
・その他、一定規模以上の揚重機（クレーンやリフトなど）を設置する場合についても届出が必要である。

以上は、〔工事開始の 30 日前まで〕に、所轄労働基準監督署長あてに提出しなければならない。

②一定以上の工事規模に必要なもの

・高さ 31m を越える建築物（ビル、煙突、サイロなどを含む）について

・掘削深さが 10m を越える建物の建設、または山留め・土木工事について
・最大支間が 50m 以上の橋梁工事について（橋梁工事で 30m 以上 50m 未満であっても、人口が集中している現場であれば届出が必要である。）
・ずい道などの労働者が内部に立入るものすべて

以上は、施工計画（どんな順序で、どんな工法により、いつ頃作業するか、どんな安全対策を考えているか等）を作成し、労働基準監督署長あて〔工事開始 14 日前まで〕に提出する。

これらの建設工事計画は、安全パトロールや安全点検において、承認された計画書通りに作業が進められているかをチェックするものである。計画作成に加わらないからと言って、作業の中身を知らないでは済まされない。また、自分流の判断で施工を進めることも危険であるので行ってはいけない。

正しい知識のもと、正しい判断ができるように、法的規制と届出内容を一度君自身の目で読んで確認しておこう。

③その他地域的な条件により必要なもの

・指定区域内において、杭打ちや杭抜き作業をする場合について、騒音や振動を制限するために設けられたもので、「特定建設作業実施届」を提出する。この届は〔工事開始 7 日前まで〕に、区市町村長あて（公害課や環境課など）に届出する必要がある。

(2) 仮設工事に伴う届出

仮設工事に伴って、他の公共、民間施設に関係したり迷惑をかけたりする。この場合のよくあるケースをとり上げて、届出の基準を説明しておこう。

①道路占用許可申請書

建築工事においては、比較的都市部で作業することが多い。そのために、仮囲いや足場を歩道や車道にはみ出してつくる場合が生じてくる。そういった場合、歩行者のために安全柵を設けたり、出入口にゲートをつくることもある。

これらは全て、道路管理者に届出する必要がある。このことについては"道路法"によって規定されているからである。一般に道路占用の申請期間は２～３週間程度だが、申請先の道路管理者ごとに異なるので、手続きや申請期間を確認し、工事開始前に占用許可を取得できるように申請しよう。

②道路使用許可申請書

前述①の占用許可は、道路を一時的に仮設物により占拠してしまうものであっ

た。ここで説明するものは、主に工事に伴い動くものが道路を利用することから、使用許可が必要になってくる。つまり"交通"という概念になり、"道路交通法"によって、使用許可が必要となるものである。

例えば、クレーンによって鉄骨を組んだり、生コン車を道路脇に待たせたり、工事に伴う車輌等が一時的に道路を使用することが対象となる。

所轄警察署に〔工事開始 10 日前までに〕届出が必要となってくる。警察署によっては交通渋滞や交通事故の原因ならないように、厳しい注文をつけることもある。2～3回足を運んで誠意を示し、信頼を得るよう心掛けよう。

③沿道掘削承認願

掘削作業に伴い、その脇にある道路へ影響を及ぼすことがある。〔工事開始１ヵ月前まで〕には、道路管理者にこの承認願いが必要である。（地方条例を参考にする。）具体的には、国道の場合は掘削床付面から 45° 線を道路側に延ばしたとき、道路に影響を及ぼす等である。

同様の理由から、公共施設（NTT ケーブル・地下鉄・電力ケーブルなど）が 45° 線内にある場合も、各々の事業管理者に対して届出・通知・依頼が必要である。（下図参照）

<沿道掘削承認願>

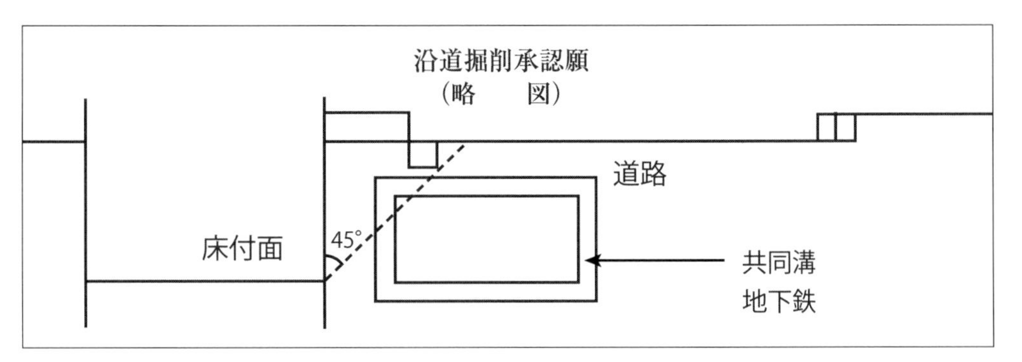

④歩道切下げ及び歩道防護

前述③の沿道掘削承認願いに関連して、工事出入口の歩道を改造したりするときも承認願いが必要となってくる。たとえば工事用車輌のために歩道の段差をなくしたり、スロープをつけたりするとき、道路管理者に届出しておかなければならない。

⑤その他

以上説明したもの以外に、大型車輌（車輌制限令に定める諸元を超えるもの）

を通行させる場合にも、道路法、道路交通法の両方から、事前に道路管理者、所轄警察署長へ大型車通行許可申請書を提出しておく。

(3) 産業廃棄物について

現在、地球環境保護（エコロジー）に向けて、国際的な運動が盛んに行われている。たとえば、熱帯雨林の無秩序な伐採を禁止したり、自然を破壊する開発を制限したりしている。建設会社においても、環境保護に対しては関心が高まっているので、省資源、再資源（リサイクル）は、常に頭に入れておかなければならないキーワードである。

現場に従事する者は、特に建設に伴う「産業廃棄物」の処理について目を向けなければならない。平成３年に制定された「再生資源の利用の促進に関する法律」（以下「リサイクル法」）は、知っておきたい知識の１つである。

この法律の狙いは、現場で発生する「指定副産物」のうち、土砂（建設発生土）・コンクリート塊・アスファルト塊（アスコン塊）の３種類を積極的に建設工事で利用すること、およびこの３種類に木材（建設発生木材）を加えた４種類の建設副産物を積極的に工事間で流用、もしくは再生処理施設へ搬入することを促進するものである。

一定以上の規模の工事においては、「再生資源利用計画書」「再生資源利用促進計画書」を作成し、提出しなければならない。

工事監督の立場は、建設によって解体した木材やコンクリートを、ただむやみに捨てる訳にはいかなくなっている。これからは掘削した残土も、土質状況を判断して、他現場の埋戻しに利用したりすることを考えていかなければならない。

残土処分を協力会社に任せて、「私は知りませんでした」と謝るのは監督失格である。工事監督として、業者が残土をどこへ運んでいるか、所定の処理をしているのかを、ときどき追跡して、自分の目で確認することも大切である。

(4) 主な関連法規

● 建設業法

建設業の許可と下請負人の保護を目的とした行政的な規定。請負契約に関する原則、などをもって発注者の保護と建設業の健全な発展を狙った法律。

● 入契法

正式な名称は、公共工事入札契約適正化促進法という。公共工事の不正行為を防止し、国民の理解と信頼の下に適正に実施するための法律。

● 建築基準法

建築物の敷地・構造・設備・用途などの基準を定めて、国民の健康・安全を確保するための法律。

● 労働基準法

現場で働く労働者を保護するために、必要最低の労働条件等を定めた法律。

● 労働安全衛生法

労働災害を防止するために必要な、安全と衛生の措置を定めた法律。

● 労働安全衛生施行令

労働安全衛生法を受けて、労働災害を防止するために詳細を制定した政令。

● 労働安全衛生規則

具体的な作業や管理を規定しているものが、労働安全衛生規則。

● 労働者災害補償保険法（労災保険）

労働者の災害を補償するために定められた法律。

● 道路法・道路交通法

道路に工作物を設ける場合、道路管理者の占用許可をもらい、かつ道路上を使用する（クレーン等）する場合は、所轄警察署長の使用許可を共に受けなければならない。

● 廃棄物処理法

産業廃棄物の管理を定めた法律。産業廃棄物管理票（マニフェスト）によって、産業廃棄物の適正な処分を確認する。マニフェストのチェックポイントとしては、「B2 票、D 票が 90 日以内（特別管理産業廃棄物の場合は 60 日以内）に戻ったことを確認する。」「E 票が 180 日以内に戻ったことを確認する。」これらの確認は、A 票と照合の上で、A 票の確認欄に日付とサインを記入することで行う。

● 建設リサイクル法

政令で定める次の一定規模以上の工事が対象となる。

現在定められている対象となるものは、「コンクリート（プレキャスト板等を含む）」「コンクリート及び鉄からなる建設資材」「木材」「アスファルト・コンクリート」で、リサイクルをするために再資源化施設へ持っていくことが義務づけられている。

<政令で定める建設工事の規模に関する基準>

工事の種類	工事の規模
建築物に係る解体工事（分別解体が義務付けられる）	床面積の合計が80㎡以上
建築物に係る新築又は増築の工事	床面積の合計が500㎡以上
建築物に係る新築、増築、解体以外の工事（リフォーム・リニューアル等）	請負代金の額が１億円以上
建築物以外の工作物に係る解体工事又は新築工事（土木工事等）	請負代金の額が500万円以上

● グリーン購入法

グリーン購入法は、国、地方自治体などが、リサイクルされた製品、環境に配慮した製品を、優先的に購入することを促進するための法律。建設リサイクルをしても活用されなければ、循環サイクルは回転しなくなる。リサイクル製品の活用については、公共工事の場合には特記仕様書などに記載される。

<建設リサイクル法とグリーン購入法の関係>

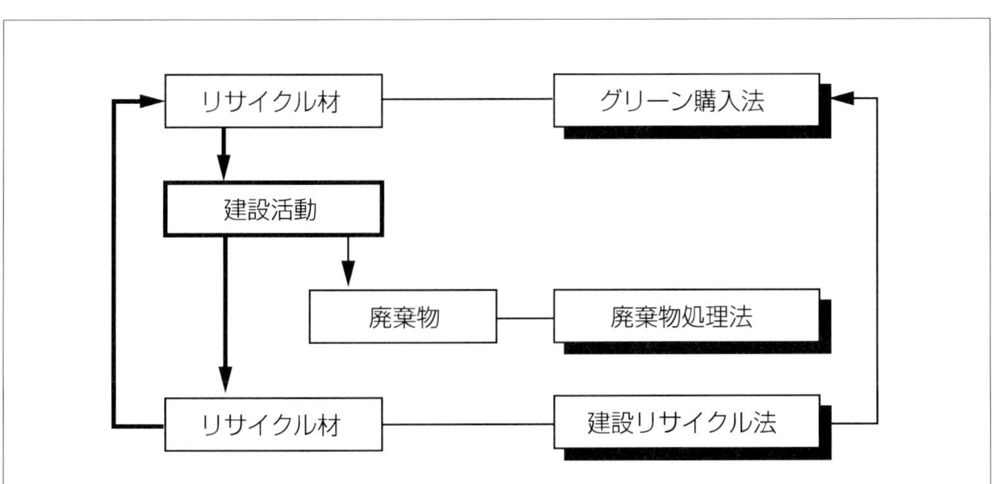

(5) その他の知っておきたい法的用語

①確認申請

一定規模以上の建物を建てるときは、原則として役所の建築課あるいは土木事務所などが、事前に都市計画法・建築基準法・条例等に適しているかどうか図面をチェックする。これを「確認申請」といい、確認申請が許可されてから着工となる。役所の許可無く事前着工は許されない。

②用途地域

都市計画法で 12 種類に分類されている。住宅とうるさいパチンコ店が併存したり、工業施設と学校が一緒になったりしないように、地域に建てる建物を規制している。

③建ぺい率、容積率

建ぺい率　＝　建築面積　÷　敷地面積　×　100
容積率　＝　延べ床面積　÷　敷地面積　×　100
容積率は道路幅員によっても規制され、最小の値をとる。

これらのものは、都市計画によって地域ごとに定められ、環境を守っている。住宅地は日照を遮る高い建物が建たないように小さく、商業地域は店が集まるように大きい比率になっている。

④境界

境界は、民間と民間の民民境界と、道路のように民間と公有地の官民境界がある。境界石・境界鋲といったものは大切なポイントで、これが無い場合は所有者双方が立ち合って境界をいれなければならない。ときに意見が合わず紛争になって、隣人同士が争うこともある。

これほど大切な境界石なので、勝手に動かすことはできない。逃げ墨を出しておき、隣家の承認のうえで動かす配慮が必要だ。勝手に移動させると法的に罰せられることもある。

⑤二項道路

建築基準法の第 42 条２項に定められた道路なので、一般にこう呼ばれている。基準法上は敷地は４ m 以上の道路に２ m 以上接道していないと、確認申請対象の建物が建てられない。二項道路は、幅員４ m 未満の道路であるが、特定行政庁が基準法上の道路として指定したものをいい、敷地の一部を４ m 道路になるように提供し、後退させて建設しなければならない。

⑥延焼のおそれのある部分

隣地境界線、道路中心線などから、１階にあっては３ m 以下、２階以上にあっては５ m 以下の距離にある建築物の部分をいう。防火地域などで規制されると、この延焼のおそれのある部分は注意しなければならない。防火扉、ダンパー付のダクト、ガラスも網入りにする必要があり、施工上間違えないようにしたい。

☑ まとめ（第３章　建設実務の基本知識）

● 仕事の引き合いから受注に至るまで

営業段階の契約業務は、入札参加の決定⇒設計図の把握・現場条件等の確認⇒質疑応答⇒見積業務⇒見積書提出⇒入札⇒契約という流れで進む。

さらに見積り業務は、設計図・仕様書の把握⇒工事数量の計算⇒値入れ⇒見積算出⇒見積内容の再検討⇒提出金額の決定という流れで進む。

・営業段階の仕事の流れと、使われる書類名の意味を理解しよう。

● 受注から着工まで

請負契約をしたら施工体制を組み、現場代理人を選任。作業の進め方は施工計画、工程の流れは全体工程表、お金の使い方は実行予算として作成する。

・着工時に作成する書類名とその目的を理解しよう。

● 着工から竣工まで

材料は納品書でチェックし、労務（人工）は作業日報で管理する。それらの書類に基づいて協力会社から来た請求書をチェックし支払う。

・納品書や作業日報の役割を理解し、しっかりと管理しよう。

● 届出関係

建設現場では諸官庁への届出が義務付けられているものがあり、それらが未提出だと法令違反になる。一定規模の掘削工事や仮設足場工事、道路上で作業をする場合などは届出を必要とする。

・実際に建設現場で届け出た書類を確認し、概要を理解しよう。

● 法律用語

建設物が法令に則ったものであるか役所がチェックし、確認申請の許可を受けて着工となる。確認申請の段階で許可条件がついたり、設計変更が求められたりすることもある。

・確認申請に基づいて施工をするので、設計図書で使われている専門用語を少しずつ理解していこう。

✍ 練習問題（第３章　建設実務の基本知識）

［問題１］

次の書類に当てはまる役割を下記のＡ～Ｂから選びなさい。

〈書類名〉

①見積書　（　　）
②請負契約書　（　　）
③仕様書　（　　）
④実行予算書　（　　）
⑤注文書・請書　（　　）
⑥納品書　（　　）
⑦作業日報　（　　）
⑧月次原価報告書　（　　）

〈書類の役割〉

Ａ．作業員が何名で何時間働いたかを証明し、支払いの算定基準となる書類
Ｂ．請負契約後にトラブルにように、発注者との契約条件を書面化した書類
Ｃ．材料の基準、作業手順、作業上の基準などを表した書類
Ｄ．実行予算に対していくら使ったかを比較し原価の状況を把握する書類
Ｅ．請負業者が工事を実行できる金額を工事数量に単価をかけて作成する書類
Ｆ．資材業者から材料を受け取ったときにチェックする書類
Ｇ．現場代理人が施工計画にもとづいてこれだけの金額でできると宣言した書類
Ｈ．元請と協力会社が請負契約をするときに使う書類

［問題２］

次の届出書類で正解には○を、間違いには×をつけなさい。

①「建設工事計画届」は一定規模以上の揚重機（クレーンやリフトなど）を工事現場に設置する場合に届けなければならない。（　　）
②杭打ちや杭抜き作業で騒音や振動が発生する場合は山中の工事であっても「特定建設作業実施届」を提出しなければならない。（　　）
③道路上でクレーンの作業をする場合は「道路占用許可申請書」を道路管理者に届け出て許可をもらわなければならない。（　　）

④「沿道掘削承認願」は道路に影響を及ぼす範囲で掘削作業をする場合に、道路管理者に届け出て許可をもらわなければならない。(　　)

⑤一定規模以上の工事でコンクリートなどの廃棄物として排出される場合にはリサイクル法の届出をしなければならない。(　　)

⑥一定規模以上の建物を建てるときには「確認申請」を提出するが、許可が下りていない状態では基礎工事までしか進めることができない。(　　)

⇒（解答はP.257「第３章　建設実務の基本知識（解答）」を参照）

第4章

建設現場の仕事

建設会社としての企業の命は現場である。

現場で仕事をすることで利益を生み、施工技術が進歩していく。

したがって建設会社の社員は、営業・事務・設計全ての職種において、現場でいったい工事の何を管理しているのかを知っておく必要がある。

直接、工事現場に従事する人はもちろん、間接的に現場と関係する人は、現在の管理上の１つの歯車を担っているということがわかってくるはずである。

1. 新入社員が１年間で覚えること

ここでは主に建設現場において「工事が始まってから完成するまで」どんな運営・管理をしなければならないのかを、簡単に説明しよう。

まず君たち新入社員は、この１年間で何をどこまで、どういうふうに覚えればいいか、業務遂行基準を示しておこう。

<入社して１年間にここまで、こうやって覚えよう>

——業務遂行基準——

業務遂行内容			習得の方法
基本的事項	①	● 道具・機械・材料の名称・用途が分かる。	● 本やマニュアルを読んで、現場と照らし合わせながら覚える。
	②	● 業務の流れを理解できる。	● 会社からきちんと説明を受け、担当者別、部門別業務フローから全体の流れをつかむ。
	③	● 現場会議の名称と、それぞれの目的と手段が分かる。	● 現場で先輩から説明を受け、または進んで質問し、ノートにメモして覚える。
現場運営	①	● 発注者・協力会社・上司・先輩・第３者へ、正しい挨拶ができる。	● 毎日大きな声で「おはようございます」「お世話になります」「ごくろうさまです」「ご迷惑をおかけしております」「ありがとうございます」「おつかれさまです」「お先に失礼します」等々、先輩から説明を受け、適切に相手と状況に応じて必ず言う。
	②	● 工事記録・工事日誌がかける。	● 現場で先輩から説明を受ける。特に記入の仕方は事例を参考に覚える。毎日書くこと、さらにフィリングの仕方、集計の仕方もきちんと先輩から説明を受け、ノートにメモして覚える。
	③	● 工事に入る前に、どんな法的規制があるか理解している。	● 現場で先輩から説明を受け、また進んで質問し、ノートにメモして覚える。本やマニュアルを読んで、さらにきちんと覚える。

業務遂行内容			習得の方法
現場運営	④	●各関係先へ届出する書類の名称がわかる。	●現場で先輩から説明を受け、または進んで質問し、ノートにメモして覚える。 ●本やマニュアルを読んで、さらにきちんと覚える。
工程管理	①	●各工事の施工順序を、作業の流れに沿って理解している。	●現場で先輩から説明を受け、または進んで質問し、ノートにメモして覚える。
	②	●作業日報を毎日職長から提出させ、工事の進捗を理解している。	●現場で先輩から説明を受け、または進んで質問し、ノートにメモして覚える。 ●作業日報を職長に提出させる目的と、何を記入させるかきちんと先輩から説明を受ける。
安全管理	①	●安全朝礼ではじまる安全施工サイクルを、理解している。	●現場で先輩から説明を受け、または進んで質問し、ノートにメモして覚える。 ●KYK など本やマニュアルを読んで、その進め方を覚える。
	②	●工事施工に伴なう安全衛生管理の名称を知っている。	●現場で先輩から説明を受け、または進んで質問し、ノートにメモして覚える。 ●本やマニュアルを読んで、さらにきちんと覚える。

建設用語や機械・道具・材料などは、スマートフォンやパソコンでWeb検索することで自ら調べることができる。

調べたことはノートにメモして実際の現場と見比べよう。

2. 現場運営

(1) 安全施工サイクル

工事を進めていくためには、建設技術など専門知識や現場経験の他に、その場の状況に合わせた対応やが求められる。上手く行かない事には何か原因があるはずであり、先入観をもってはいけない。そのためにも現場運営と仕方をしっかり身につけよう。では、下記の「毎日の安全施工サイクル」に示されている１日の仕事の流れを理解し、次に①～⑦の詳細について確認していこう。

＜毎日の安全施工サイクル＞

1日の
現場運営サイクル

① 朝礼
・ラジオ体操
・本日の作業内容の確認
連絡事項の伝達
・KYK

② 作業開始状況の確認

作業調整

業務

③ 作業の進捗をみながら明日の作業段取り

⑦
・測量
・スミ出し
・写真
・作業指揮
・書類作成
・施工図作成
・技術検討会議

④ 作業打ち合わせ

我々が常時ついていなければダメだという状態では
打合わせをする意味がない。

業務

⑤ 明日の作業が始められるかの確認

現場終了

⑥ 社内ミーティング

1日の整理
・1日の出来高
歩掛り表
・反省日誌

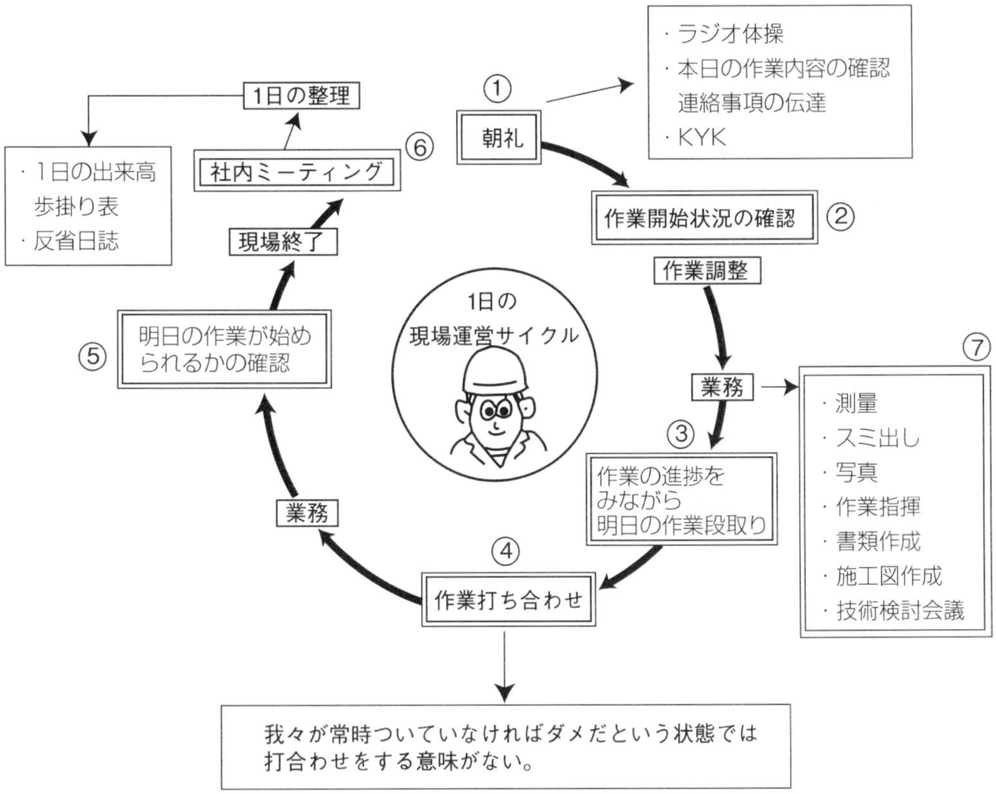

(2) １日の仕事の流れ

以下、項目番号①～⑦は、上記安全施工サイクル中の番号を指している。

①朝礼

各協力業者　元請会社

<元請会社>	<協力業者>
①ラジオ体操を実施する。	
	②本日の作業内容、安全指示事項の説明を行う。
③追加があれば補足する。	
④全員で唱和する。	
	⑤KYKを実施する。
⑥KYKの実施状況を確認する。	

②作業開始状況の確認

	内容
変更対応	①朝礼において、協力業者より本日の作業内容が説明される。 ②前日打合せした作業内容と、人員構成を確認する。 ③人員構成して変動があった場合は、作業量に影響が出るため、本日の作業をどこまでやるのかきちんと確認する。 ④当然段取りが変更になり、マンパワーに見合った作業方法にきりかえられるので、安全上の不備はないか確認する。

各協力業者別、班別作業チェック
①確認したとおり実施しているか。 ②他職との取り合いはだいじょうぶか。 ③不安全行動はとっていないか。

③作業の進捗をみながら明日の作業段取り

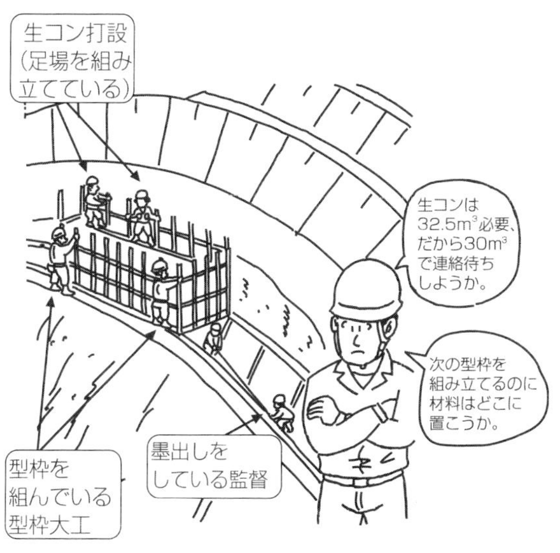

[ポイント]

①工程表を基本に考えていること。

②予定に対して、遅れているのか進んでいるのかをよく確認する。

③バランスよく工事が進んでいることが大事。（たとえば型枠だけ完了していても打設足場が完了していなければ生コン打設はできない）

④監督者は全体を考えること。

⑤部分的な仕事の進み具合いで満足してはいけない。

④作業打合せ

[作業打合せの進め方]

＜元請会社＞		＜協力業者＞	
		①	前日打合せた作業内容について出面、進捗状況の報告を行う。
②	報告の中で問題点があれば検討し、答えを出していく。	③	細部作業は実施方法を提案する
④	全体工程と細部工種毎の工程を照合しながら、進捗状況を説明する。 遅れた工程、進んだ工程を整理し、全体工程に合わせるためにはどうすればいいか説明する。	⑤	他職との取り合いの中で最善の方法を提案する。
		⑥	翌日の作業内容、安全指示事項を説明する。このとき、各作業の予定人員作業内容、作業エリア、使用材料、機械、出来高、危険のポイント、さらに対策等も詳細に説明する。
		⑦	場内に搬入する資機材の搬入時間、数量、荷卸しの場合の合図者、玉掛者を伝える。
⑧	発注者、元請会社の検査時間、方法を伝達する。		
⑨	現場の行事があれば説明する。		
⑩	所長より現場巡視の報告を行う。		
⑪	各職長、世話役よりサインをもらいコピーして協力業者に渡す。		

自己チェックポイント

＜作業打合せに出席したとき確認しておこう！＞

1. 不明な用語はなかったか □
2. 会話のやりとりを理解できたか □
3. 自分の役割がいくつあったか □

⑤明日の作業が予定通り始められるかの確認

[ポイント]

①進捗度合により、他職との取り合いに影響を及ぼさないか。

②工期に影響するクリティカルパス（「工程表」の項参照）の場合、その日に完了していなければならないものは残業してでも片づける。

③新たに資機材等の不足を確認したらすみやかに手配する。また、手配できない場合は作業変更もありえる。

④段取り遅れのないように、確認する。

⑥社内ミーティング

[ポイント]

① 1 日の反省を行う。

- 不安全箇所、不安全行動の有無。
- 作業内容の変更。
- その他（第３者からの苦情等）。

上記について、その原因を抽出しすぐ対応すべきなのか、明日朝礼で伝達すればいいのかに区分し、その対応等を検討する。

②日常管理書類（日報、KY手帳、安全衛生日誌、出来高集計表、資機材管理表、納品伝票等）の整理において、問題があれば報告し検討する。

⑦その他業務（測量、スミ出し、写真）

[ポイント]

〈測量〉

- 基本測量（レベル：横断測量、トランシット：トラバース測量等）は必ずマスターする。
- 許容範囲（精度）を知る。例えば切土丁張は 1 ～ 2cm の誤差は問題ではないが、構造物の場合は 1 ～ 2mm を競う。

〈スミ出し〉

- 親墨は基本墨であるため、必ず 2 度チェックする。さらにニゲ墨を打つ際に 1m のニゲなのか 10cm のニゲなのか、床版上にマジックで記入する。
- 修正墨の場合は注意する。
- 墨を打つ場合、軍手などをして打たないようにする（二重線になることがあるため）。

注）ニゲ＝逃げ

〈写真〉

- 写真は竣工検査時、施工プロセスを確認する手段なので、たとえば寸法がみえなかったり、黒板をもっている人がヘルメットをかぶっていなかったりと不備な点がないよう、基本的なことは必ずマスターする。
- 何を撮影しようとしているのか、黒板の文字とリボンロットが示している部分が合っていることを確認してシャッターを押す。
- あらかじめ写真帳をつくっておき、添付する写真の項目を決めておく。

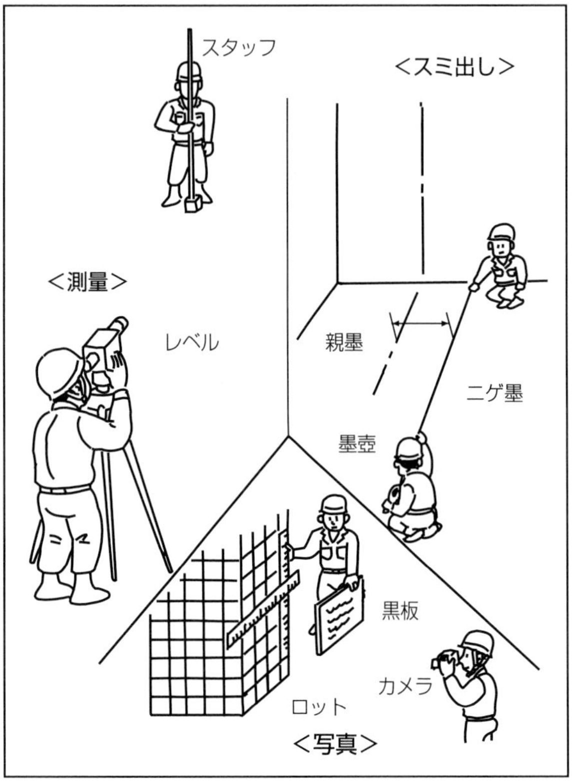

3. 工程管理

(1) 工程計画の立て方

工事には必ず工期がある。いつまでかかってもよいということはありえない。そこで、この工事は何月何日から始まって、何月何日で完了しますという予定となる工程計画を立てる。つまり、どんな作業がどのような順序で行われているのか、明確にする必要があるわけである。

なぜ工程計画が必要なのかわかっただろう。では、どんな工程計画の立て方があるのだろうか。大きく分けて二つある。一つは、工程を棒で表わした「バーチャート工程表」、もう一つは、網の目のように張りめぐらされた「ネットワーク工程表」である。

<バーチャート工程表とネットワーク工程表>

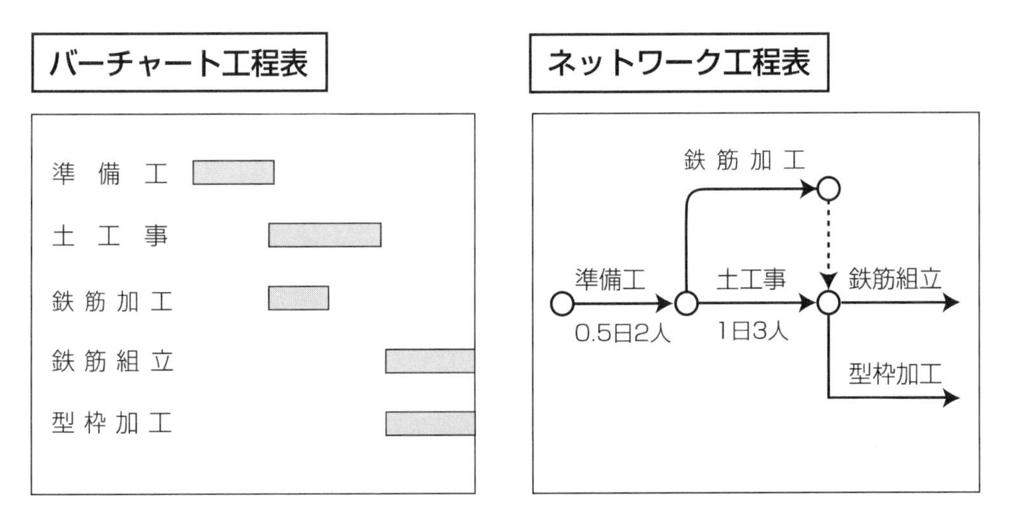

これからは、工事がますます複雑になってくるので、あいまいな工程表では管理できなくなる。従って重点管理にすぐれたネットワーク工程表が必要になる。君たちは、作業と作業の関連がわからず苦労する場合が多いと思う。バーチャート工程表ではこの関係が明確ではない。ぜひ、ネットワーク工程表をマスターしてほしい。

次に、工程表を作成する手順を簡単に説明しよう。次のようなフローチャートであらわすと、よく分かる。

<工程表作成の手順>

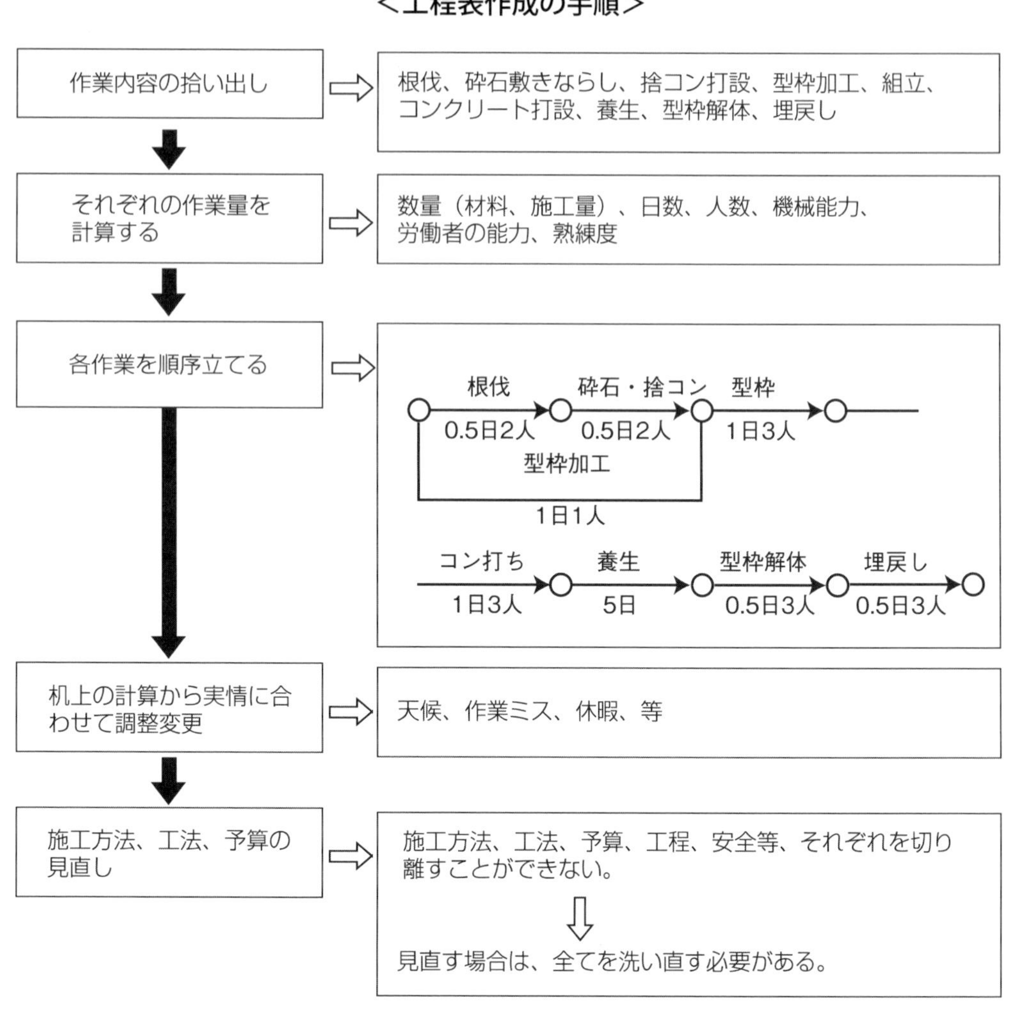

月間・週間作業計画を黒板に記入し、
作業職員全員が理解しておこう

(2) バーチャート工程表

バーチャート工程表は下図のような横線式工程表の一種で、工種作業ごとに期間が記入されているので、全体の工程が把握しやすく、問題点もある程度わかるため最も一般的な工程表である。

＜バーチャート工程表サンプル＞

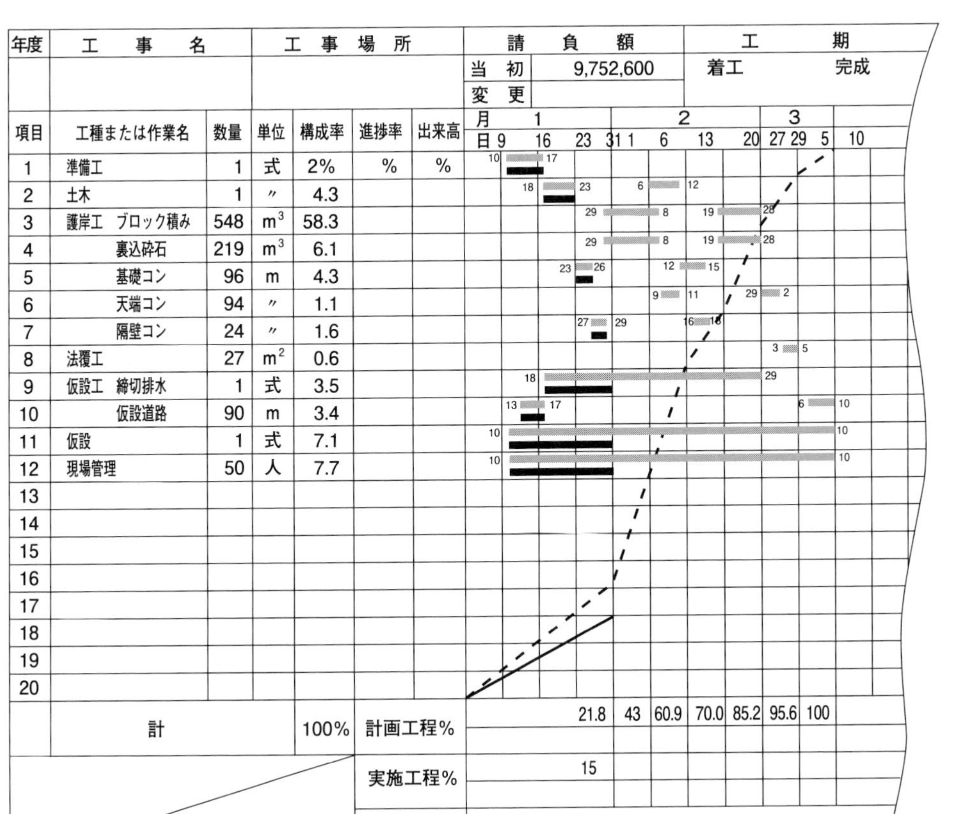

年度	工事名			工事場所			請負額	工期
							当初 9,752,600	着工　完成
							変更	

項目	工種または作業名	数量	単位	構成率	進捗率	出来高
1	準備工	1	式	2%	%	%
2	土木	1	〃	4.3		
3	護岸工　ブロック積み	548	m^3	58.3		
4	裏込砕石	219	m^3	6.1		
5	基礎コン	96	m	4.3		
6	天端コン	94	〃	1.1		
7	隔壁コン	24	〃	1.6		
8	法覆工	27	m^2	0.6		
9	仮設工　締切排水	1	式	3.5		
10	仮設道路	90	m	3.4		
11	仮設	1	式	7.1		
12	現場管理	50	人	7.7		
13						
14						
15						
16						
17						
18						
19						
20						
	計			100%		

(注) 計画工程 ----- 実施工程 ―― 月は10日単位に

[バーチャート工程表作成のポイント]

①左項目欄に各作業名を記入する。（数量、単位、構成率）
②上部項目欄に時間を記入する。
③上段に予定工程、下段に実施工程を記入する。（進捗状況がわかる）
④右欄に工程の進捗状況を百分率でとっておき、時間経過とともに達成度をグラフで表示する。点線を予定、実線を実施で表わす。

[バーチャート工程表の泣きどころ]

①工程を管理しなければならないのに、計画に対する実施の比較があいまいで、よくわからない。
②バーチャート工程表では、作業と作業のつながりは示されていない。なのに、工事は進められていくのは何故だろうか。これは経験した人でないとわからないことになる。
③クリティカルパス（工期）がよくわからない。そのため工期を短縮しようにも、どれを縮めればいいのかわからない。急ぎもしない作業に、労力をつぎ込んで全体を見失うことがよくあるので注意しよう。

(3) ネットワーク工程表

ネットワーク工程表は、系統的なスケジューリングができ、工事の規模が大きく複雑なときや工期が厳しいときに用いると便利で、建築の総合工程表に用いられることが多い。

<ネットワーク工程表サンプル>

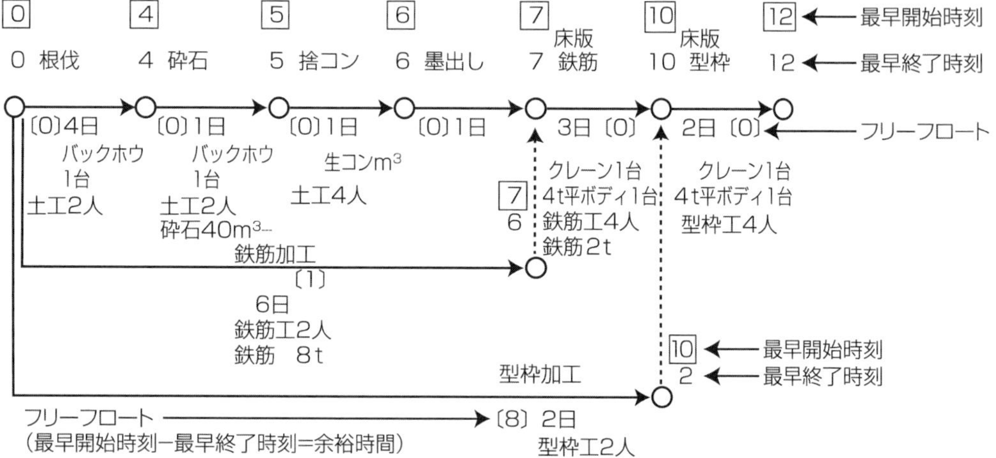

[ネットワーク工程表作成のポイント]

①各作業の順序づけを行う。
②各作業の所要日数を見積る。このときに使用材料、使用機械、労務者数（職種毎）を明記するとわかりやすい。
③日程計算を行う。（ネットワーク上で所要日数をもとに、作業の最早開始時刻、最遅完了時刻を出し、トータルフロート、フリーフロートを出す）
④工期に合わせる。（必ずしも計画した日程が工期に合うとは限らない）

⑤わかりやすいネットワーク工程表を作成する。

＜ネットワーク工程表の利点＞

①図式の形になっている。

- 着工から竣工までの流れの中に、クリティカルパス（工期を支配している経路）を簡単に把握することができる。
- クリティカルパスに着目することにより、どの作業が大事なのかよくわかる。
- クリティカルパス上の作業を重点管理するので、工期の遅延を生じたときに早く手が打てる。
- 作業毎の施工数量と、職種にもとづく人員、所要日数、機械台数、資材数量が容易にわかる。

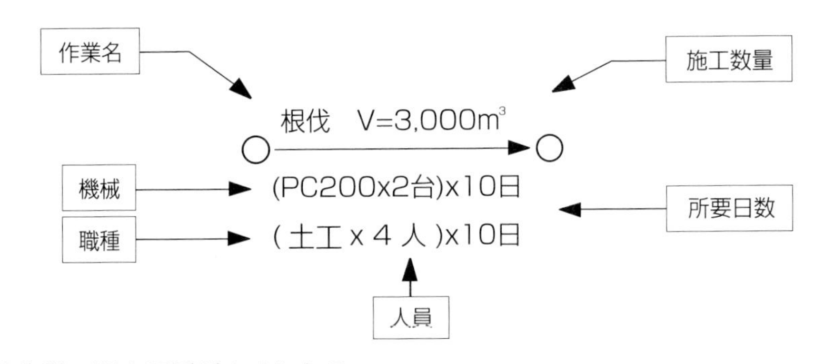

②作業の順序関係がよくわかる。

- ある作業の先行作業、後続作業、並行作業がよくわかる。

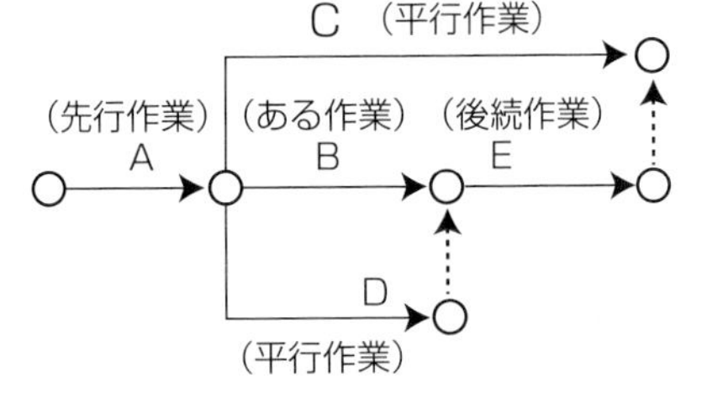

- 段取りをたてやすい。
- 他職種との取り合いを事前に把握でき、お互い協力体制をとることが容易になる。

③作業のスタートがよくわかる。

- ネットワークで表現するのは、作業だけではなく、計画、諸官庁手続き、材料手配、材料搬入出等も盛り込むため、担当者の行動チェックにもなる。
- 各作業の余裕時間が表示されているので、効率的な工程管理ができる。

4. 品質管理

(1) QC7つ道具

品質を管理するとは、最上のものをつくるということではない。施主、発注者で求めている品質がある。この求められた品質を満たしていればいいわけである。例えば、コンクリートを例にとると、設計上基礎コンクリートは配合強度 $\sigma 28=15.7N/mm^2$、躯体コンクリートは、$\sigma 28 = 20.6N/mm^2$とする。

実際、何工区もある工事では、両者がいっしょになる場合がある。基礎コンクリートが少量（1.0 ㎥）の場合、生コン車をそのためだけに使うと1時間ほど遅れてしまう。とすると、作業員を1時間待たせるよりも躯体コンクリートの強度で基礎を打ち、続けて躯体を打設する方が効率上良いことになる。

反対に基礎コンクリートの配合強度 $\sigma 28 = 15.7N/mm^2$が少しあまったので、躯体コンクリートと一緒に打設するのは絶対にいけない。施主で求める品質を満たしてないからである。品質を保つために品質管理基準というものがある。これは標準仕様書にうたわれているので、よく見ておこう。この中には、その品質管理基準を判定するための各試験がある。

また、品質にバラツキがあるといった問題を解決していく方法に「QC 7つ道具」がある。QC 7つ道具とは、データに基づいたものの考え方を重要視して、科学的に分析することによって問題を発見する方法で、次のようなものがある。

＜QC 7つ道具による問題発見＞

パレート図	➡	問題の発見
特性要因図	➡	結果と原因追求
ヒストグラム	➡	バラツキ
チェックシート	➡	やっていない、やっている
管理図	➡	偶然なのか、異常なのか
散布図	➡	点のちらばり具合
層別	➡	グループに分けてグラフ化

(2) PDCA の管理サイクル

管理のサイクルとはＰ（plan)、Ｄ（do)、Ｃ（check)、Ａ（action）を続けてくり返し行うことにより、施主、発注者の要求する品質を生みだし、定着し、さらに良くする方向に向ける手法のことである。

<建設業における PDCA サイクル>

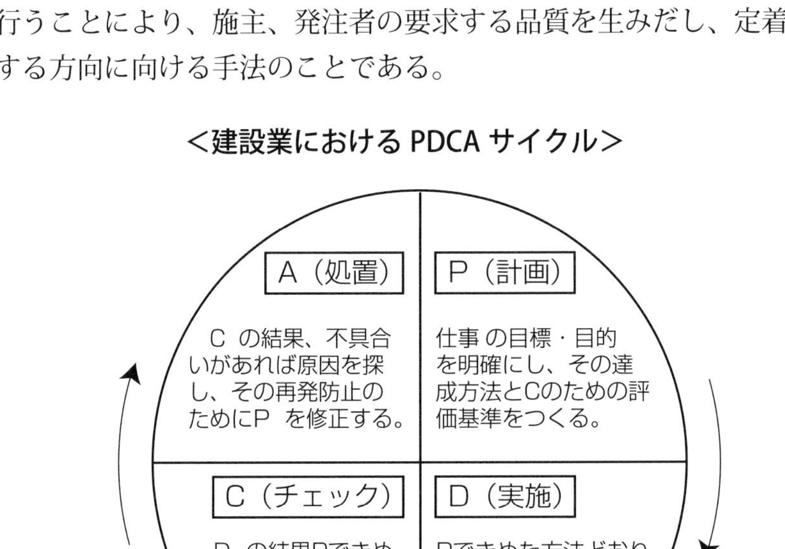

〈型枠数量 1,000m² の場合〉

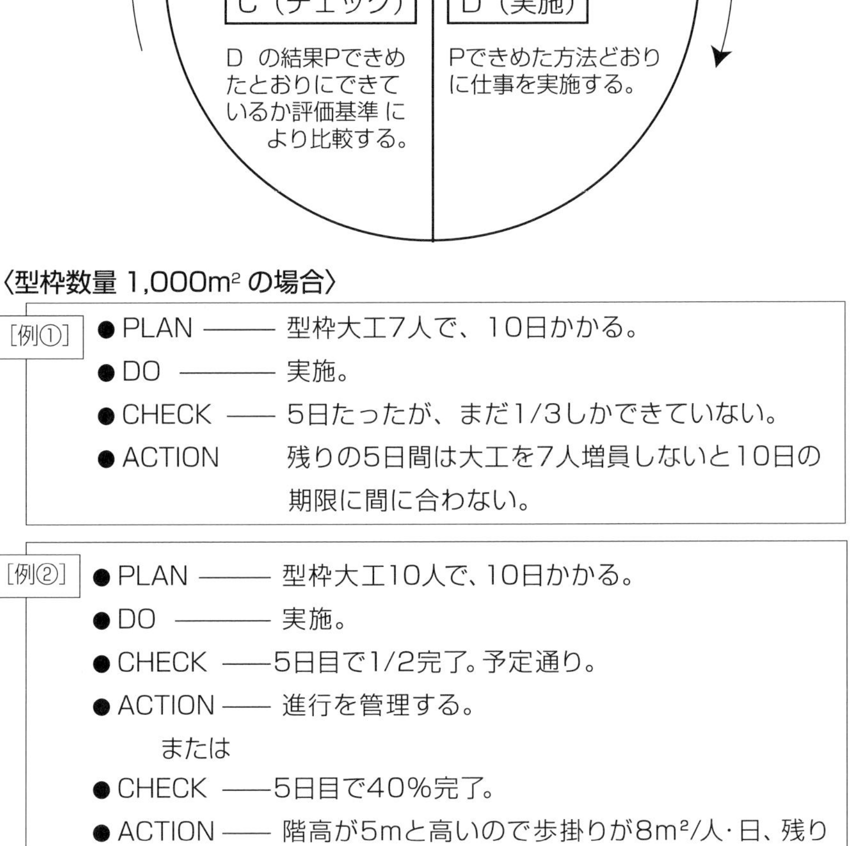
[例①]
- PLAN ――― 型枠大工7人で、10日かかる。
- DO ――― 実施。
- CHECK ―― 5日たったが、まだ1/3しかできていない。
- ACTION　　残りの5日間は大工を7人増員しないと10日の期限に間に合わない。

[例②]
- PLAN ――― 型枠大工10人で、10日かかる。
- DO ――― 実施。
- CHECK ――5日目で1/2完了。予定通り。
- ACTION ―― 進行を管理する。

　または
- CHECK ――5日目で40%完了。
- ACTION ―― 階高が5mと高いので歩掛りが8m²/人・日、残り75人工必要なので、5人の増員をしてもらう。

(3) パレート図

「パレート図」は効果の大きなところ・重要なところを知るのに役立つ。

＜パレート図の例：1階立上りのじゃんか調査＞

じゃんか箇所	箇所数	構成比
柱の根元	10ヶ所	59%
梁と柱の取り合い	4ヶ所	23%
窓枠の下端	2ヶ所	12%
手摺の下部	1ヶ所	6%
計	17ヶ所	100%

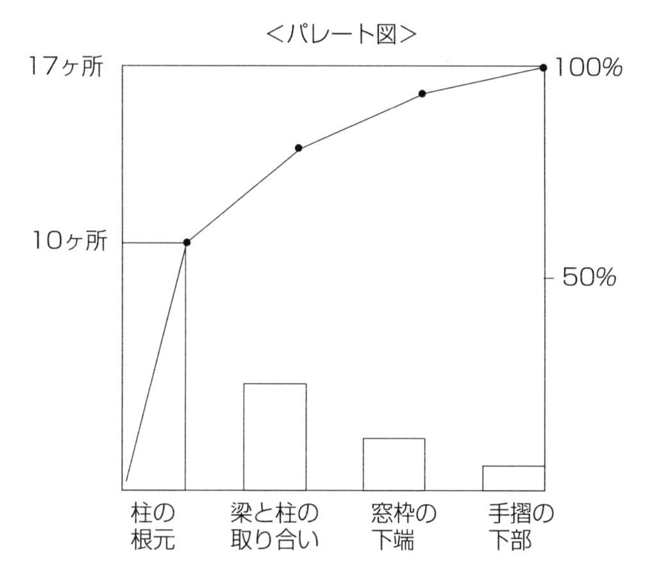

上記の「パレート図」によって、下記のようなことが導き出される。

①最も効果の大きな改善点は、「柱の根元じゃんかをなくす」こと。これを重点管理してなくせば、59%のじゃんかがなくなる。
②さらに梁と柱の取り合いもなくすことができれば、82%のじゃんかをなくすことができる。
③重点的に管理するポイントが分かる。

(4) 連関図法と特性要因図

①連関図法

本当の原因を追求するには、「なぜ、なぜ、なぜ」と問いかけていく下記のような「連関図法」を用いる。

＜連関図法サンプル＞

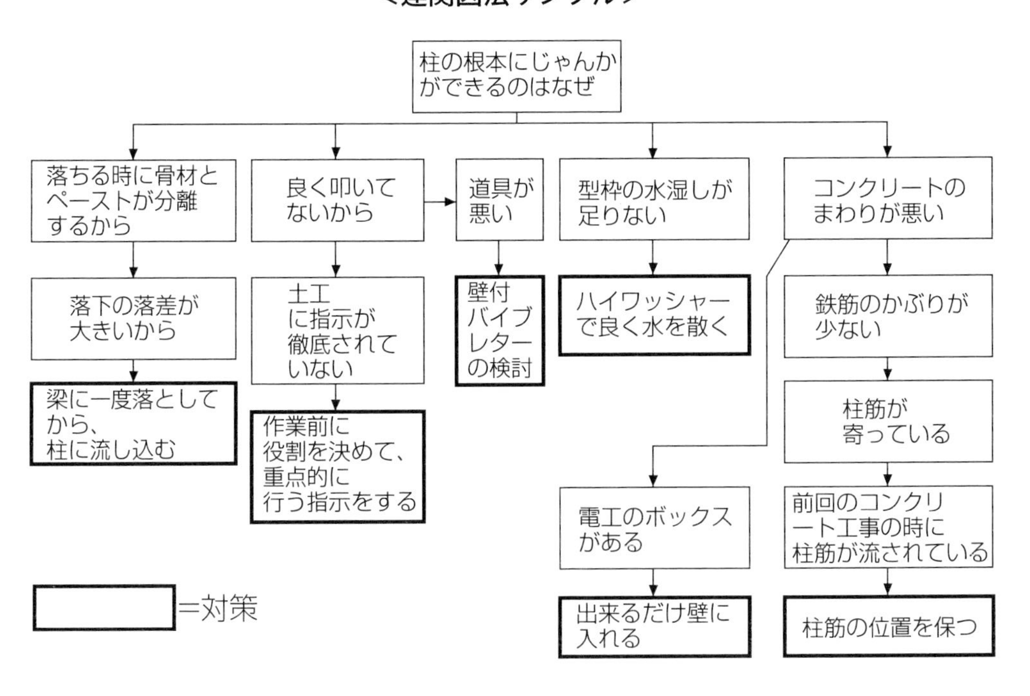

②特性要因図

「特性要因図」とは、1つの結果にどのような原因がどのように関係しているかを系統的に表した図で、重要と考えられる原因の発見とその対策を探るのに用いられる方法である。下図のように、魚の骨のような形をしているので別名「魚の骨」とも言われる。

ブレーンストーミングなどで要因（原因）を出し、要因の関係が人目でわかるようにする。

<特性要因図サンプル>

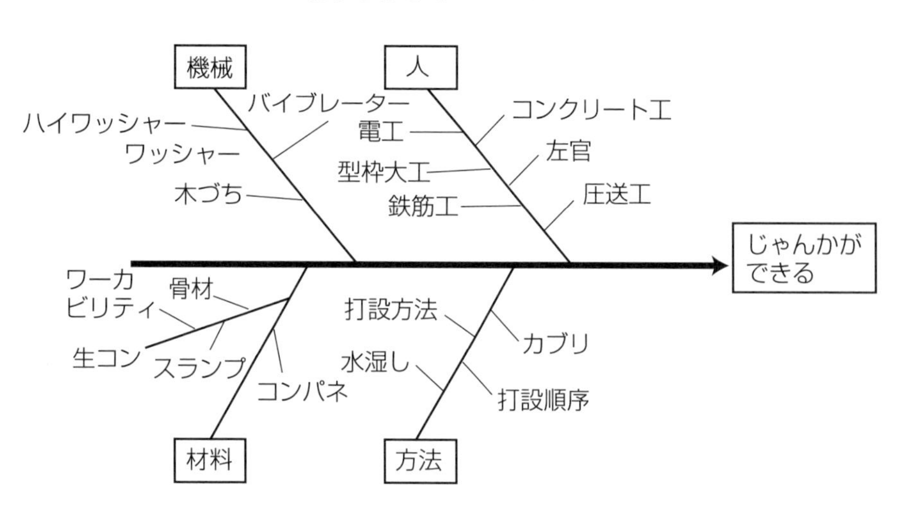

(5) チェックシート

品質管理の方法として、「チェックシート」を作成し、管理ポイントにより、もれがないようにチェックすることが大切である。

①できるだけ簡単にチェックできるように、レ点や○×などの方法による。
②重点管理のポイントを明確にする。
③自分が担当の場合、チェックシートを作って管理ポイントを整理しよう。
④管理の結果は目に見える形で残すと、後で役に立つ。

<コンクリート打設時（柱の場合）じゃんか防止チェックリスト例>

柱箇所	型枠の水浸し	材料分離なし	バイブレーター	1.5m以内落下
A1	✔	✔	✔	✔
A2				
A3				

<コンクリート工事手配チェックリスト例>

手配事項	手配内容	チェック欄
工事監理者	1人(立会がある場合)	✓
プラントの担当者	1人(プラントとの連絡調整)	✓
建設会社社員	3人 筒先1人 型枠面1人 生コン受け入れ関係1人	✓
コンクリート工	8人 充てん3人 締め固め1人 型枠たたき4人	✓
左官工	3人	✓
鉄筋工	1～2人	
型枠工	2～3人	
設備工	1人	
電気工	1人	
ポンプ車	1台当たり150㎥／日上限 (不慣れなうちは100㎥／日)	
ポンプ圧送工	3人	
バイブレーター	インナー(口径50mm) 3台 長柄1台 壁面2台電気工	
インバータ	4台(必要な場合)	
高圧洗浄機	1台	
ガードマン	2人(車の誘導)	

5. 安全管理

(1) 安全管理の進め方

建設現場において安全に作業を進めることは、現場を運営していくうえで最も大切なことである。安全管理は人命に係ることなので、決しておろそかにできない。工程を優先させる、お金がかかるから省略するというようでは、現場運営する資格はない。

①安全衛生管理体制

現場は協力会社が混在して作業をするので、それらを統括して安全管理することが求められている。労働安全衛生法では、1つの場所において 50 人以上の請負人の労働者及び作業員が働く現場において、元請は統括安全衛生責任者、元方安全衛生管理者作業を選任し、協力会社は安全衛生責任者を選任して安全管理体制をつくることが義務付けられている。なお、災害防止協議会を開く現場の規模は規定されていません。

＜50 人以上の労働者が働く作業所の安全衛生管理体制＞

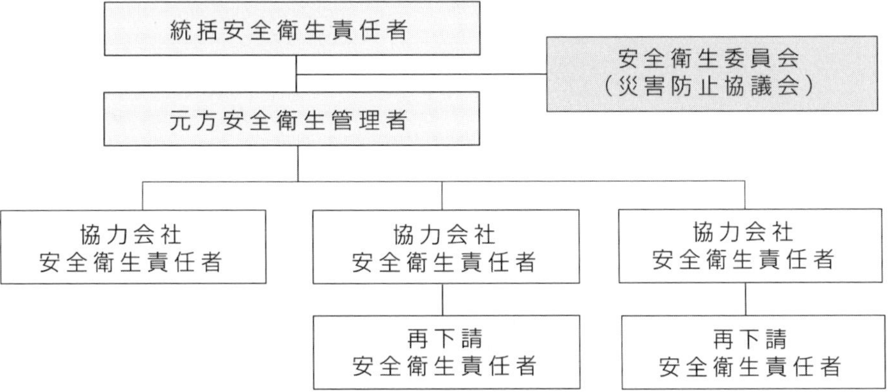

[特別な工事の安全衛生管理体制]

- ずい道等の建設、圧気工法による作業、一定の橋梁の建設の場合
  統括安全衛生責任者の体制は、30人以上の労働者数とする。
  また、20人以上30人未満の場合は、店社安全衛生管理者を選任する。
- 鉄骨造、鉄筋コンクリート造の建築物の建設の場合
  20人以上50人未満の場合は、店社安全衛生管理者を選任する。

②安全な環境で働いてもらう

労働災害の多くは、不安全設備と不安全行動が重なったときに起こっている。不安全な設備であっても、十分に注意して作業をしてもらえば事故は起こらない

かもしれない。しかし、人はヒューマンエラーを起こす。例えば、何かの作業に集中していると、そこに開口があると知っていながら落ちてしまう。注意を払っていても一瞬忘れてケガをしてしまう。だから、不安全設備をなくし、作業員に多少の不注意な行動があっても事故が起こらない安全な環境が重要になる。

<安全管理の基本原則>

不安全設備	不安全設備と不安全行動が重なったときに、多くの事故が起こっている	不安全行動

● **安全に働いてもらうために必要なこと**
- 安全に作業できる足場、作業床をつくる
- 昇り降りが安全にできる昇降設備をつくる
- 暗い場所には照明をつけて明るくする
- 防塵マスクをつけなくてもよい作業環境にする、など

● **人の対策よりも設備の対策が優先**
作業員に安全指導することも必要ではあるが、まず優先的に取り組むことは設備的な対策である。

<フールプルーフとフェールセーフ>

〔フールプルーフ〕

フールプルーフとは、人が不注意な行動をとっても、ケガをしたり誤った操作になったりしないこと

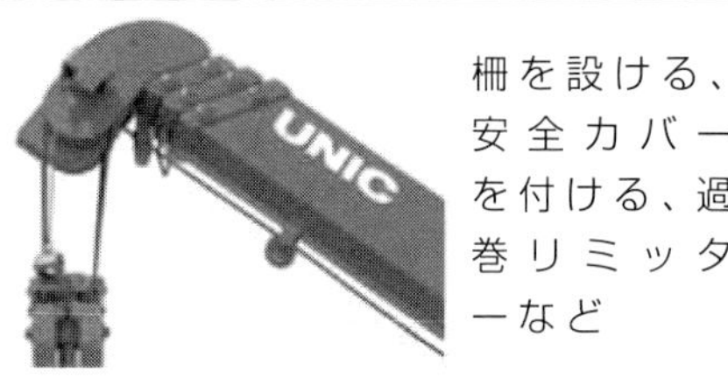

柵を設ける、安全カバーを付ける、過巻リミッターなど

〔フェールセーフ〕

フェールセーフとは、機械が壊れるなどの異常があっても、安全が確保されること

分電盤の漏電遮断器、故障時に止まる装置など

(2) KYK（危険予知活動）

安全衛生管理に元請会社と下請会社の区別はない。いずれも危険を予知し、安全を先取りしなければならない。元請会社だけがあるいは下請会社独自に判断し

て、行動に移せば良いというものではない。元請会社と下請会社の領域の違いにより、それぞれの果すべき役割分担をここで再確認してみよう。

<元請会社と下請会社の役割分担>

元請会社	下請会社
① KYK の実施状況を確認する。	①各作業場所へ移動し、KYK を実施する。
②実施後、作業打合せにて KY 手帳を提出させ、検印する。	② KY 黒板を使い、その日に行う作業内容・作業手順をリーダーが説明する。
	③リーダーは自らの役割を認識するとともに、短時間（5 分～ 10 分）で KYK を終了するようにテキパキと進める。
	④危険のポイントに対して、私はこうするという対策を立て、全員復唱して終了。
	⑤リーダーは、黒板の内容を KY 手帳へ転記する。
	⑥作業打合せ時に元請会社へ提出する。検印後、KY 手帳を受け取る。

安全施工サイクルでわかるように、実際現場で働く下請会社の作業員が自ら安全を意識するのは KYK（危険予知活動）に他ならない。確かに様々な安全教育も重要な要素であり、職長から受けるべき教育だ。しかし、あくまで受け身的なところから抜け切れていないのも事実である。

安全教育は、話を聞いているだけではなかなか身につかない。まして作業員レベルでは自らの言葉で復唱させ、さらに実際にやらせてみて初めて安全に対する正しい対応がマスターできたといえる。朝礼時に行う「KYK」、これなくして現場の安全は確保できないといっても過言ではない。そもそも KY とは危険を予知することである。

たとえば、「資材の運搬」を例にとってみると、次のようになる。

＜例：「資材の運搬」での KYK ＞

1. 誰　　が	4 t ユニック車の運転手、玉掛者
2. い　　つ	午前中（午前８時に現場を出て、約１時間後、午前９時に資材置場到着。積み込みに１時間、荷づくり完了。午前10時に発車。約１時間かけ現場到着後、荷卸し。午前12時に作業完了予定。）
3. どこまで	資材置場から現場まで
4. 何　　を	足場材
5. 何のために	外部足場を組みたてるために
6. どうやって	資材伝票（品名、規格、数量記入）に記載された資材を３分の4m ワイヤー２本を使用し、所定の資材置場から積載重量内で積込む。一般公道を経路図に従い走行する。

「資材の運搬」をもう少し細かく分解し、フロー図で表すと次のようになる。

＜「資材の運搬」の作業フロー＞

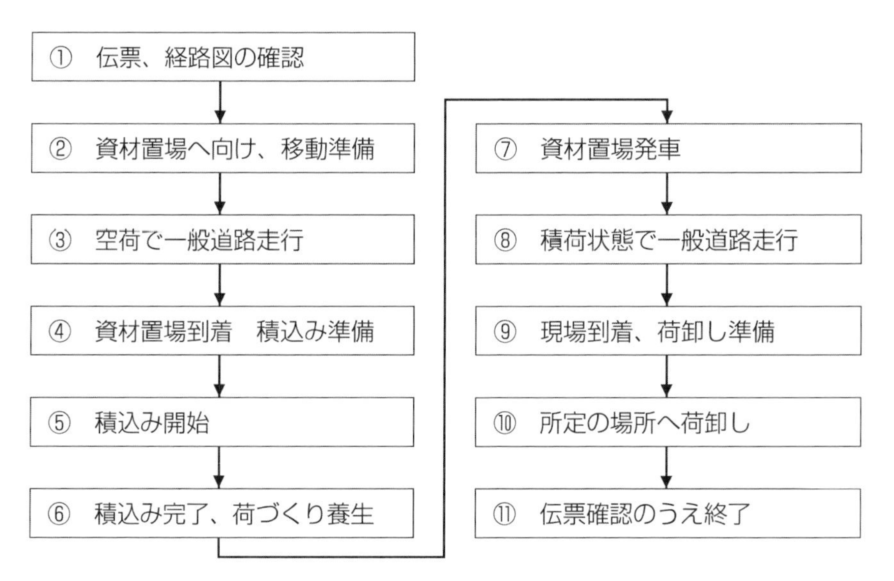

次に、それぞれの作業フローについてどのような「危険ポイント」（災害、事故が発生しそうな行為、状態、箇所）があるかを見ていくと、下記のような危険があることがわかる。それぞれの作業の中で予め危険な行為、状態、箇所というものはある程度予測できる。それらの危険については、職長は当然理解しているは

ずであるが、職長だけが理解しているだけではダメで、実際に作業に従事する作業員全てが理解しておく必要がある。

安全教育で伝えたことを行動に移せるかどうか確認する場が「KYK」である。従ってこのKYKを省けば、予知しなければならない危険を見過ごす可能性が大である。「交通ルールや玉掛ワイヤー点検等は常識だ」と言えばその通りだが、この当たり前のことができずに実際に災害に遭遇している例がよく見うけられる。

＜「資材の運搬」の危険ポイント＞

	作業フロー		危険ポイント
①	伝票経路図の確認	●	経路図無視によるトラブル
②	資材置場へ向け、移動準備	●	玉掛ワイヤーの点検不足により、キンクした（ねじれた状態）ワイヤーの使用
③	空荷で一般道路走行	●	法定速度を無視した暴走
④	資材置場到着、積込み準備	●	積込み箇所足元不安定によるバランスくずし、転倒
⑤	積込み開始	●	作業手順の確認不足によるミスマッチ
		●	合図の不徹底によるハサマレ
		●	積荷の結束不良による荷くずれ
		●	マクラ材の準備不足による積荷のアンバランス
⑥	積込み完了、荷づくり養生	●	養生ロープ締めつけ不良による荷くずれ
		●	端部養生不足により走行中、飛散のおそれ
⑦	資材置場発車	●	積荷全体の確認不足による荷くずれ
⑧	積荷状態で一般道路走行	●	曲がり角等、無理な運転による荷くずれ
⑨	現場到着、荷卸し準備	●	積荷の変形によるロープ解放時の飛び出し
⑩	所定の場所へ荷卸し	●	他職との接近作業による接触事故
		●	玉掛ワイヤーの点検不足により、ワイヤー切れ
		●	合図の不徹底による手ハサマレ
⑪	伝票確認のうえ終了	●	

ＫＹ活動はマンネリ化しないような工夫や刺激が必要。事故例の写真を見せて安全意識を高めることもその一つ。

(3) 新規入場者教育

「新規入場者教育」とは、新しい作業所に初めて来所した作業員に対して実施する、安全作業のための教育・指導である。仕事につかせる前に必ず行わなければ事故を引きおこす大きな要因となり、我々工事を監督する立場の責任となる。教育を実施するに当っては、工事概要、基本心得、作業所の行事、安全衛生管理体制、安全な作業方法などをテキストとしてまとめておこう。また、この新規入場者教育を実施したら作業員自身に確認のサインをさせることが大事だ。

＜新規入場者教育の例＞

[新規入場者教育実施テキストの例]

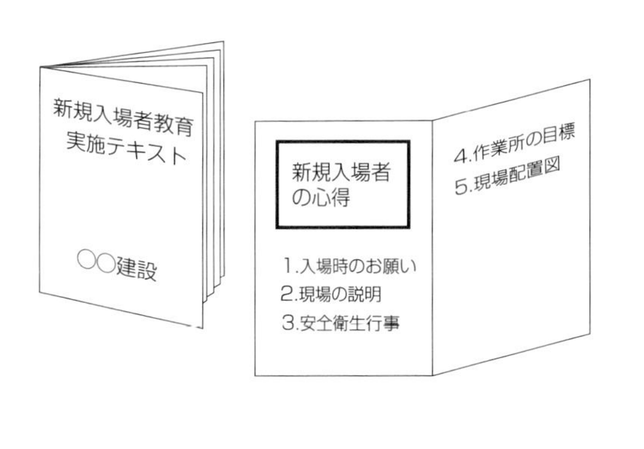

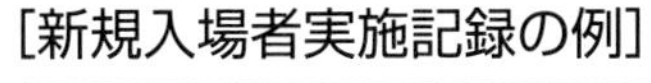
[新規入場者実施記録の例]

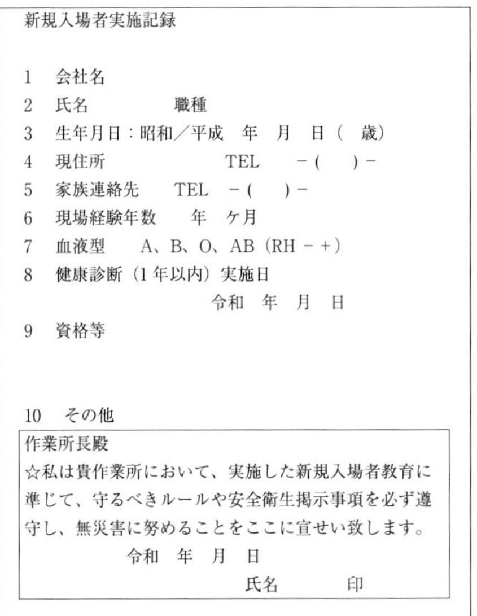
新規入場者実施記録

1　会社名
2　氏名　　　　職種
3　生年月日：昭和／平成　年　月　日（　歳）
4　現住所　　　　　　TEL　　－（　）－
5　家族連絡先　　TEL　－（　）－
6　現場経験年数　　年　ケ月
7　血液型　　A、B、O、AB（RH －＋）
8　健康診断（1年以内）実施日
令和　年　月　日
9　資格等

10　その他

作業所長殿
☆私は貴作業所において、実施した新規入場者教育に準じて、守るべきルールや安全衛生掲示事項を必ず遵守し、無災害に努めることをここに宣せい致します。
令和　年　月　日
氏名　　　印

[安全十則の例]

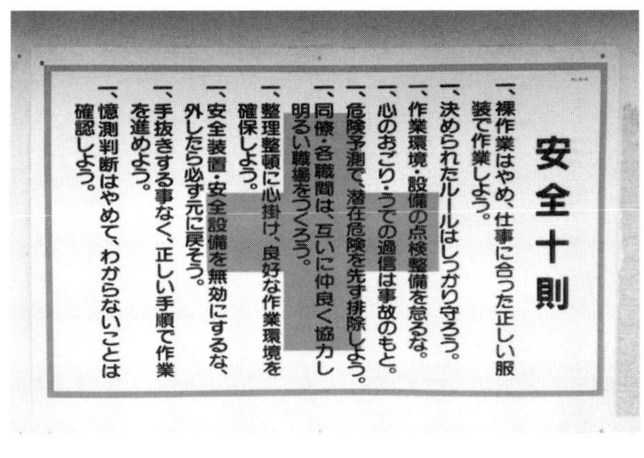

君たちは、作業現場では安全を目と耳で周知徹底させようと努力していることに早く気付き、安全に対する意識を高めよう

(4) 安全当番による「現場内安全パトロール」

災害を未然に防止するためには、「安全衛生点検票」に基づいて不安全行動、不安全箇所をチェックしていくことが大切である。ここで安全当番は元請会社の社員だけではなく、必ず専門工事業者の世話役、職長を同行させ相互点検を心がけると効果が上がる。点検後、世話役に是正箇所があれば対策を考えさせ、作業打合せ時に説明させるようにする。

<安全衛生点検票の例>

安全衛生点検票					
工事名			統括安全衛生責任者	元方安全衛生管理者	安全衛生責任者
実施日	令和　年　月　日	作業者数　名			
作業内容				天　候	
				その他	
下記のうち本日点検した項目（○×）×は速やかに是正する。					

区分	項目		区分	項目	
一般状況	作業服装及び保護具着用の状況		電気設備	取扱責任者の選任、掲示	
	材料の積み方整理状況			受電設備の囲い施錠	
	搬入路及び作業通路の状況			電線の行先標示	
	立入禁止等の措置			配電線の状況	
	危険防止の標識掲示の状況			設置器具のアースの有無	
	休憩所・倉庫等の整理状況			ろう電ブレーカーの取付	
	ミーティング記録等の整備			溶接作業時の保護具の状況	
掘削	作業主任者の選任、掲示		車輌系建設機械	運転責任者の選任、掲示	
	掘削法面の勾配及び状況			始業前点検記録	
	落石防止の措置			年次点検票の有無	
型枠・その他	作業主任者の選任、掲示			目的外使用の有無	
	支保工材料及び取付け方法			過巻防止装置（クレーン車）	
	脚立及び伸び馬の使い方			フックの外れ止め（クレーン車）	
	コンクリート打設足場の状況			玉掛用具	
				合図及び誘導の状況	

備考（メモ）

(5) 作業終了前片付け

作業終了時に、道具や材料をそのままにして帰ると翌日の仕事に影響を与えるだけでなく、安全管理上問題があり、災害につながる原因にもなる。作業終了前片付けでは次のようなポイントに注意し、災害防止に努めなければならない。

①作業箇所の残材、小道具の片付け（安全通路上には絶対に置き忘れない）。

②使用中の資材は、整理整頓。
③不安全状態のままではいけないが、原形復旧に手間がかかる場合、立入禁止処置を完全に実施する。
④職長に片付けを確認のうえ、元請会社社員に報告させる。

(6) 作業標準書

作業現場では下記のような「作業標準書」に基づいて、正しい施工方法で確実に作業を進めさせることが大切である。独自の考えで作業させることは、作業の効率も悪く、他の作業へ悪影響を及ぼすだけでなく、安全上の問題点も多い。

工事を充分に経験した先輩に「作業標準書」を作成してもらい、現場の作業に反映させなければならない。

<作業標準書の例>

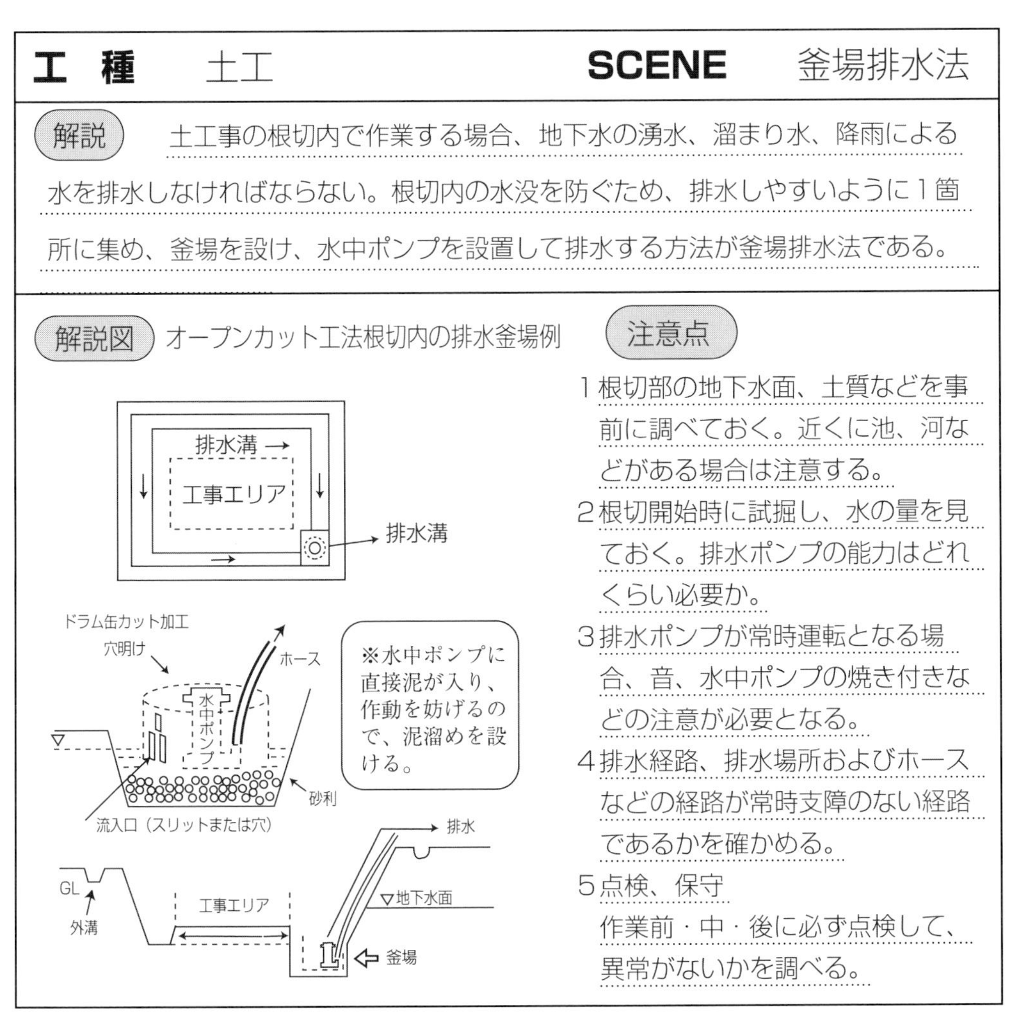

工　種　土工　　**SCENE**　釜場排水法

解説　土工事の根切内で作業する場合、地下水の湧水、溜まり水、降雨による水を排水しなければならない。根切内の水没を防ぐため、排水しやすいように1箇所に集め、釜場を設け、水中ポンプを設置して排水する方法が釜場排水法である。

解説図　オープンカット工法根切内の排水釜場例

注意点

1 根切部の地下水面、土質などを事前に調べておく。近くに池、河などがある場合は注意する。
2 根切開始時に試掘し、水の量を見ておく。排水ポンプの能力はどれくらい必要か。
3 排水ポンプが常時運転となる場合、音、水中ポンプの焼き付きなどの注意が必要となる。
4 排水経路、排水場所およびホースなどの経路が常時支障のない経路であるかを確かめる。
5 点検、保守
作業前・中・後に必ず点検して、異常がないかを調べる。

(7) 安全衛生日誌

「安全衛生日誌」は我々社員が毎日記入するものである。業者に対して、どんな安全衛生の指示を出したのか明確に記入しておく。事故が発生したときには、まず、この安全衛生日誌が確認されることになる。この日誌に安全に対する適正な指示をしていないと大変な問題となるわけである。

<安全衛生日誌サンプル>

安全衛生日誌

作業所名＿＿＿＿＿＿　令和　　年　月　日（　）天候

業者名	作業内容	人員	安全衛生指示事項	有資格者	実施状況	是正事項

行事予定	発注者等連絡事項（検査）
作業所長コメント	手配事項

[安全衛生日誌のポイント]

①安全衛生指示事項は具体的に書く。あいまいに記入してはいけない。
　有資格者は必ず確認する。
②作業内容に合わせた指示であること。
③もし不安全行動をとっていたら、我々がどのような是正指示を出し、どのように業者が実施したかきちんと記入する。

自己チェックポイント

君たちは現場に就任したとき、まずこの安全衛生日誌を記入させられるだろう。そのときのために次のことを頭に入れてチェックしておくことだ

1. どこでどのような作業をしているかイメージできるか　□
2. 事故防止対策を事前に知っているか　□
3. 労働安全衛生規則を読んでいるか　□

6. 原価管理

(1) 原価管理とは

原価管理とは、発注者との契約によって工事請負金額（入ってくるお金）が決まり、工事進行において工事原価（現場から出ていくお金）が確定し、その差が粗利益（現場に残るお金）となるプロセスを管理することである。

お金の流れを管理していくために、利益計画、資金計画をたて実行予算書をつくり、工事の進捗に伴い発生する原価を把握し、粗利益の確保に努めなければならない。原価管理の流れを下記に示す。

＜原価管理の流れ＞

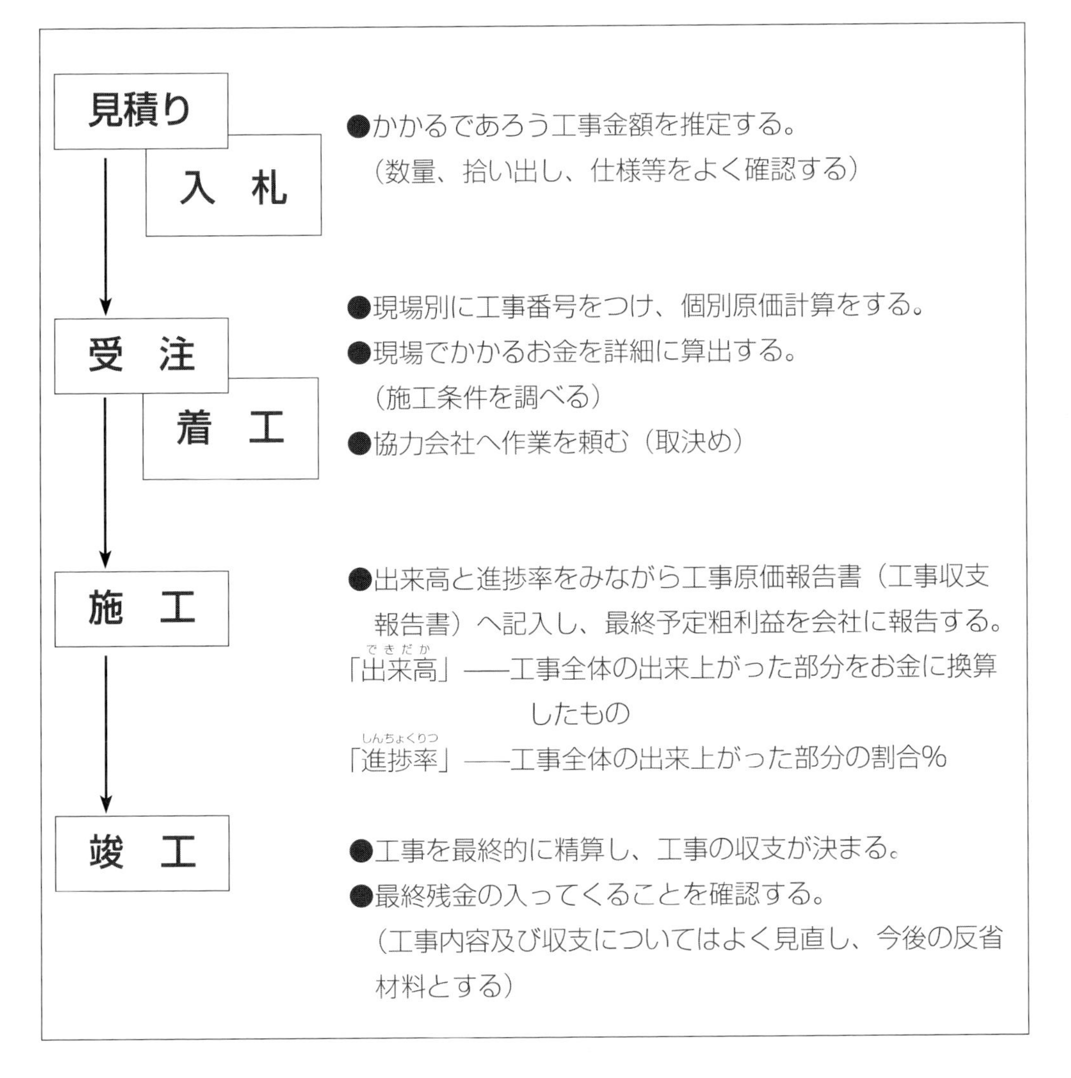

原価の把握が出来ないと、原価管理にならない。原価管理のポイントを略図にすると下記のようになる。［請負金額を 100］とすると、［工事原価 80］と、［他の経費 8］を引いた残りが［粗利益 12］となる。

<原価管理のポイント>

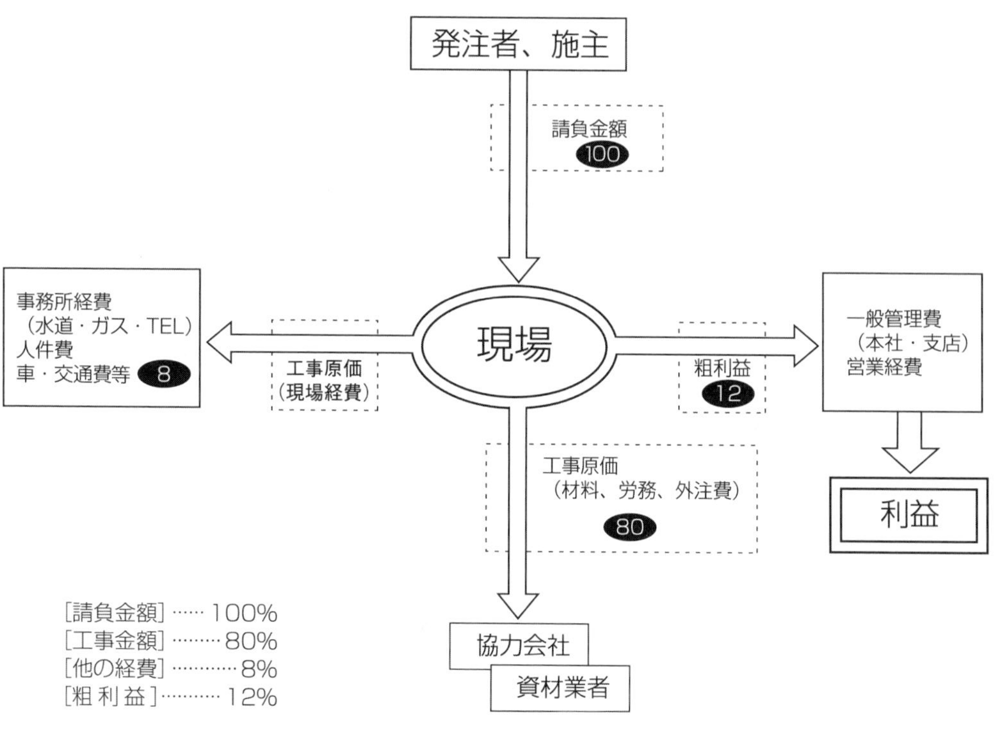

(2) 工事原価とは

工事原価とは「①直接工事費」「②間接工事費」「③現場経費」のほぼ３つから成り立っている。

「①直接工事費」が工事原価の大きなウエイトをしめるので、日常原価管理の中でも我々の業務の最重要部分となる。しかし、「②間接工事費」も「①直接工事費」に大きく影響を及ぼすので、「原価管理」の良し悪しによって、我々の力量が推し量られる。充分な管理が必要である。

<工事原価の内訳>

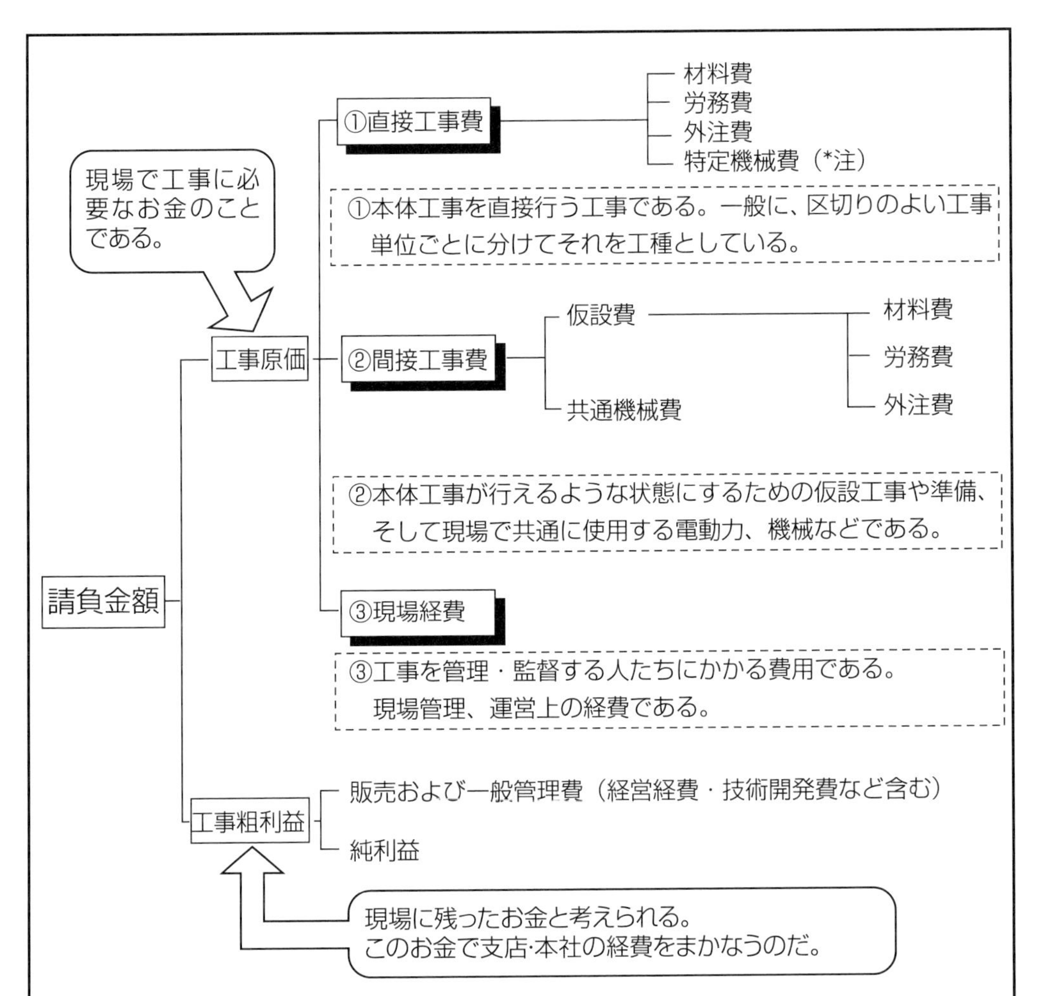

（＊注）特定機械費は、その工種にのみ必要な機械であり、言い換えるとこの機械がないとその工種ができないことを意味する。したがって、その工種が完了すればその機械も引き上げることになる。現場で共通に使う機械とは、原価分析上、区別したほうがよい。

(3) 実際の原価を把握する

我々は、現場で発生する原価を毎日確認しながら整理しなければならない。それでは、なぜ発生する原価を毎日確認しなければならないのだろうか。

それは、君たちの先輩が「実行予算」というものをつくっていることに関連してくる。これは前もって、この工事はこれだけの原価がかかると予定を組んだものである。ただし、実際には当初の予定とズレが生じてくるのが現実である。従ってそのために、君たちが毎日発生する原価を確実に把握し、それを整理するとともに実行予算と比較し、今後の原価の使い方に反映させなければならない。

そこでその原価をどのように整理していくのかであるが、次のような「日報」がそのカギをにぎっている。

<日報サンプル>

「日　報」

現場名＿＿＿＿＿＿　令和　　年　月　日（　）天候

記録者

工　種	業者名	人員	作業内容	時間	残業	使用機械	使用材料	備考

メモ　○資機材搬入状況　○その他
○検査状況

[日報のポイント]

①工種ごとに原価が把握できる。
②業者別にも原価が分けられる。
③時間を記入する際に、最小単位を決めておくと書きやすい。
（たとえば所定内「2時間」残業「30分]）
④別途集計する場合、簡単に整理することができる。

☑ まとめ（第４章　建設現場の仕事）

● 現場運営

建設現場では朝礼から始まり、作業開始前の安全と手順の確認をして作業にとりかかる。施工計画には安全計画が含まれ、作業指示にも安全指示が含まれる。

・安全施工サイクルを枠組みとして、一日の業務スケジュールを組立てよう。

● 工程管理

建設工事は完成日が決まっている。完成日までの全体工程表をもとに短期工程表に詳細を検討し工程管理をする。工程管理では主にバーチャート工程表とネットワーク工程表が活用されている。

・バーチャート工程表とネットワーク工程表のメリット・デメリットを理解し、上司・先輩が作成した工程表と現場の作業を照合できるようになろう。

● 品質管理

現場で計画通りに品質基準が満たせたか品質検査し、問題があれば手直しをするPDCAの管理のサイクルを回す。

・品質検査ではQC ７つ道具のチェックシートを活用して、もれのないチェックを行うとともに確認した記録を残すようにしよう。

● 安全管理

建設業は複数の協力会社が同じ現場で働くので、作業相互の調整を行う統括管理が必要。作業員が不安全行動をしないように指導するとともに、足場や作業環境に不安全な状態がないように安全管理を行う。

・協力会社には安全な環境で働いてもらえるように、不安全な状態がないか危険予知を心がけよう。

● 原価管理

請負金は工事原価と利益の２つからできていて、原価を管理することが利益を管理することになる。工事原価が削減できれば利益が大きくなる。

・現場の材料をムダにしない、作業効率を上げる、業務スケジュールをたてて残業時間を減らすというように原価意識を持って仕事をしよう。

✍ 練習問題（第４章　建設現場の仕事）

［問題１］

次の仕事の項目と関連する仕事を進めるポイントを下記の A～J から選びなさい。

〈仕事の項目〉

①工事写真を撮る（　　）
② 工程表をつくる（　　）
③ KYK をする（　　）
④新規入場者教育をする（　　）
⑤ 作業標準書を活用する（　　）
⑥ 実行予算書をつくる（　　）
⑦ 作業日報を記入する（　　）
⑧ 明日の作業打合せをする（　　）
⑨ 安全日誌を記入する（　　）
⑩ 施工チェックシートをつける（　　）

〈仕事を進めるポイント〉

A．毎日具体的に書く
B．職人・重機・材料の予定と作業内容を確認する
C．正しい作業方法を周知徹底させる
D．小冊子（テキスト）にまとめておく
E．その日の安全作業方法を確認する
F．見えなくなる部分は確実に行う
G．品質のよしあしを判断する力を身につける
H．工事原価の中身を十分理解しておく
I．出面をとる
J．クリティカル作業を把握する

［問題２］

入社１年間で身につける業務内容について、習得方法を下から選びなさい。

〈業務内容〉

① 業務の流れを理解する（　　）

② 道具・機械・材料の名称用途をマスターする（　　）
③ 届出書類を作成する（　　）
④ 安全施工サイクルを実施できる（　　）
⑤簡単な作業打合せができる（　　）

〈習得方法〉

A．本やマニュアルをもとに基本事項を覚え、自分で作成し先輩にチェックしてもらう。

B．安全知識、法規をノートに書いて覚え、KYK、安全パトロールに積極参加する。

C．先輩、会社から説明を受けノートを作って覚える。

D．作業日報の中身と現場状況をよく比較して、ノートに書いて覚える。

［問題３］

以下の写真①②の現場には、どのような問題点があるだろうか。
気がついたことを書いてみよう。

写真①

写真②

⇒（解答は P.258「第４章　建設現場の仕事（解答）」を参照）

第5章

業務場面別ポイント

君たちがこれから従事する建設実務は実際にどうなっているのだろうか。営業担当者、積算担当者、設計担当者、工事担当者のそれぞれの実務場面を覗いてみることとしよう。

実際の仕事の場面を例に挙げながら、どのように考えたらよいのか、どのように対応したらよいのか学んでいきたい。君はきっと仕事の奥が深いことが分かるだろう。

新人の時からここに書かれているような考え方や対応を心がけていれば、近い将来に一人前の担当者に育っていくにちがいない。君はライバルよりも一歩先に進むことができる。

1. 営業活動の実務場面

営業活動に従事する機会は営業担当者以外にも工事担当者、設計担当者にもよくある。たとえば、工事担当者は営業と同行して工事の進め方を説明したり、工法変更提案を施主へお願いしたりすることだ。設計担当者は設計ニーズを聞いたり、プランを説明したりする。このような場面で重要なのは、次の３点である。

①自社の施工に対する信頼（実績、技術の裏付けなど）を施主に理解してもらうこと
②施主の建物に対する建設ニーズを十分聞きとること
③施主に安心してもらうために、自分自身の営業としての人間性（人柄）に共感をもってもらうこと

それでは、いくつかの建設実務の場面を想定して実務能力、知識の重要性を考えてみよう。

(1) 民間工事営業の実務

［民間工事営業の場面例］

競合他社とスーパーマーケット工事の受注合戦を繰り広げている。各社は必死で施主を訪問し、あの手、この手で受注しようとプレゼンテーションに力を入れているところである。あなたは営業担当者として施主と何度も交渉している。今、施主から次のような要請を受け、その返答をする場面である。

「○○建設さんの施工実績は認めますよ。しかし銀行からの融資に対して、十分な売上げが期待できるかどうかを証明しなさいと言われているんです。何か商売繁盛になる提案をしていただかないと……」

さて、この後どのように会話を続け、営業活動をしていったらよいだろうか。

●ポイント：施主の事業に精通する

施主は建物を造ることが目的ではなく、何らかの事業のために建物を造っている。施主の事業を成功させることが、受注につながるということだ。営業担当としては、施主の事業をよく研究しておかなければならない。

たとえば、工場の建設であれば次のようなことである。

- **女性の従業員が増えて、重い荷物の運搬や棚からの移動などの身体に負担のかかる作業をなくすために、自動運搬ロボットを使いたいと考えている。**
  ⇒自動運搬ロボットの動線がシンプル、走行しやすいように床には段差をつくらないなど、自動運搬ロボットについて知っておく。
- **女性の従業員が子供を産んだ後も働けるように、育児スペースなどの環境を整えたい。**
  ⇒育児制度の法令を満たした働き方、働いている間に子供を預かる施設、母親が安心できる環境づくりなどを研究しておく。
- **従業員が作業中に暑いと苦情がある。特に夏には熱中症の心配がある。**
  ⇒工場全体の換気、屋根の遮熱塗装、スポットクーラーの活用など、どんな対応が最適であるか検討する。
- **人手不足で働く環境が悪いと人材採用ができない。**
  ⇒従業員のリフレッシュルーム、コミュニケーションスペースなど魅力的な働く環境を提案できるように研究しておく。

<施主の顧客を含めた提案>

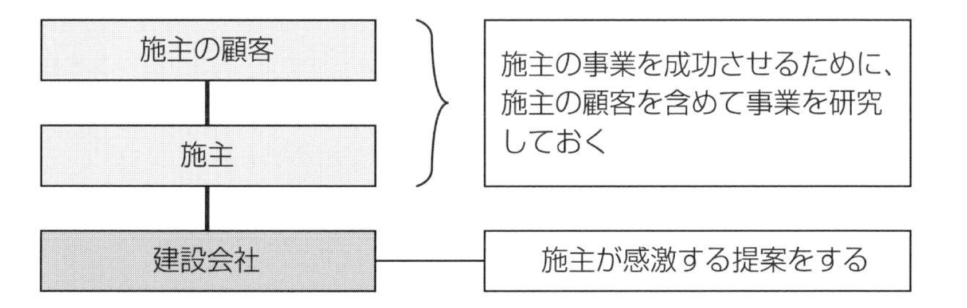

施主の立場で立つと、施主にとっての顧客（従業員も顧客の一部と広く考える）がいる。工場であればそこで働いている従業員が大切だ。ホテルであれば宿泊客だけでなく、そこで働く従業員や清掃スタッフにも配慮が必要である。作業が効率的にできる、メンテナンスがしやすい、作業にストレスがかからないなど、施主の顧客が使いやすいことが、施主に訴求する提案になるのだ。

(2) 外注（下請）工事営業

[外注（下請）工事営業の場面例]

専門工事会社として元請会社に見積書を持参していった。担当窓口の人からは早めに出してくれと言われていたが、本日になってしまった。

特にいつまでという締切期日は指定されていなかったが、事前に３～４日以内でお持ちいたしますと連絡は入れてある。本日はその３～４日以内の３日目に当たる。

注）建設業法では、見積金額によって見積期間に規定がある。例えば 10 日以上かかる見積金額を「３日でもってこい」は違法になる可能性がある。

●ポイント：技術的な知識で迅速な対応が重要

専門工事会社は建物の施工の一部を任されて工事をする。総合工事業者（ゼネコン）としての元請会社は、各専門工事会社を束ねてトータルコーディネイトする工事のマネジメント会社と考えることができる。したがって、元請会社は施主から請負った工事全体の工事費から、各専門工事の施工にいくらの予算が必要かを早く知りたいのである。

元請会社は専門部分の施工（電気設備、サッシ、エレベーター、タイル、杭工事など）に関しては専門工事会社任せになることが多いからだ。よって元請会社の施主への営業活動において、こうした専門工事会社が、施工協力会という共同サークルを作って見積り協力しながらお互い助け合っているということになる。

専門工事会社の営業担当者は、まず元請会社の担当者（作業所長であったり、購買部門の窓口であったり、各社様々）から図面や施工概要書をもらい、なるべく早く見積書を提出してやらなければならない。そのためには、パソコンに数量を入力すると自動的に見積書が作成されるものや、CAD（キャド）などで早く図面から数量を拾い出し、決められた社内基準単価を入れて素早く金額算出できる能力が必要となる。

また、見積の中身や条件について相手から質問されたとき、ある程度技術的な見解を理解して説明できなければならない。「会社に戻って技術の者に聞いてから返事します」という対応をしているようでは「話にならん！」と以後、出入り禁止になることもあるのだ。

さらに、元請会社からの営業情報を常に頭に入れ、競合他社に仕事をもっていかれないように、担当者とコンタクト、コミュニケーションを持ち続ける根気と行動力が不可欠の能力であると言える。

(3) 個人施主への営業

[個人施主への営業活動の場面例]

最近では、リフォーム工事に積極的に進出している建設会社もある。すると個人宅を訪問したりする場面も出てくる。ここではマナー中心の営業能力を考えてみることにしよう。

得意先商店の社長宅の外構工事と増築・リフォームの引合い営業訪問をしているところである。特命で受注できることになっているが、施主は建築の素人であり、専門用語はよく知らない。さらにイメージ的な要望をするので施工段階に落とし込む際、食い違いが生ずる恐れもある。

あなたはどのような注意をして話を進めますか。

●ポイント：正しいマナーでわかりやすい説明が重要

社会人としての、当り前のマナーもできない人は多い。

まず、玄関での挨拶は「○○建設の××でございます。△△の件でお伺いいたしました」とはっきり、気持ちよい印象を与えるように行わなければならない。そして、玄関に上がるときに脱いだ靴はしっかりそろえて、「失礼します」と言って家に入ることだ。

部屋に通されたら、上座がどちらでどこに座るべきかを想像しておく。「こちらにどうぞ」と勧められるまで待っていることだ。施主が出てきたら「今回は○○工事の件ではお世話になり、本当にありがとうございます」と感謝の気持ちを表す。

このようなきちんとしたマナーが、営業担当者としての信頼を築いていくのだ。

具体的な工事の話は、施主は専門用語をほとんど知らないし、イメージを持つことも難しい。易しい言葉に置き換えたり、ビジュアルな資料を見せてイメージが持てるようにしたりする配慮が必要である。

2. 積算業務の実務場面

(1) 積算業務とは

積算業務は、工事原価や見積書を作成するために、設計図面や仕様書をみて数量を算出（「拾い出し」という）することだ。顧客に提出する見積書は「数量×単価＝金額」を積上げて、集計して作成する。数千万円の建設物でも数十億円の建設物であっても、「数量×単価＝金額」を積上げて作成する。

たとえば、建物の部屋で使っているボードの面積に単価を掛けてボードの材料費を算出する。積算業務は、数量の一つ一つを積上げていく忍耐のいる作業である。

もし積算業務で数量を間違えてしまえば、正確な金額は算出されない。1000 mを 800 mと間違えば、200 m分が不足してしまい、その分は赤字になってしまう。かといって数量を多めにすればいいという訳でもなく、正確な数量が信頼性のある見積の基礎となる。

積算業務に対して、見積業務は単価を設定すること（「値入れ」という）を意味している。つまり、数量を算出するのは積算業務で、単価を設定するのが見積業務で、この手順から金額が算出されて見積書ができる。

ただし、実際の仕事の中では、積算業務または見積業務を「見積書の作成」という意味で使っていることもあるので注意してほしい。

<見積金額の算出方法>

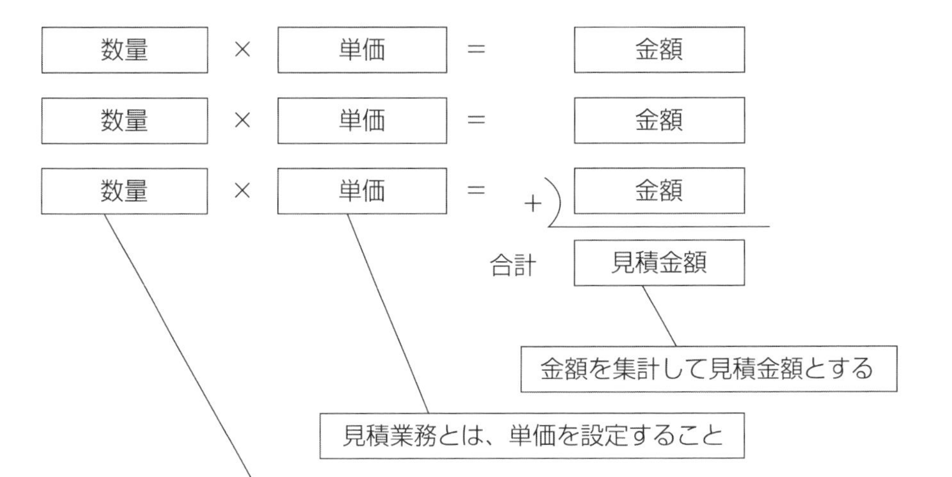

(2) 見積書の構成

上司から図面を渡されて、積算を頼まれたとしたら、何から始めたらよいのだろうか。最終的なゴールが見えなければ、どのような手順で積算をしていったらよいのか分からない。車のナビゲーションは、目的地を入力することによって地図が表示される。自社が作成した代表的な見積書を幾つか見て、最終の目的地を学び、見積書の全体構成を学ぼう。

見積書の構成は、土木工事と建築工事では異なっているし、土木工事でも造成工事と橋梁工事では異なっている。自社の見積書の構成に基づかなければならないが、ここでは、一例として建築工事の見積書の構成を説明したい。積算の手順は、①直接工事費からスタートして、⑤消費税まで算出していく（下図参照）。

<建築工事の見積書の構成例>

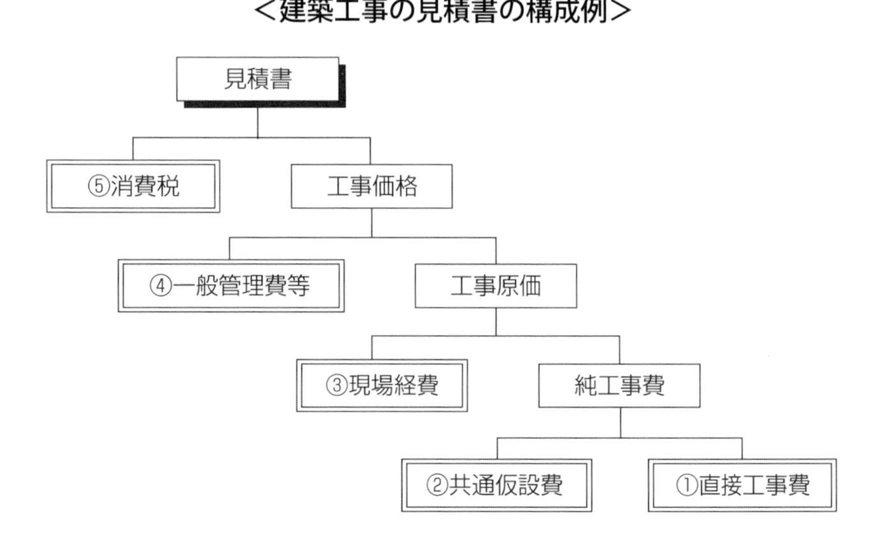

以下の①～⑤は、上記「建築工事の見積書の構成例」の中の番号を指します。

- **①直接工事費**：工事で直接発生する原価で、たとえば、型枠工事、鉄筋工事、コンクリート工事などのこと。「材料費」として、鉄筋や生コンなどを購入するもの。「労務費」として運搬作業や取り付け作業に対して支払うもの。「外注費」として、材料と労務の両方に対して支払う材工という方法で支払うものがある。
- **②共通仮設費**：土木では間接工事費と言っているもので、工事全体にまたがって使う費用のこと。たとえば、仮設事務所、仮設道路、電力、水道、安全対策費、清掃費などのことだ。
- **③現場経費**：現場経費は、現場社員の給与、事務用品、通信費などの現場運営費用である。

・**④一般管理費等**：一般管理費には、会社の営業部門や管理部門の人件費や経費、会社の建物の賃貸料などがある。一般管理費等としたのは、一般管理費のほかに利益があり、利益がなければ会社は成り立たない。見積書の場合には、一般的に利益として表に出さずに、分配して見積単価として設定している。
・**⑤消費税**：消費税は改めて説明するまでもなく税金のことである。

(3) 積算はルールに従う

積算は図面から数量を算出することであるが、その算出する方法が決まっていなければ、複数の人が行うとバラバラな数量が算出されてしまう。仮にAさんが小数点1位で切捨てにし、Bさんが小数点3位で四捨五入にしたら、Bさんが出した算出数量の方が多くなるだろう。あるいは、どこまで詳細に拾い出すのかが異なれば、算出数量も異なってくる。

人によって積算数量が異ならないように、会社で積算ルールが決められていることだろう。たとえば、次のようなことだ。積算をするためには、積算ルールを学ぶことが必要である。

<積算ルールの例>

①数量計算

・単位は基本的に、m、m^2、m^3、 t を使う。
・計測の単位はmとし、小数点以下3位を四捨五入する（cmまで）
345cm → 3.45m
・計測の規定の適用外
a．コンクリートの断面は、小数点以下第4位を四捨五入する。
b．木工事の木材の断面は、小数点以下第4位を四捨五入する。
c．木工事の木材の体積の計算では、小数点以下第5位を四捨五入する。

②数量表示

・数量計算では小数点以下第2位であったが、数量表にまとめる数次（表示数値）は、小数点以下第2位を四捨五入して、小数点以下第1位までとする。但し、100以上の数値については、四捨五入して整数とする。

〈計算数値〉 〈表示数値〉
75.32 m^2 → 75.3 m^2
145.82 m^2 → 146 m^2

積算の数量には、設計数量と所要数量があることを覚えておこう。設計数量は、図面から長さ、面積、体積、重さなどを算出して出す。やり方を教えてもらえば、初心者でもある程度はできるようになる。一方、所要数量は購買方法や施工上の条件を加味しなければならないので、積極的に覚えていかなければならないところだ。

- **設計数量**：設計図に表示された寸法から算出した数量。設計数量は算出した数量そのもので、何の加工もしていないもの。
- **所要数量**：実際に施工で使ったり、発注したりする数量。所要数量は、施工上の切りムダやロスを含めたり、発注する市場寸法によったりする。

(4) 積算の場面例1：土の搬出

それでは、次のような簡単な積算を頼まれた場面を考えてみよう。

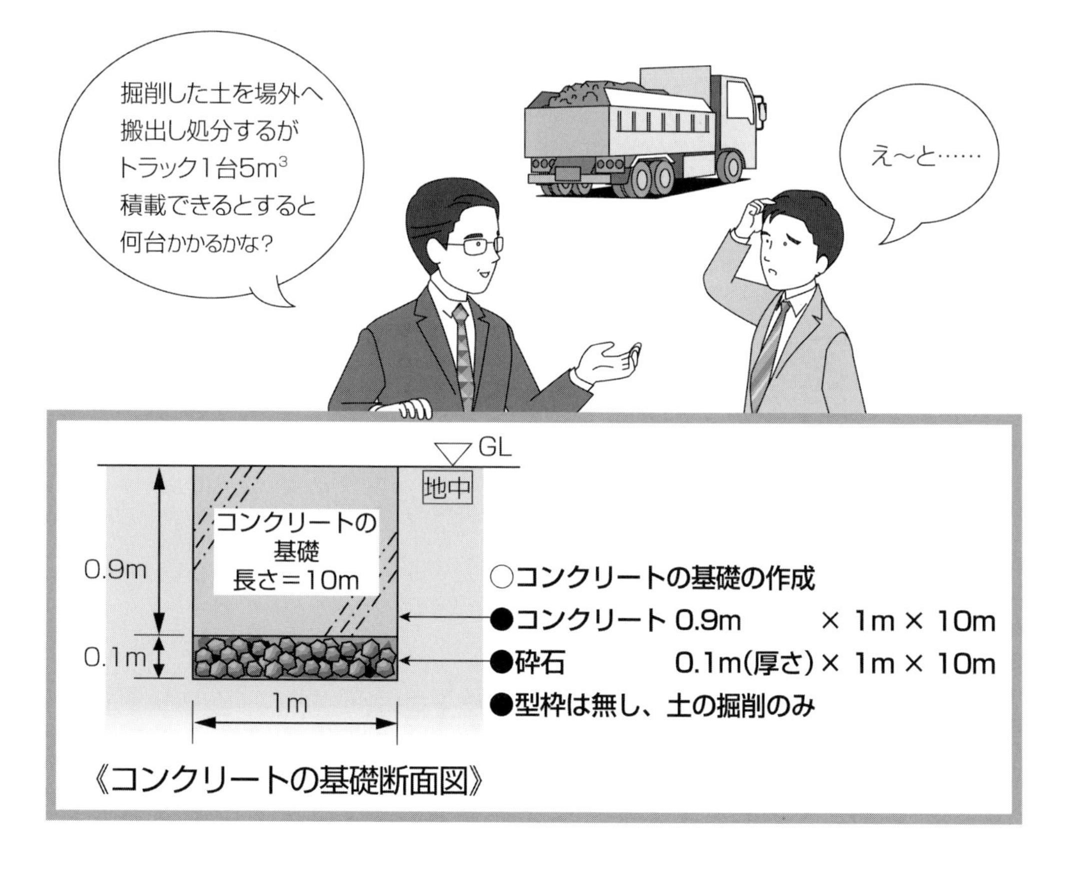

「掘削した土を場外へ搬出し処分するが、トラック１台に５㎥積載することができるとすると、何台かかるか？」という土の搬出の質問である。

ここで設計数量が 10 ㎥だから２台と答えた人は、設計数量と所要数量の違いを理解することが大切である。土の掘削は、羊かんを切ったように切り出せない。崩れて空気が混ざって体積が大きくなる。これを「ほぐし率」といっている。

たとえば、ほぐし率を２割増しに設定すると、**10 ㎥×1.2 = 12 ㎥**の土量となる。

所要数量は「12 ㎥」であり、トラックは「３台」必要となる。ほぐし率は土質によって変化して、普通土よりも砂は小さく、普通土よりもシルトの方が大きく粘土になるとさらに大きくなる。

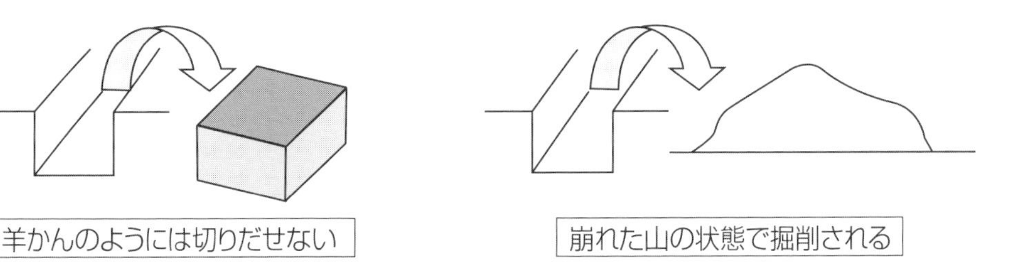

(5) 積算の場面例２：砕石の数量

「砕石の所要数量は」という質問であるが、今度は分かっただろうか。

砕石の計算では、ロスを見込んで計算する。今度はロス率を使う。実際に建設現場で砕石などの材料を手配したことがある人だと分かるが、施工上のロスが生じる。型枠が入っていないので、土の掘削誤差で多めに必要になる。また、バイブロプレートやランマーなどの締め固めをすると、砕石が土に食い込む。

ロス率は他にも、材料の端材が生じる場合や、ブロックやタイルなどで欠けなどを見込んだりする。全てぴったりの数量では、施工時のアクシデントで1個足りないことが起これば、作業者の手待ちや運送費の追加が生じて大きなロスになる。

保険的に少し多めに注文するが、そのロスの見込みがノウハウである。多くロスを見過ぎれば余って損失となり、足りなくなればそれも損失になる。適度なロス率を設定するのだが、掘削が正確であれば少なくてすみ、掘削精度が悪いとロス率は大きくなる。

ここでロス率を1割と設定した場合、施工数量は次のようになる。

1㎥（設計数量）×1.1（ロス率）＝1.1㎥

しかしこの数量では、実際に注文するときに困ることになる。資材には注文の最小単位が決まっていて、砕石の場合は0.5㎥ごとを1単位とすることが多く、地方では0.25㎥を1単位とする資材業者もいる。

所要数量としては1.5㎥で入れる必要があるが、顧客へ提出する見積書では設計数量を入れて、見積単価で調整する場合が多いことを付け加えておく。ただし、積算担当者としては、設計数量と所要数量の違いはよく理解しておく必要がある。

3. 設計業務の実務場面

(1) 設計施工とは

ゼネコンの設計部門に配属された君は、「設計施工」という一連の仕事の流れの中に位置づけられている。ゼネコンの受注には、外部の設計事務所が設計した設計図に基づいて見積をして「施工」のみを請負う受注と、ゼネコンが設計から施工までを「設計施工」で請負う受注の２つの形式がある。

設計施工のメリットは、設計の段階から施工を含めたトータルな検討ができ、自社の得意な施工技術を取り入れたり、豊富な種類から材料の選定をしたりすることによって、品質とコストが管理し易いことが挙げられる。

一方デメリットとしては、設計事務所が外部であれば、顧客の立場で顧客の利益を代行できるが、設計と施工が分離されていないことにより、顧客の利益が損なわれる危険があることだ。顧客の立場で代弁できる設計担当者がいて、信頼できるゼネコンであれば、顧客も安心して設計施工で任せることができる。

(2) 設計提案の場面例 1

［顧客との初回面談の場面例］

ビジネスホテルを建設したいというオーナーが、自社に設計施工で建設を打診してきたとする。さっそく、営業担当者と同行して先方に伺ったところ、自社（当社）が十分なメリットをもたらしてくれるかどうか、探りをいれてきた。このような展開はよくある話であるが、設計担当者としてどのように応えていくべきか考えてみよう。

●ポイント：前向きな返事を心がける

ビジネスホテルの施主の関心は、ビジネスホテル事業の成功にある。顧客の立場に立って考えなければ、ビジネスホテルに関するアドバイスはできない。この場面では、ビジネスホテルの設計担当者として適切であるか、どのようなノウハウを提供してもらえるのか、他社に頼むよりもよい提案をしてもらえるのか、ということが問われている。

ビジネスホテルに泊まったことがないのに、ビジネスホテルの設計ができるだろうか。よい設計をするためには、宿泊客が泊まりたいビジネスホテルでなければならないし、従業員が使いやすいビジネスホテルでなければならない。ビジネスホテルに泊まった経験や、ビジネスホテルの従業員の仕事を知っていなければ、よい設計はできないだろう。デザインについても、良いビジネスホテルをたくさん見ることによって培われてくる。

施主の「このようなビジネスホテルに泊まったことがありますか？」という問いかけに対して、前向きな返事が必要である。ビジネスホテルに泊まった経験があれば、その話をすることもできるが、もし泊まった経験がない場合には担当に決まったら経験をする必要があるだろう。

台所の設計は自分で料理をしてみればよく分かるし、バリアーフリーの設計は車椅子に乗ってみればよく分かる。設計者の目で建物の使い勝手やディテールを見て、活用できる知恵を蓄積していくことが重要なところだ。

●ポイント：設計のためのノウハウを蓄積する

施主が「ビジネスホテルについて、どのような提案をしていただけますか？」と問いかけたときに、ゼネコンの設計担当者に何を期待しているのだろうか。デザインの提案は、他の設計事務所でも行うことであり、設計業務の基本事項である。それにプラスするメリットがなければならない。ビジネスホテルの事業運営上の施設面のノウハウである。運営上の便利さ、省エネ、宿泊客とバックヤードの関係、メンテナンスのしやすさなど、なるほどと思わせる提案ができることにある。

設計施工でビジネスホテルが得意という評判になれば、次の仕事を特命で受注しやすくなる。そのためには、提案できるネタを蓄積しておかなければならない。設計をした建物が施工されて、実際の建物として実現し運用される。設計者としては、自分の設計の適否が判断できるチャンスなのだ。

施工中でも、竣工間際でも、現場に行って設計の適否を確認することが大切だ。さらに引渡し後も運用状況を見にいって、施主や従業員から運用上の良い点、改善点を聞くことができれば、これこそ次の設計のためのノウハウの蓄積になる。

(3) 設計提案の場面例２

［アドバイスを求められた場面例］

施主と会話をしていると、さまざまなアドバイスを求められる。特に、コストと品質の関係、初期コスト（最初の製品の値段）とランニングコスト（運用費、維持管理費）の関係は、施主の興味があるところである。設計担当者として、どのように応えていくべきか、普段からどのような姿勢が必要かを考えてみよう。

設計担当者は施主から専門家としてのアドバイスが期待されている。もし、君が製品についてよくわらないのであれば、「調べまして報告します」と答えるようにする。その場でいいかげんな返答をすることは、専門家としての信頼を裏切ることになる。多少わかっていることであれば、「○○と思いますが、調べて確認してから報告させていただきます。」と答えてもいい。

建設会社としては製品の価格はよく知っていて、製品の価格の比較はできているかもしれない。しかし、施主の立場に立ってみれば、ランニングコスト（運用費、維持管理費）と比較して、どの製品が得であるかをアドバイスすることが重要になる。

運用費は、自動車で言えば燃費の意味で使っている。たとえば、空調機の省エネタイプは少し値段が高くても数年の運用費で回収し、長期的には得になる場合がある。

これからは、製品のライフサイクル（最初の値段だけでなく、維持管理費、運用費、廃棄する費用まで）を考えた提案が重要になっている。普段から、新製品の情報を収集したり、製品の比較をしたりして、デザイン、品質、コストの角度から製品を評価しておくことだ。

4. 工事管理の実務場面

(1) マニュアル・手順書などで理解し応用する

現場においては着工前の近隣挨拶、工事説明会、そして施工中の協力会社との作業打ち合わせ、施主との変更検討、また工事に伴う近隣からの苦情処理、工事利益のチェックと品質管理、出来形管理、安全管理など、多くの仕事をこなせなければならない。

新人にとっては、入社1年くらいはこれらの場面に直面しても、何をどうしてよいのかわからず、マニュアル通りに行うか、上司の指示通りに行動することになる。

直接先輩や上司から指示を受けたとき「なぜそうするのか」の裏づけ、目的を必ず考えておくことだ。なぜなら、目的がわかれば次に応用できるからだ。そのためには、指示を受けたときに「～というためにここに材料を置いておくのですね」とわかる範囲で指示内容の理由を復唱することである。

このように返答すれば、先輩・上司は多少忙しくても、後輩、部下の話を聞いて「その通りだよ」とか「ここが考え方が違うよ。～のためではなく、△△の作業の仮設に使う材料だよ」と修正してくれる。ただ「はい。いいえ」という返事をするだけの新人に対しては、忙しい上司・先輩方にとっては、指示内容の裏づけまでを毎回説明するのは面倒に思われるだろう。覚えようとする気持ちを前面に出すことが大切な心掛けである。

またマニュアルや手順書は共通の仕事のやり方として基本を身につけるための道具であり、チェックリストとして考えておくことだ。たとえば「雨が降ったらコンクリート打設を中止する」と手順書に記入されていたとしよう。コンクリートの打継ぎ箇所が悪いと、構造的な欠陥を作ってしまうこともある。ある程度の施工知識・経験ある人が判断できる内容が手順書であり、マニュアルである。

施工状況や条件が異なるとケースバイケースが生じ、計画通りできないことも多々ある。したがって、マニュアルや手順書の中身を理解して、応用できることを心掛けることである。そのためには規定（仕様書などのルール、約束ごと）の数値や判定方法、不具合や現場すり合せの場合と方法、現状と図面の食い違いなどについて、先輩・上司の経験や教訓を機会あるごとによく聞いて、自分でノートを作り活用することが最も ノウハウが身につく第1ステップである。

(2) 施工管理の不具合

[施工管理の不具合の場面例]

あなたは1年目の現場担当者である。ある程度工事の進め方、用語、仕事の流れも理解して、少しずつ施工チェックを任されるようになった。そんなとき、大雨の後にコンクリート躯体とサッシの間から水が浸み出てきてしまった。

あなたは職方と打合せして十分品質チェックしたはずであるが、水がにじんでいる。

所長から今呼ばれたところである。どんな対応を考えたらよいだろうか。

●ポイント：協力会社を納得させる能力と姿勢が必要

所長から「どんな施工チェックをしていたのだ！」と叱られて当然である。そのとき、業者を呼んで業者の責任にすることは技術者失格である。

工事を請負うということは協力会社の人たちの作業段取り、作業方法、作業結果を常にチェックし、不具合や不良が見つかれば、毅然とした態度で手直しややり直しを指示しなければならない。そのための施工知識（なぜ、このまま放置すると品質に悪影響が出るのか等）をしっかり身につけ、協力会社の人たちを納得させる能力・姿勢が求められるのだ。

大手ゼネコンの若手・中堅現場担当者の中には、協力会社の人たちに高飛車な物の言い方をする人もいる。このようなことは、技術者としてではなく、人間として失格であり、そのような態度を示す現場担当者ほど施工ミスを指示したり、納まりの質問をすると正しく答えられなかったりする。

協力会社に対してはあくまで良いものをつくるための協力者として良好な人間関係を築き、技術的根拠をもとに妥協のない施工チェックがなされなければならない。

●ポイント：ミスや失敗は、次に良いものをつくるステップとする

次に、雨漏りの原因が判明したとしよう（この場面では、サッシ回りのモルタル詰めが不十分であることがよくある原因である）。

あなたは所長に施工不良の状況を報告することが必要である。簡単にその状況をシートに記入し、再発防止の方法と教訓を記入しておく（ISO9000 の QMS（※）を実施している企業ではシステムとしてこのようなシートを作成し、水平展開することになっている。）

所長は若手・中堅の現場担当者を育てようとしている。1つのミスや失敗は反省し学習することで、次に良いものをつくるステップと考えられるからだ。ただし、それが次に生かされなければならない。そのために「次はサッシ回りのモルタル詰めは、防水剤を確認し、十分に突き固めてシーリングをしておくことをしっかり点検します」という意思表示が本人からなされなければならない。

このような一つ一つの経験を、自分のノートにメモして「覚えていくぞ！」という意欲が新入社員のときから備わっていることが大切なのである。

※QMS…品質マネジメントシステム

(3) 施工方法の検討

[施工方法の検討の場面例]

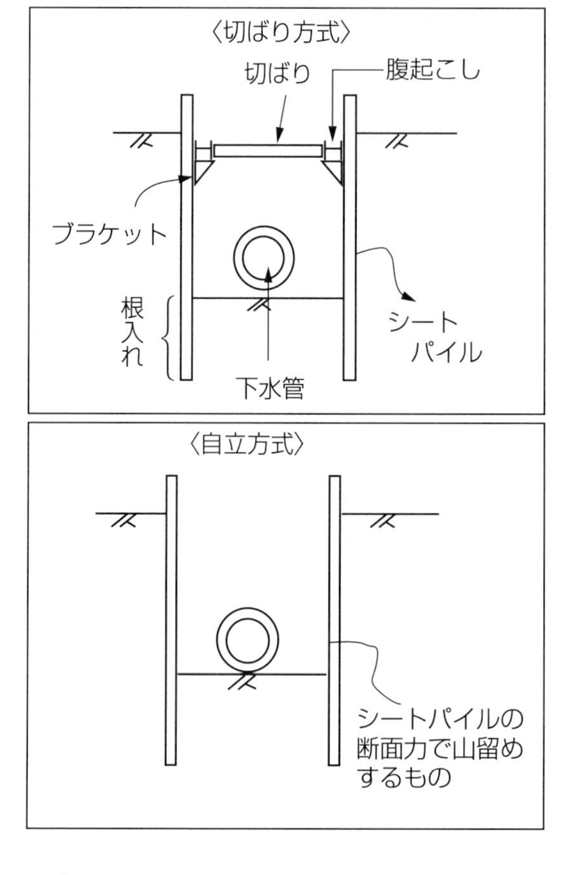

下水管布設工事で左のような山留工事を計画していた。ところが、下水管が長尺ものに変更になり、切ばり方式をシートパイルの自立方式にするように要請された。

この場合、どのような施工知識を活用して施工法の変更をしたらよいのか。

その考え方のストーリーとポイントを考えてみよう。

注）山留（やまどめ）工事、山止（やまどめ）工事は同じものである。

●ポイント：施工法の代案を考える

工事担当者においてはコンクリート、土の知識は土木・建築共通の必須要件である。また、施工計画から施工図を自ら書き、現場とのすり合せ、納まり方法などトラブルや不具合を引き起こさない対処能力が求められる。そのためには、この場面例のように施主の要請や状況変化により柔軟な施工法代案に切り換えていく必要がある（新人の立場では難しいものの、技術者としては今後もっとも応用力の必要な事例である）。

まず、シートパイル、切ばり、腹起こしの構造計算ができなければならない。そのためには土質を調べ、山留にかかる土圧を算定する。その土圧に耐える腹起こしの部材の大きさ、切ばり部材の大きさを決めていく。これらの手順は学校で習ったものであり、教科書やテキストにも載っているので、復習しておくことだ。

この切ばり方式の山留工法の計算を把握したら、自立方式に変更するポイントをつかむことだ。すなわち、シートパイルという壁で背面の土圧に耐えることになり、シートパイルの強度がグレードアップされ、根入れが長くなることに気付くはずだ。そのとき、掘削床付面のふくれ上がり、浮き上がりにも注意して検討をしておく（根入れが不十分だと生じる恐れがある）。

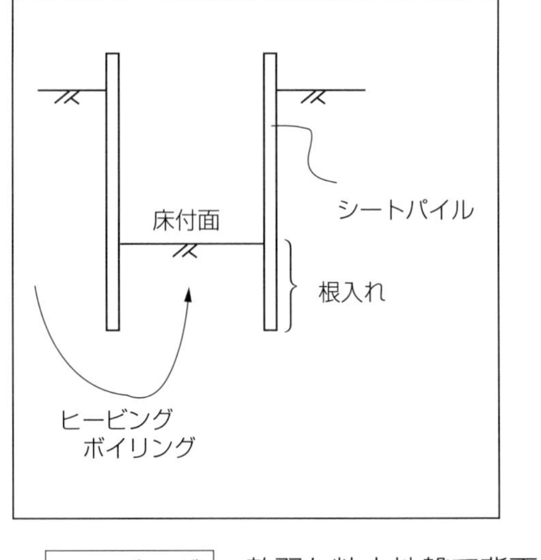

自立させるためには…
- 根入れ→長くなる
- シートパイル→強度が強くなる
  （例：SPⅡ→SPⅢ）
- ヒービング・ボイリングに対する検討もしておく

注）SP＝シートパイル、鋼矢板の略
Ⅰ、Ⅱ、Ⅲ、ⅣとはSPの断面系数の大きさを規格にしたもの。数字が大きくなる程、強くなる。

ヒービング＝軟弱な粘土地盤で背面の土の重量に土のせん断抵抗が耐えられなくなり、床付面がふくれ上がる現象をいう。

ボイリング＝砂質地盤で土と水圧のバランスが崩れ、湯が沸とうしているように床付面が崩れる現象をいう。

●ポイント：十分な安全チェックは技術者の使命

構造上の安全は施工中の事故を防ぐ大切な仕事である。パソコンソフトに計算を頼ったり、専門工事会社任せで自らチェックしていなかったりすれば技術者失格である。

小さな計算ミス、チェックミス、気付きミスにより建設現場では、これまで尊い命を奪ってきた歴史がある。二重、三重と安全に対するチェックをすることは、技術者の根本的な使命だと肝に銘じておきたい。

では、計算上では十分安全であるなら、施工はその計画通りすることで絶対大丈夫と言えるだろうか。たとえば大雨が降ってシートパイル背面の地下水位が上昇し、土圧が大きくなったとすればどうすべきだろうか。

●ポイント：臨機応変な対応と専門知識を先輩から学ぶ

現場担当者は施工中にシートパイルの状況を確認し、ふくらみ（はらむとよく言われる）のあるときは、土圧が大きくなったと気付かなければならない。また、そうなった場合は左図のように、切ばりを入れて補強するとか、スペースに余裕あれば土圧を下げるために、段切り（土を階段状の絵文字のように削りとって崩壊を防ぐ）をしたり、アンカーを打ち込んで、そこから土圧に耐えるようにすることを思いつかなければならない。

そのとき θ（または安息角※）の外側まで掘削したり、アンカー打ち込みをすることを覚えておくことだ（θ の角度以内であると土がいっしょに崩れてしまうから）。

このような臨機応変な対応とそれを実行する専門知識と経験がベテラン技術者、所長に備わっている。先輩・上司からいろいろな施工ノウハウ、変更アイデアを聞いて勉強し、必ず自分のノートにつけておくことだ。

施工はおもしろい。理屈は素人でも理解できる。それらを現場で応用し、生かす意欲と知恵を持てばよいのである。これはコストダウンや工期短縮などの施工アイデアにも大いに役立つ。施工のノウハウをこれからもっと身につけよう。

※**安息角**：安息角は θ の内部摩擦角に近似である。

（詳しくは『コストダウンが現場をかえる』『こうすれば現場はうごく』『コストダウン読本』（日本コンサルタントグループ刊）等の書籍を参照）

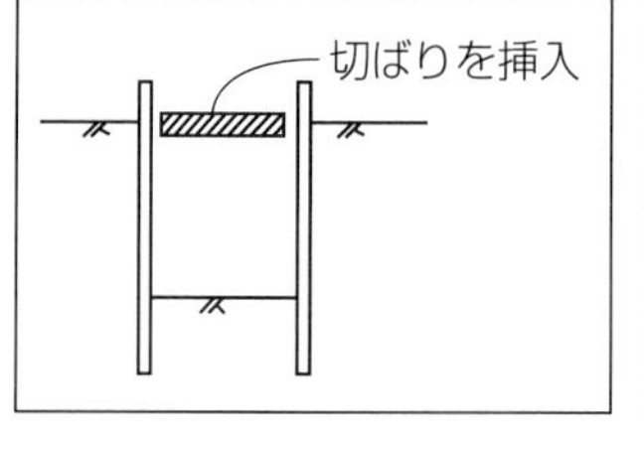

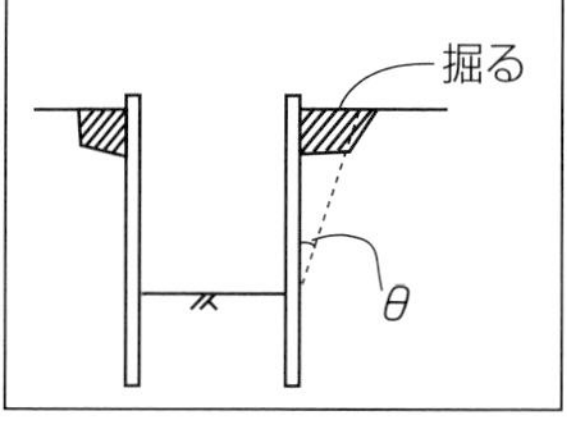

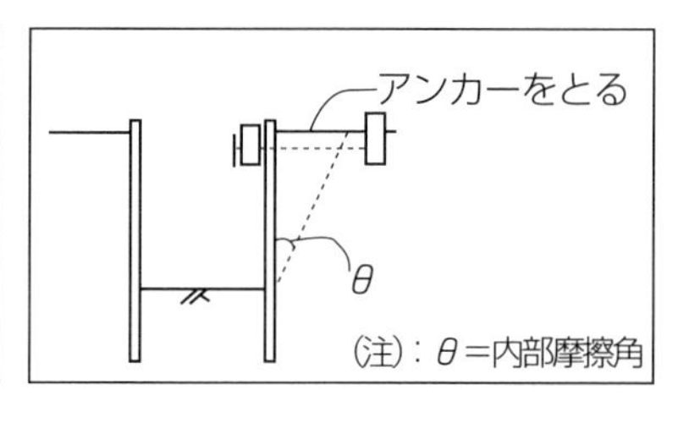

(4) 現場と近隣のかかわり方

①着工前の近隣住民への挨拶

建設現場付近の住民にとっては、建設工事が始まれば、以前とは違った環境（大きな建設機械が動き出す、搬出入による交通量の増加…）に置かれるということで、不便を強いられたり、危険な状況が発生したり、少なからず不安な気持ちを抱くものである。

苦情が寄せられる原因として、施工業者の近隣に対する事前の工事説明不足によるケースが多く、説明さえ充分に良心的に行えば苦情の発生を防げるケースもかなりあるものだ。事前の工事説明会の実施を徹底する重要性がここにある。

建設会社の役割は、「工期内で円滑に工事を完了し、施主の満足を得ること」であり、近隣住民からも「あの会社の工事の進め方は大したものだ」との評判をいただければ、企業の信頼に繋がっていく。そのためには、どんなことを日頃からやっておくべきか、施工技術以外にも対人能力が求められているのである。

近隣の方々に工事についての説明を十分に行っていないと、「突然工事が始まった…」「いきなり大きな機械が入ってきて、振動がすごい…」など、人それぞれさまざまな苦情が寄せられる。

着工に先立ち建設工事を開始しますという『お知らせ』をもって地域の自治会長をはじめ、近隣および影響範囲にお住まいの住民へのあいさつに回ることが必要となる。施工会社としての着工のあいさつと現場の対応窓口を明確にするために、直接住まいに訪問する。

タオルと名刺を持って『よろしくお願いします』といった、ただの表面的な挨拶をすることではなく、現場責任者がキチンと目的を意識し、実行することが必要になる。

②近隣住民への挨拶の目的

そこで、一般住民の自宅へ着工前の挨拶にいくことを想定してみよう。そのとき、どんな目的（何を調べにいくか、何を相手に理解してもらうかなど）で挨拶にいくのか、考えてみよう。

・その家の家族構成、特徴を把握する

病人がいるとか、夜勤の人がいるとか、昼間休んでいる人への工事騒音等の影響を知っておくため、特に工事に厳しい指摘や注文をつけそうな人を見抜いて、事前に対応することが大切である。

・家屋の事前チェックをする

塀が傾いていたり、クラックが入っていたりしていないかを現況調査するため、後で「このクラックは工事によるものだから直してくれ！」と言われたとき事前チェックしておけば「これは着工前に元々あったものですね」と確認できる。

・工事体制はしっかりしていることをPRする

近隣の要望については、希望すれば何でもOKしますというあいまいな姿勢を見せないこと。逆に施工中は万全の体制で管理するので、気付いた点はどんどん改善しますと強調したほうがよい。信頼施工を説明して安心してもらうことが大切である。

補償金の支払い要求や工事被害を口実にした手直し工事要求を簡単に受け入れないための１つのポーズでもある。

(5) 近隣とのコミュニケーションのとり方

さらに、工事を担当する自分自身を紹介して好感をもってもらうことだ。「あの人なら誠実で迷惑な工事をしないだろう」と信頼されるマナー、挨拶を心掛けることだ。そのためには、ときどき現場周囲を歩いて近隣の人たちに気軽に挨拶をすることだ。会っても会釈もできない工事関係者は、現場でマネジメントする能力をもたない失格者である。このような人は、周囲とトラブルを起こす張本人になってしまうものだ。現場の外へ出たら"サービス業"に変身するくらいの態度、行動に自己改革していく必要がある。

評判のよい建設会社の近隣とのコミュニケーションのとり方を、以下にまとめておく。

[近隣折衝を考えたコミュニケーションのポイント]

・工事現場周辺の環境の保全

砂ホコリに対しての道路散水、枯れ落ち葉清掃や現場周辺のごみ清掃など、周辺環境の保持を心がけ、作業所の活動として計画実施する。

・日常の挨拶

近隣住民と出会ったとき、所長・主任といった窓口担当者に限らず職員（作業者も含める）は全員『おはようございます』『こんにちは』といった日常の挨拶を積極的に実行する。

・ガードマン・作業員の教育

コンクリート打設や資機材の搬出入においては、ガードマンによる交通誘導が行われる。歩行者優先安全誘導はもちろんのこと、仏頂面で誘導棒を使って『来い来い』とやるのではなく、『歩行者を先に通しますよ』『足元に気を付けてください』『ご迷惑をおかけします』と一声かけて誘導させる。また朝晩の通勤で通行している人に日常の挨拶をすることで、近隣のコミュニケーションに一役買ってもらえる。

作業員への教育としては、近隣から見ると怖いと思われている部分があるので、作業所の外での休憩や喫煙をさせない、大きな声を出さないといったことを教育する。

・地域活動への協力

近隣問題の仲裁を町内会長へ依頼することもあるので、町内会主催のお祭りなど地域活動に対し、作業所への協力要請があった場合は（工事規制、備品の貸し出し、募金など)、できる範囲で快く協力するとよい。

・定期的な状況説明

定期的に近隣へ工事の状況説明に伺い、要望を聞いておく。ちょっとしたことを報告に行ったり説明に行ったりすることで、相手はとても安心するものである。すると、多少の不満（騒音や不便）は苦情として寄せられなくなる。

☑ まとめ（第５章　業務場面別ポイント）

● 営業活動の実務

公共工事は法律で定められた入札方法によって実施されるので手続きが重要となるが、民間工事では発注者との信頼関係が重要となる。

・自社の公共・民間の各工事の比率はどれだけかを知っておこう。

● 民間工事の営業

発注者のニーズ、事業方針に合わせて良い提案（信頼される設計、機能）をするとともに、事業発展に寄与できる内容を盛り込む。外注会社として元請会社へ営業する場合は見積金額が重要である。施工上の課題を一緒に解決できる専門工事会社としての技術力も求められる。

・自社の営業活動の進め方をしっかり学ぶ。

● 積算業務

工事金額は、主に材料、外注、労務、経費という分類で相場単価を調べて算出する。「数量×単価＝金額」が金額を計算する基本になっている。また、経費には現場で必要な現場経費（仮設および事務的なもの）と会社全体に必要な一般管理費があり、これらを計上して見積金額とする。

・数量計算（ロス率、割増などを含む）の仕方と現場で判断する取り扱い（残土処分方法など）について条件を明示する必要がある。

● 設計業務

完成させるための図面を分かりやすくミスなく明示する。施主は設計の専門性はないので、見た目で主観的な判断をするのでトラブルや苦情につながりやすい。

・自社の実績、作品、アピール点を上手く伝えられる努力をする。

● 工事管理業務

工事が円滑に進められるように施工の状態を把握して事故やミスにつながらないようにする。また、近隣との関わり方も重要になる。現場が周囲に好印象を与えられるように心がけてよう。

・挨拶やマナーに気をつけ、近隣説明を十分工夫しよう。

✍ 練習問題（第５章　業務場面別ポイント）

[問題１]

営業活動において次の（　　）に適切な用語を入れなさい。

あなたが施主のところに上司と同行したとしよう。そのとき、施主の（　①　）を十分聞き、自社の（　②　）を上手に見せる。

施主の事業を把握して、建物コスト以外に（　③　）も合わせて提示することもある。

[問題２]

積算業務において、次の記述について○×を付けてください。

①数量と単価を算出するのは積算業務である。
②単価を設定することを「値入れ」という。
③見積書作成には一般管理費等の経費は入れない。
④掘削した土をダンプで搬出する場合、20 ㎥の積算数量なら見積書のダンプ（5 ㎥／台）の延台数は、4台でよい。

[問題３]

設計について顧客（施主）と面談するときに大切な点を３つ述べなさい。

[問題４]

工事管理について次の（　　）内に適切な用語を入れてなさい。

上司・先輩から指示されたとき、なぜそうするのか（　①　）を考えて行動することだ。

相手の指示間違いもあるので（　②　）するとよい。マニュアルや手順書の意味を考えて（　③　）することで指示されたことの先を考える癖をつけることだ。

⇒（解答はP.259「第５章　業務場面別ポイント（解答）」を参照）

第6章

施工場面の実務知識

建設会社で働く半数以上の人は、技術者である。そのほとんどは、現場で一度は施工管理に従事したことがある人たちである。

したがって君たちの大半がまず現場を経験して、その後、それぞれ現場、設計、開発、積算などへと職場を決めていくはずである。

ここでは建設用語も少し覚え、工事の進め方について慣れてきたことを想定して、施工場面ごとにどんなポイントを知っておくべきかをまとめてみた。

これらの場面をもとに、自分で場面別ノートをつくってもっと広く、施工ポイント集をつくっておくとよいだろう。

1. 知っておきたい建設現場の用語

君たちが、建設現場ですぐ使用しそうな道具や機械、あるいは材料の主なものを取り上げて使用場面を想定して解説して見よう。さまざまな場面で利用されるので、これを参考に応用して活用しよう。

(1) 現場でよく使う道具、機械、材料【共通編】

①仮囲い、ゲート

仮囲いは、工事現場と外部とを隔離し、第三者の安全を守るとともに、盗難の防止、環境（美観も含めて）の維持の役割がある。

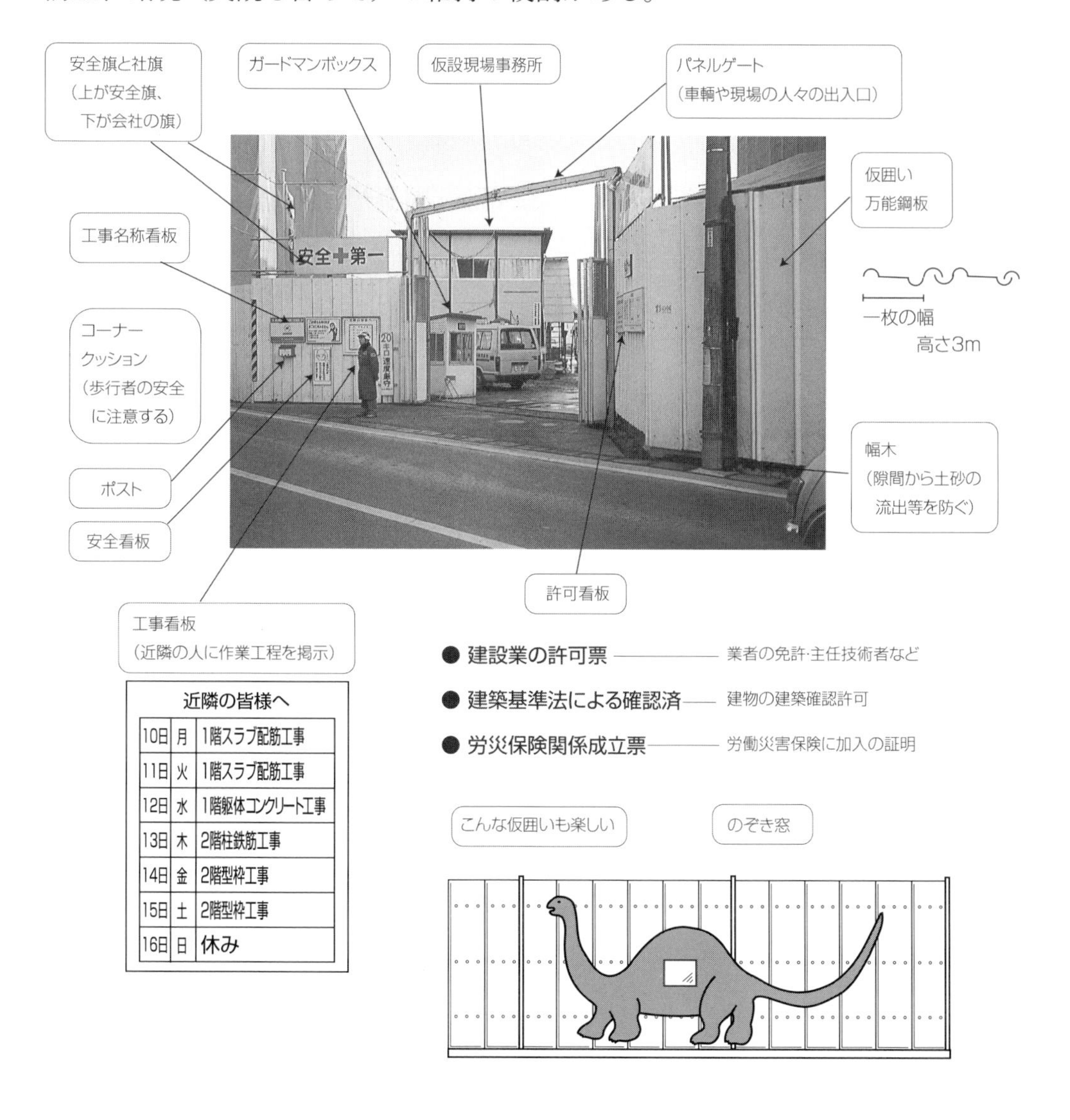

②電気分電盤

仮設電気計画は、作業員が安全かつ能率よく作業にかかれるために重要なものである。引き込み分電盤は、電気事故が起きないように安全に管理されなければならない。

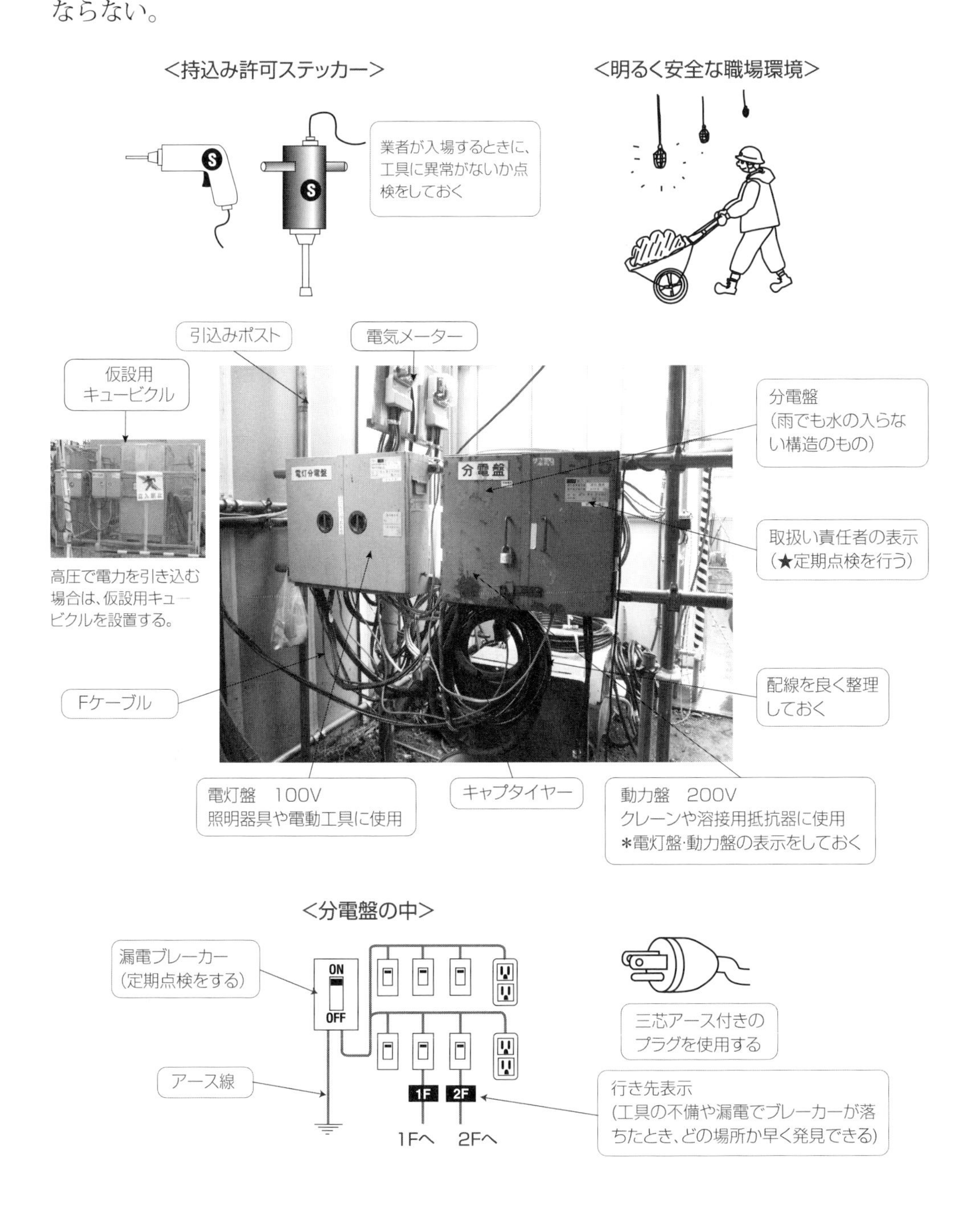

③酸素・アセチレンボンベ

どこの現場でも見かけるが、粗雑に扱われている場合がある。火災や爆発事故が起こる危険物であり、安全な使用をする。

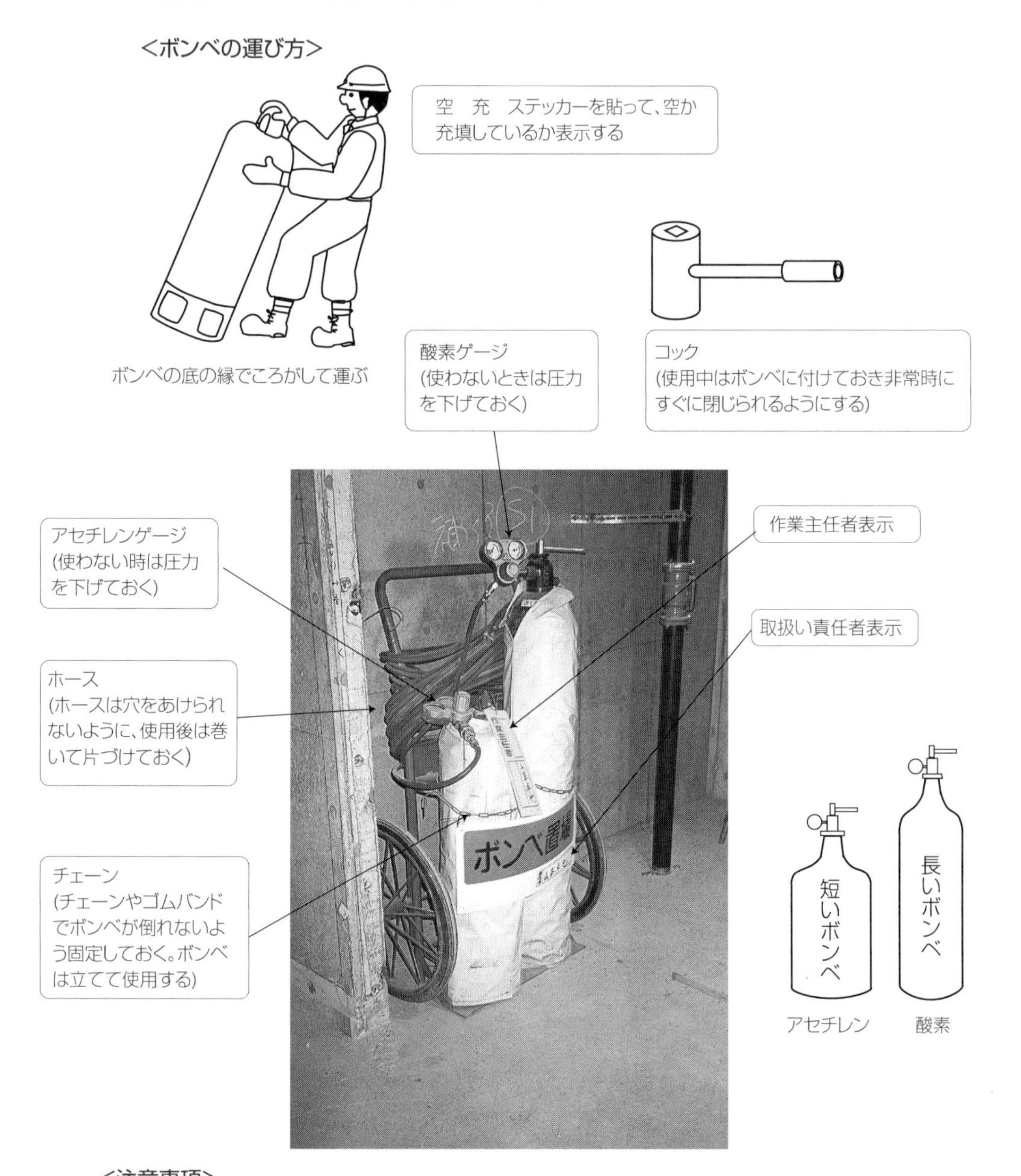

<注意事項>

①通風・換気のよい場所で使用する。火の粉で燃え出すものがないことを確認し、防災シートで養生をしたりする。また、万が一の場合に備えて、消火器や水を入れた消火バケツを用意しておく。
②ボンベは、電気機器、抵抗器、その他火元となる恐れがあるものの近くには置かない。
③直射日光を受けないようにし、容器の温度が40℃以上にならないようにする。

(2) 現場でよく使う道具、機械、材料【建築編】

①工事現場

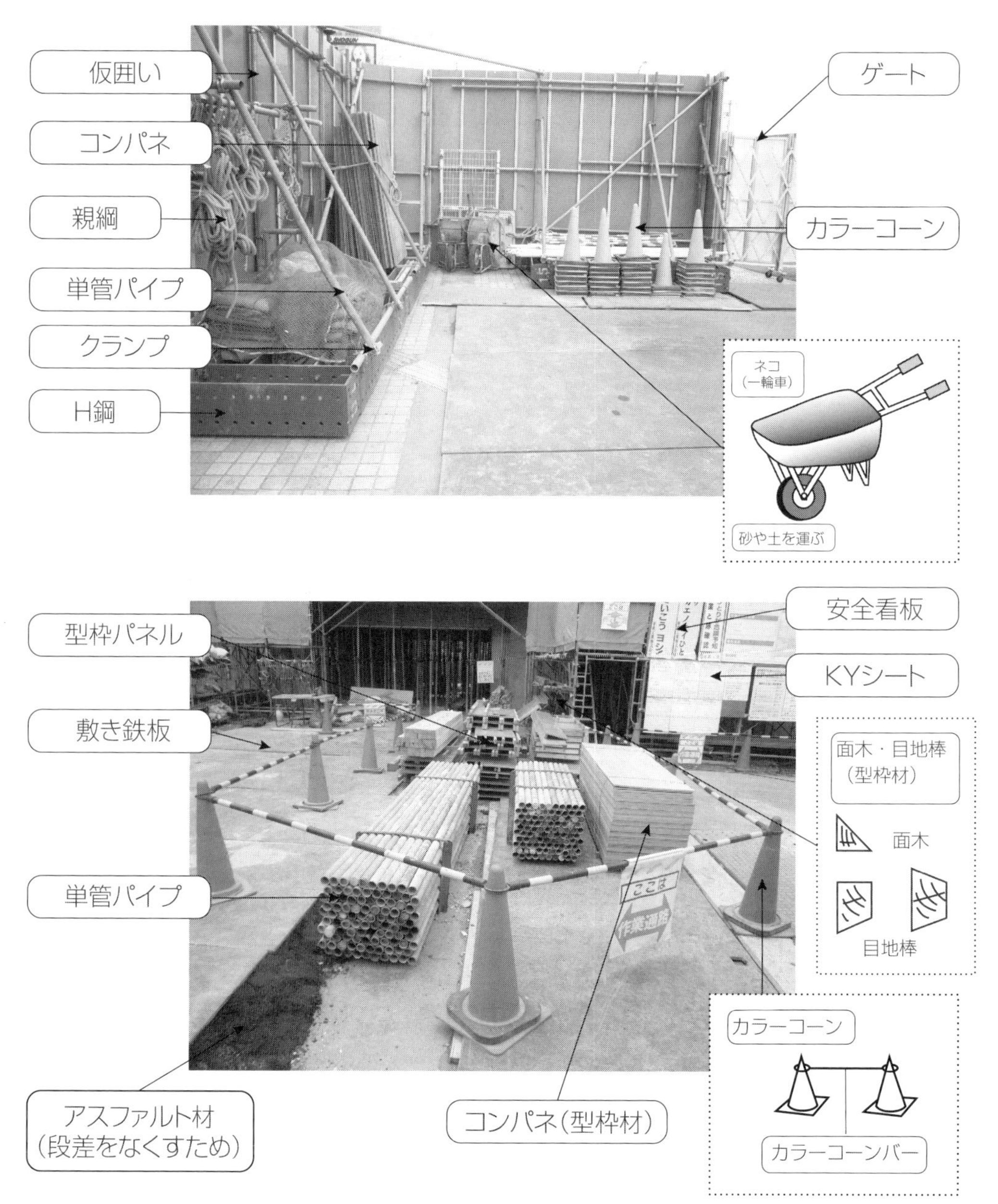

②基礎配筋

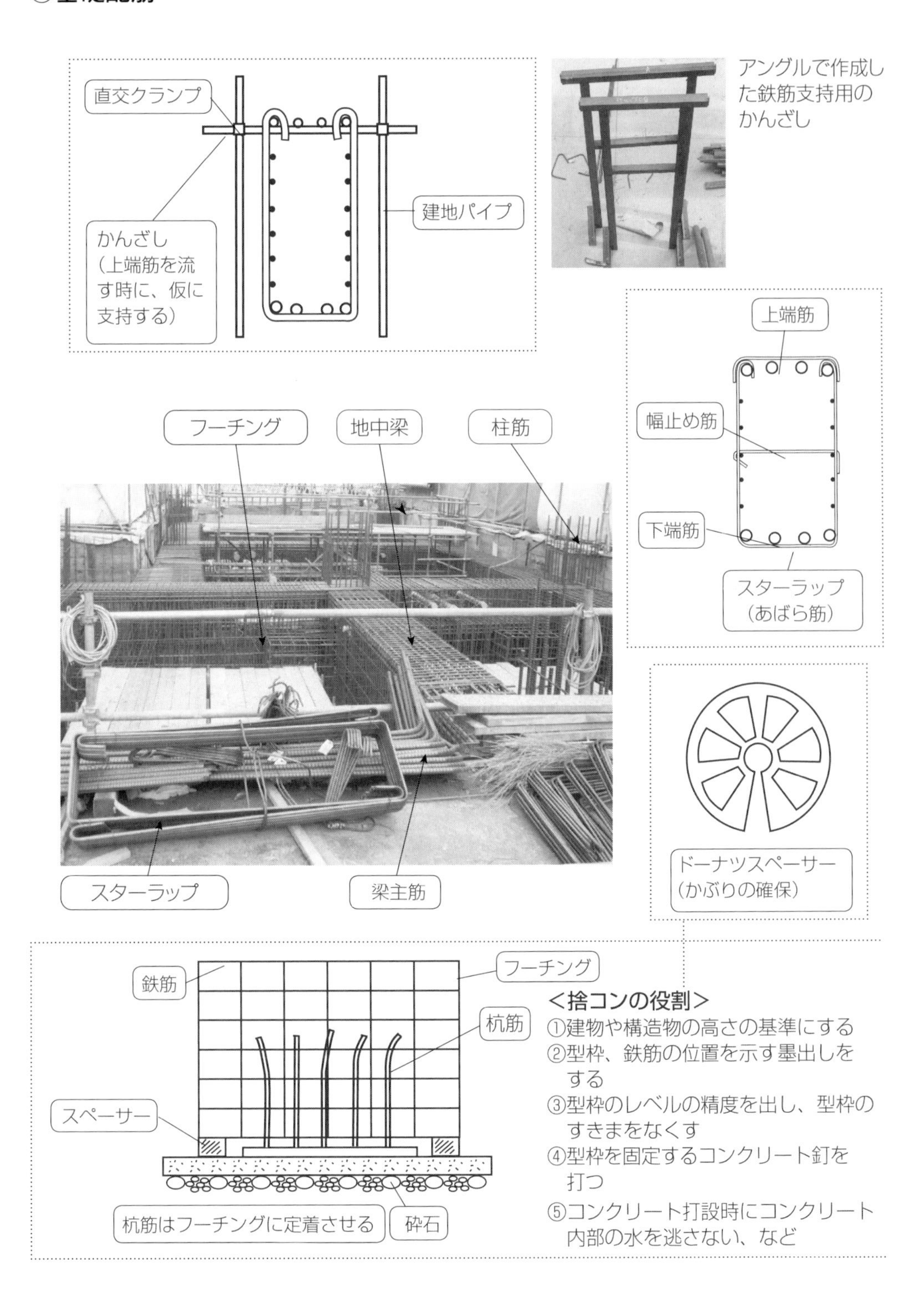
直交クランプ
かんざし
（上端筋を流す時に、仮に支持する）
建地パイプ
アングルで作成した鉄筋支持用のかんざし
上端筋
幅止め筋
下端筋
スターラップ
（あばら筋）
フーチング
地中梁
柱筋
スターラップ
梁主筋
ドーナツスペーサー
（かぶりの確保）
鉄筋
フーチング
杭筋
スペーサー
杭筋はフーチングに定着させる
砕石
＜捨コンの役割＞
①建物や構造物の高さの基準にする
②型枠、鉄筋の位置を示す墨出しをする
③型枠のレベルの精度を出し、型枠のすきまをなくす
④型枠を固定するコンクリート釘を打つ
⑤コンクリート打設時にコンクリート内部の水を逃さない、など

③型枠工事

型枠は、コンクリートを流し込む仮の器であり、その精度によってコンクリートの精度が決まる。コンクリートを保持する強度も必要である。

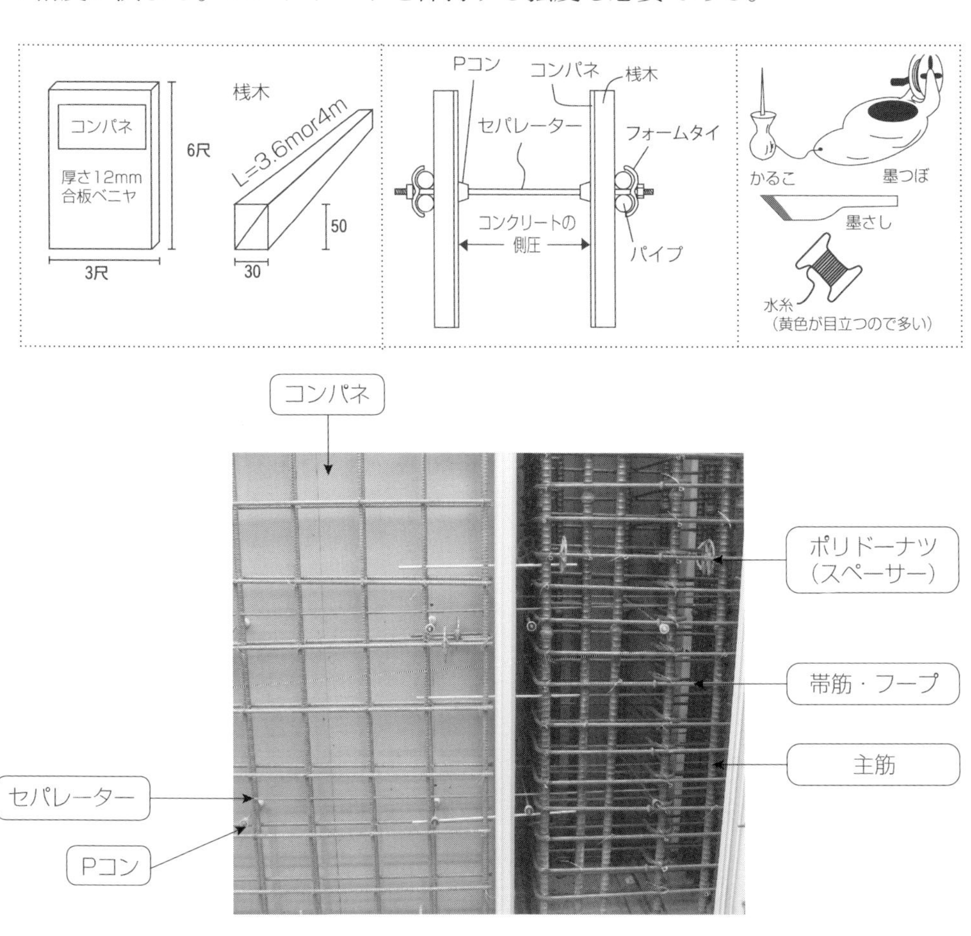

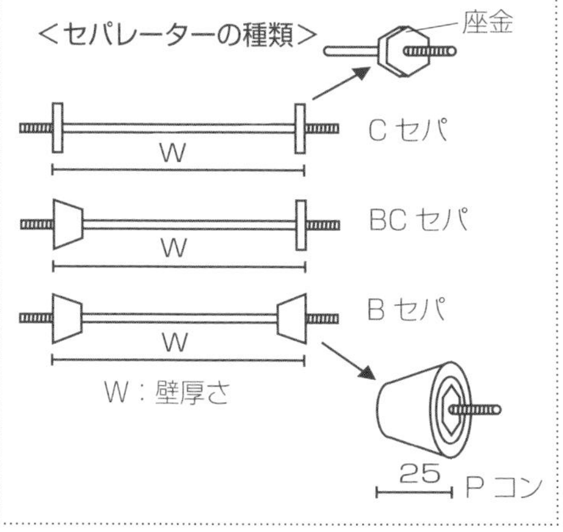

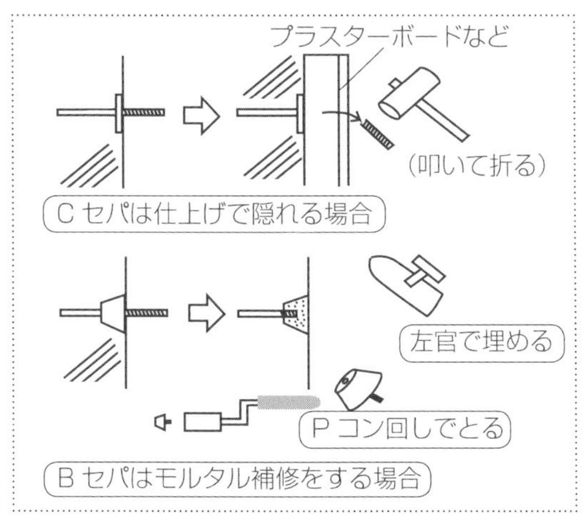

④コンクリート工事

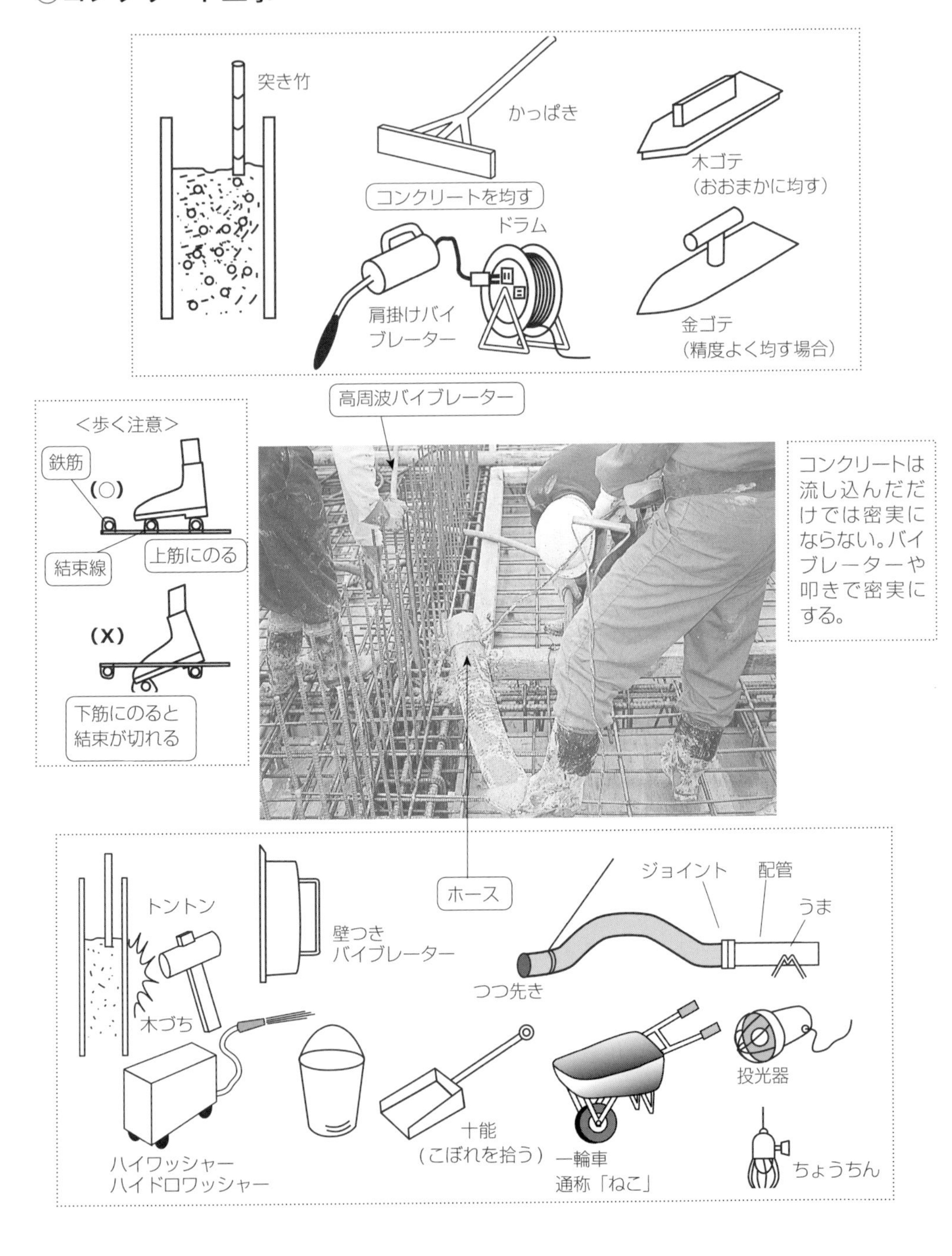
突き竹
かっぱき
コンクリートを均す
木ゴテ
(おおまかに均す)
ドラム
肩掛けバイ
ブレーター
金ゴテ
(精度よく均す場合)
高周波バイブレーター
<歩く注意>
鉄筋
(○)
結束線
上筋にのる
(X)
下筋にのると
結束が切れる
コンクリートは
流し込んだだ
けでは密実に
ならない。バイ
ブレーターや
叩きで密実に
する。
ホース
トントン
木づち
壁つき
バイブレーター
ジョイント
配管
うま
つつ先き
投光器
十能
(こぼれを拾う)
一輪車
通称「ねこ」
ハイワッシャー
ハイドロワッシャー
ちょうちん

⑤軽量鉄骨工事（天井下地）

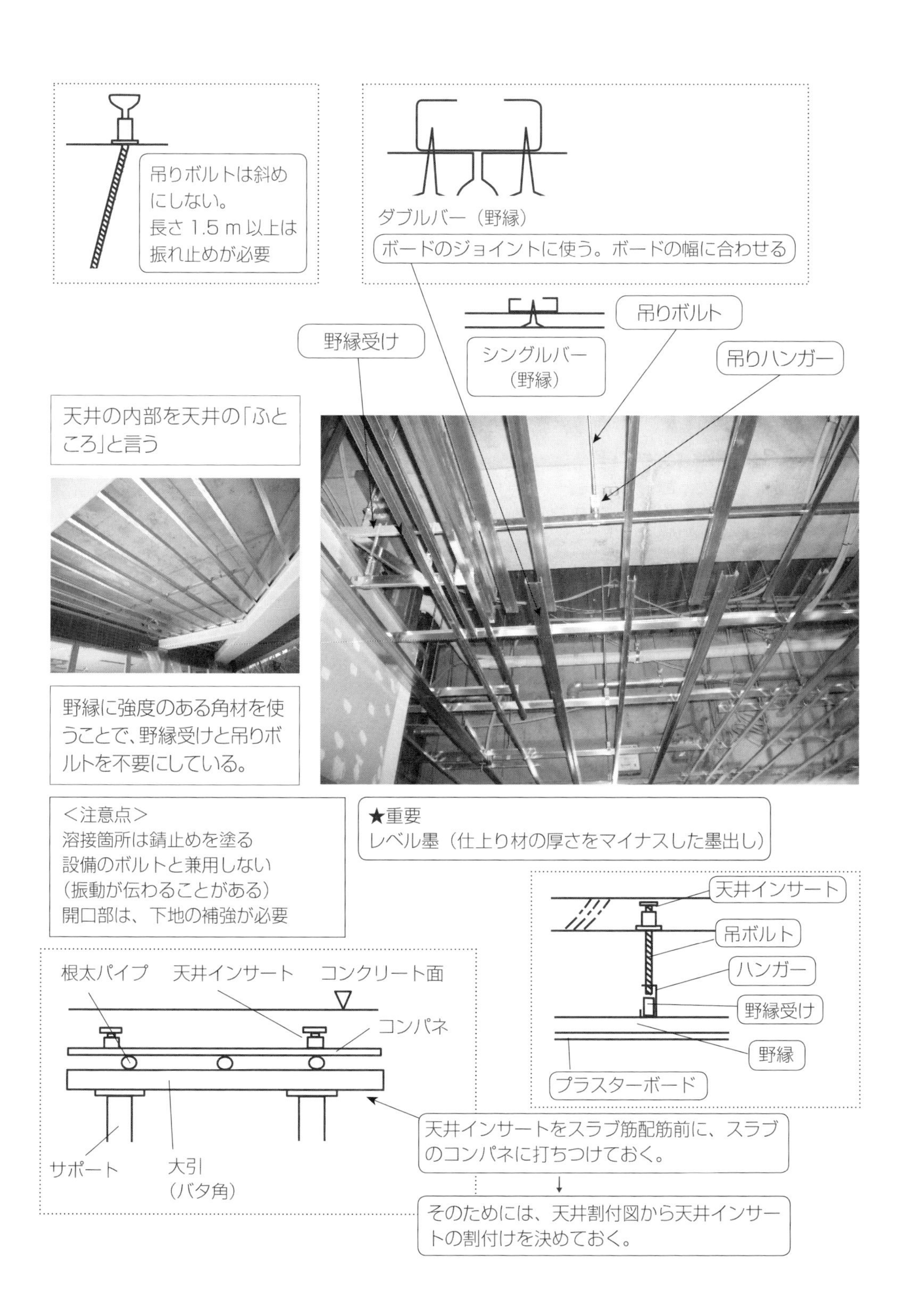

⑥造作工事

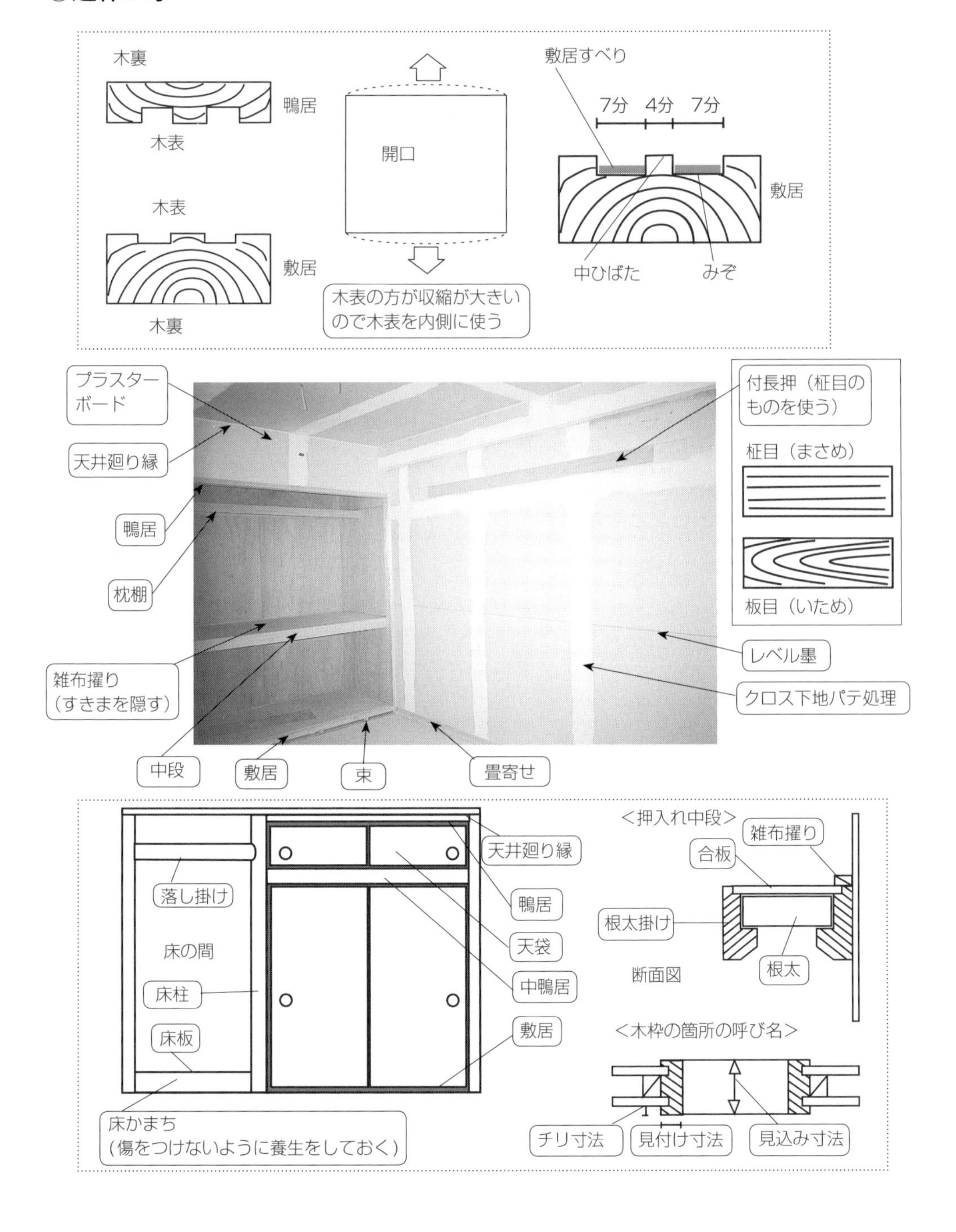
木裏
鴨居
木表
木表
敷居
木裏
開口
木表の方が収縮が大きいので木表を内側に使う
敷居すべり
7分　4分　7分
敷居
中ひばた
みぞ
プラスターボード
天井廻り縁
鴨居
枕棚
雑布擢り（すきまを隠す）
中段
敷居
束
畳寄せ
付長押（柾目のものを使う）
柾目（まさめ）
板目（いため）
レベル墨
クロス下地パテ処理
落し掛け
床の間
床柱
床板
床かまち（傷をつけないように養生をしておく）
天井廻り縁
鴨居
天袋
中鴨居
敷居
<押入れ中段>
雑布擢り
合板
根太掛け
根太
断面図
<木枠の箇所の呼び名>
チリ寸法
見付け寸法
見込み寸法

(3) 現場でよく使う道具、機械、材料【土木編】

①道具

■ばか棒

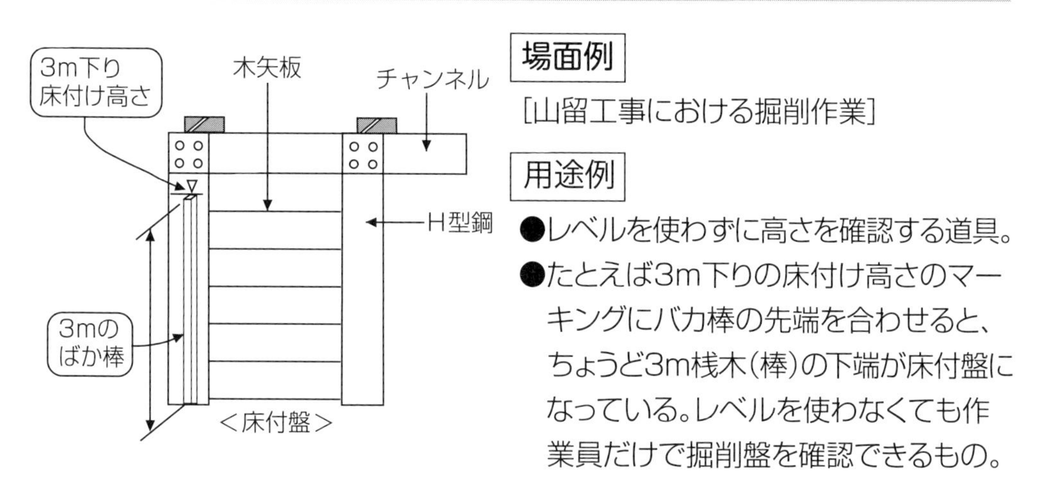

場面例

[山留工事における掘削作業]

用途例

●レベルを使わずに高さを確認する道具。

●たとえば3m下りの床付け高さのマーキングにバカ棒の先端を合わせると、ちょうど3m桟木(棒)の下端が床付盤になっている。レベルを使わなくても作業員だけで掘削盤を確認できるもの。

■コンベックス

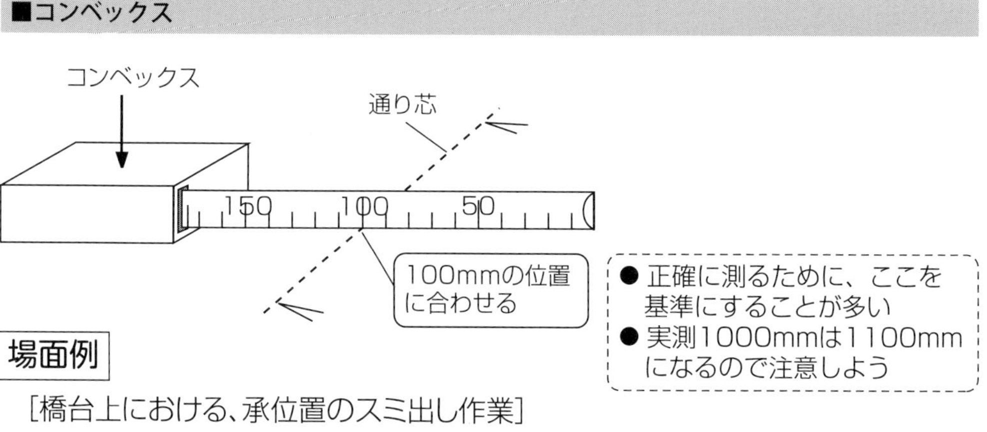

場面例

[橋台上における、承位置のスミ出し作業]

用途例

●トランシットを使って橋台上にプロッティングするときにつかう。

●ここでは100mmの位置に合図を送りながら合わせ、通り芯を出している(2点とれば通り芯を引くことができる)

■ネコ

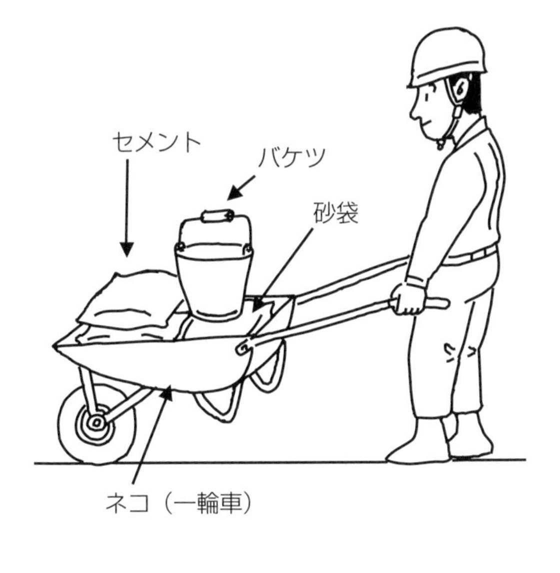

場面例

［U字溝の目地工作業］

用途例

●現場内の小運搬に使われる。

●特に小廻りのきく運搬作業には適している。（ただし手では持ち運びが困難なもの等である。）

■カケヤ

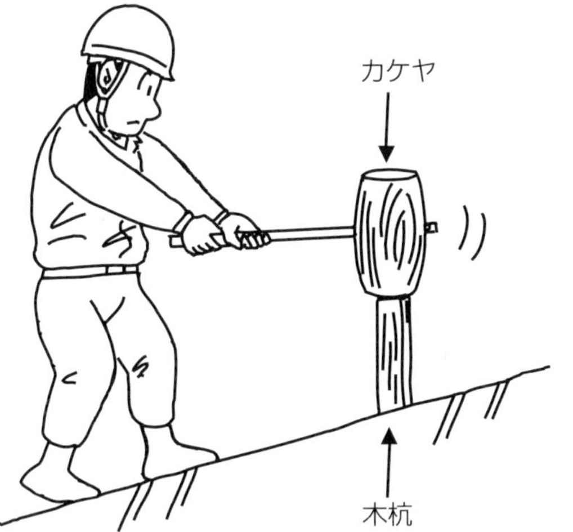

場面例

［斜面に切土丁張りをかける作業］

用途例

●主に木杭等を地面に打ち込む際に用いるもの。

●比較的打ち込みやすい地山に用いられる。固くしまった地山の場合には、あらかじめ大ハンマーと金棒で穴をあけておいて打ち込む。

②機械

■バックホウ

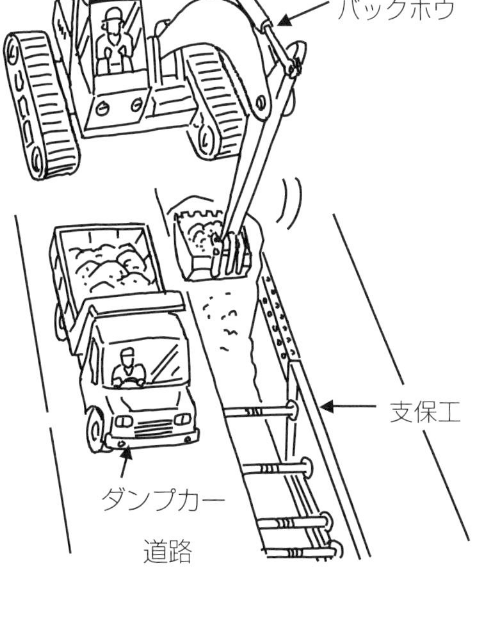

場面例

［下水工事の掘削作業］

用途例

- 所定の深さまで、決められた幅で溝掘りを行う。
- バックホウの方向に掘削しながら進む。
- 掘削した残土は横に据えたダンプカーへ積込む。

■ブルドーザー

場面例

［造成工事の押土作業］

用途例

- ブルドーザーによる地山の切土作業である。
- 押土した土砂は、さらに別のブルドーザーにて敷ならし転圧を行う。
- まっすぐに溝掘りを行い、除々にまわりの地山を切りくずしていく。

■フィニッシャ

場面例

［舗装工事の表層舗設作業］

用途例

- ダンプカーよりアスファルト混合材（密粒）を受けながら、舗設（表層）を行う。
- 基層とのなじみをよくするために、タックコートを散布する。

③材料

■ぬき板

場面例

［切土丁張りをかける作業］

用途例

- 勾配(1:0.7)を出すのに使う板のこと。
- 本ぬきと半ぬきがある.
- 利用範囲が広く、山留めの矢板止め(胴ぶち)としても使用する。

■番線

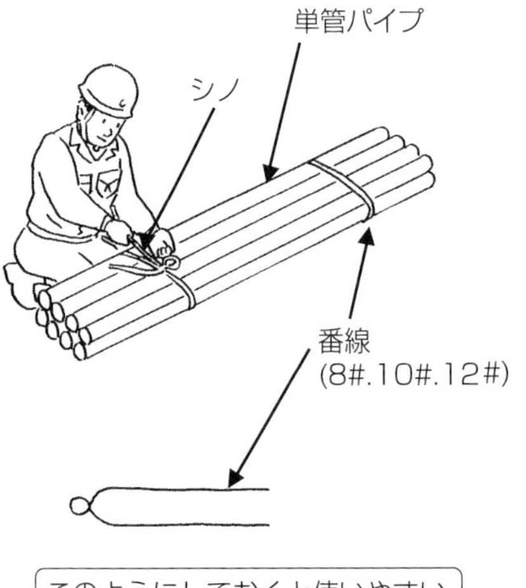

場面例

[単管パイプを、番線を使って結束する作業]

用途例

- ●主に8#、10#、12#の3種類を用いて結束に使用する。
- ●足場材料等、用途は広い。
- ●結束しやすいようにしておくとよい。
- ●結束する際に、シノという道具を用いて行う。

■目地材

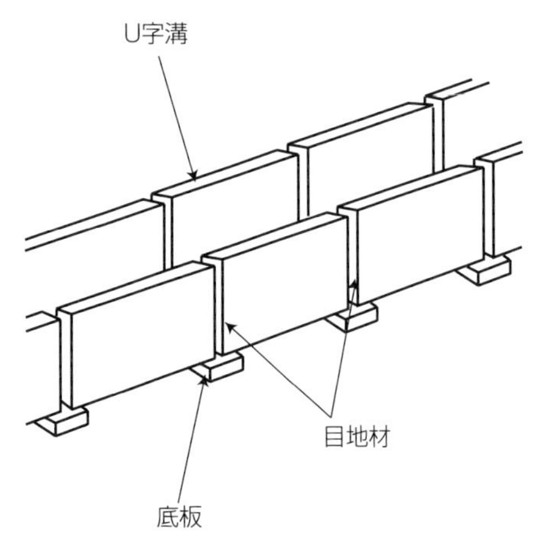

場面例

[排水工事のU字溝布設作業]

用途例

- ●U字溝とU字溝のすき間を埋める際に、モルタルを詰め、一体化する。
- ●底板部など、モルタルがまわっていない場合があるので、入念に詰める。

2. 施工場面の実務知識【共通編】

(1) 仮囲い（構造）

仮囲いは現場の顔である．きちっとした仮囲いがつくれるよう、細部まで注意を払うようにしよう。仮囲いは第三者の侵入を防ぐ危険防止と盗難防止の役割があり、現場と近隣との境界の明示の役割もある。

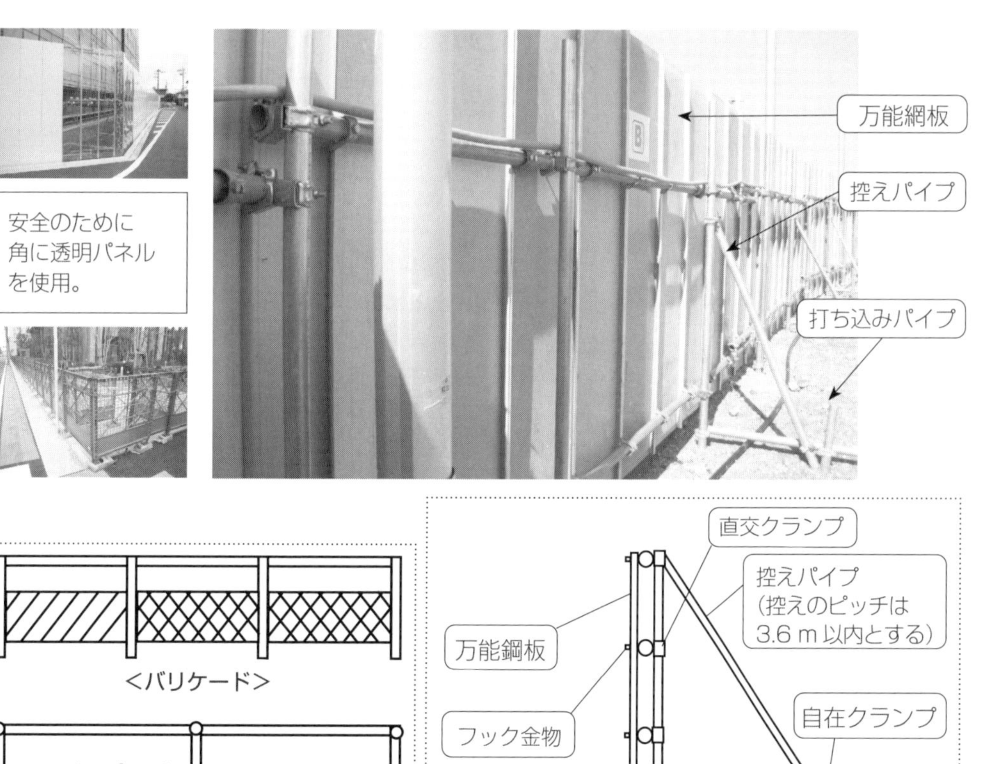

新人の立場

- 近隣の状況や作業状況に合わせて、適切な仮囲いを計画する。
- 外部足場や外構工事との関係も考える。
- 強風に対して、倒壊や飛散しない堅固な構造とする。
- 境界から出ないように注意して作成する。（少しでも出るとクレームになる場合がある）

(2) 仮囲い（外観）

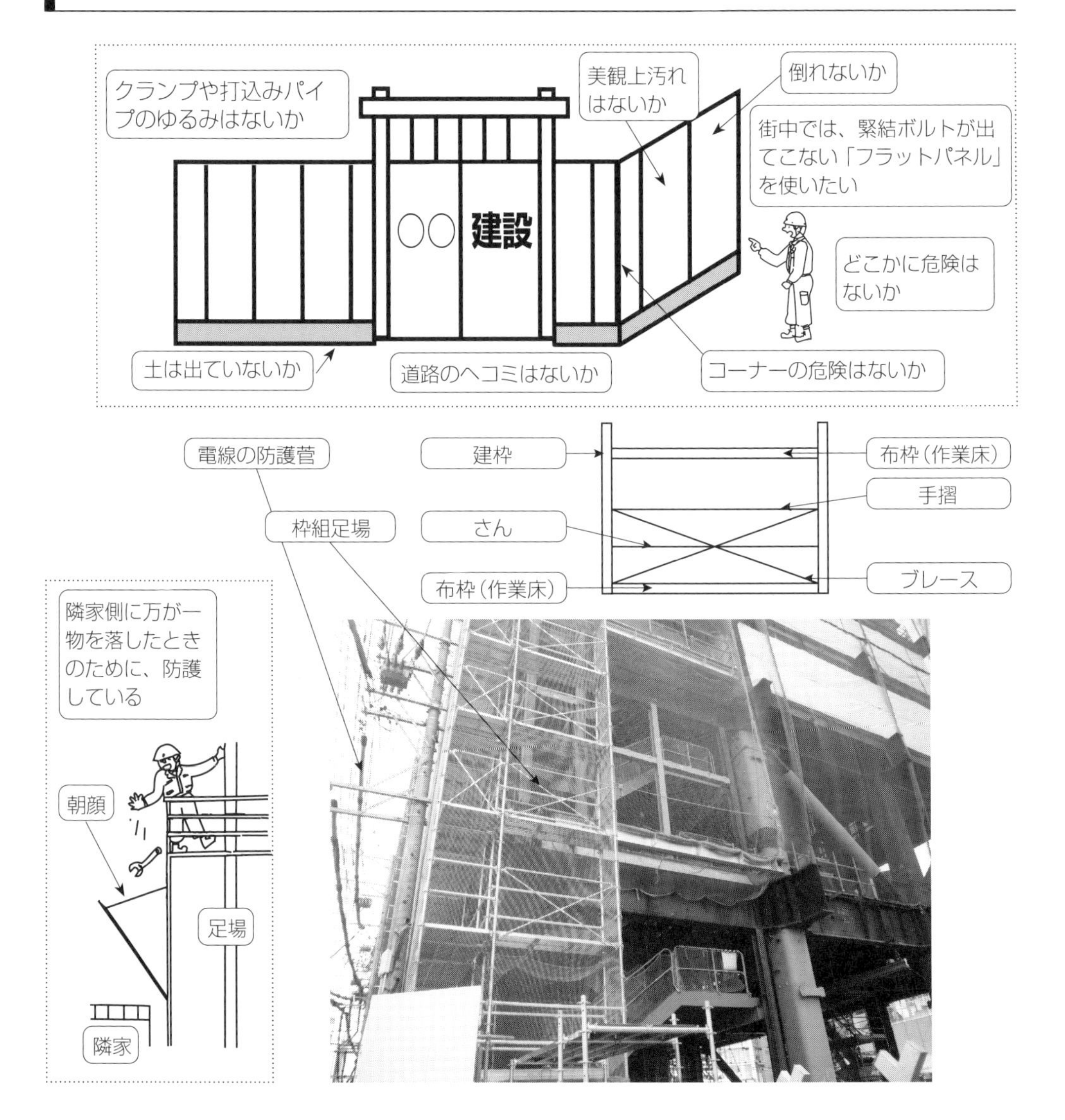

新人の立場

- まず、足場の名称とそれぞれの役割を覚えよう。直交クランプ、自在クランプ、異形クランプ、ジョイントなど、どんどん覚えよう。
- 図面を見て、それぞれの仮設材の数量を拾えるようになろう。少しでも不足してしまうと、組み立てができず現場が止まってしまう。
- 簡単な仮設図面が書けるようになろう。そのためには，材料の寸法をメモしておくことが大切だ。
- 資材の整理整頓を心がけよう。資材の紛失やムダをなくし、現場の利益を生み出すことである。

(3) 仮設工事（脚立足場）

脚立は仕上工事では毎日使うものである。低くても、落ちて重症を負うこともあるので、安全な使い方をしよう。

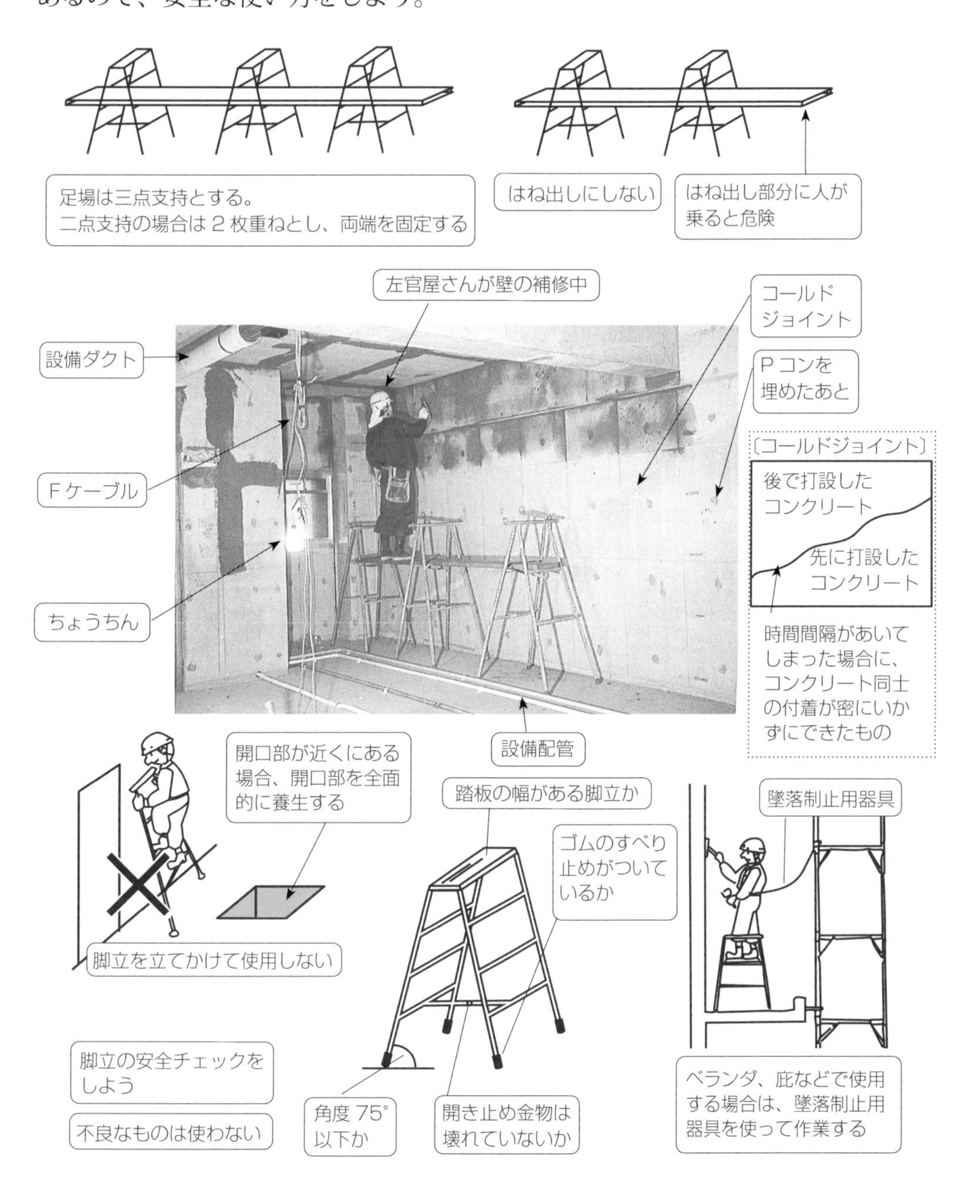

(4) 仮設工事（仮設足場）

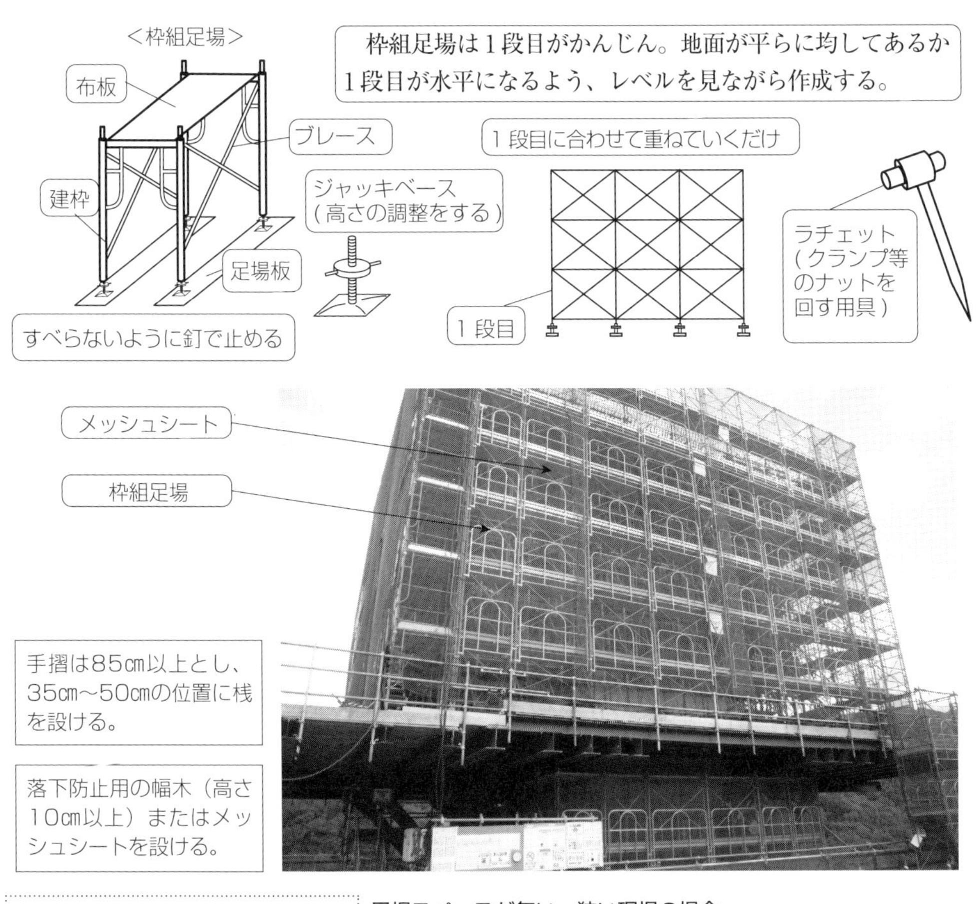

ブラケット
手摺
建地
足場板
パイプベース
（ブラケット足場）

足場スペースが無い、狭い現場の場合

- ●建地の足元が沈下しないよう板を敷いてパイプベースをつける
- ●建地パイプのジョイントが一列に並ばないように千鳥にする
- ●建地のスパンは 1.8 m 以内とする

新人の立場

- ・図面が書けるようになるために部材の寸法をスケールで計って記録する。
- ・手摺やブレースのはずれなど、皆んなの安全を自分が守っているという意識をもってチェックする。
- ・安全を守らない職人には、新人でもはっきり注意する。

(5) 仮設工事（ロングリフト）

●労働基準監督署に、建設用リフト設置届けを提出して承認されてから作成する

●始業開始前に安全点検を行う
・ドラムのワイヤーチェック
・上限リミット、下限リミットのチェック
・全体の容姿でおかしな所はないか

■上限リミット
リフトがある限度以上、上に行かないようにする装置

■下限リミット
リフトがある限度以上、下に行かないようにする装置（これがないとワイヤーがゆるんで乱巻きになる）

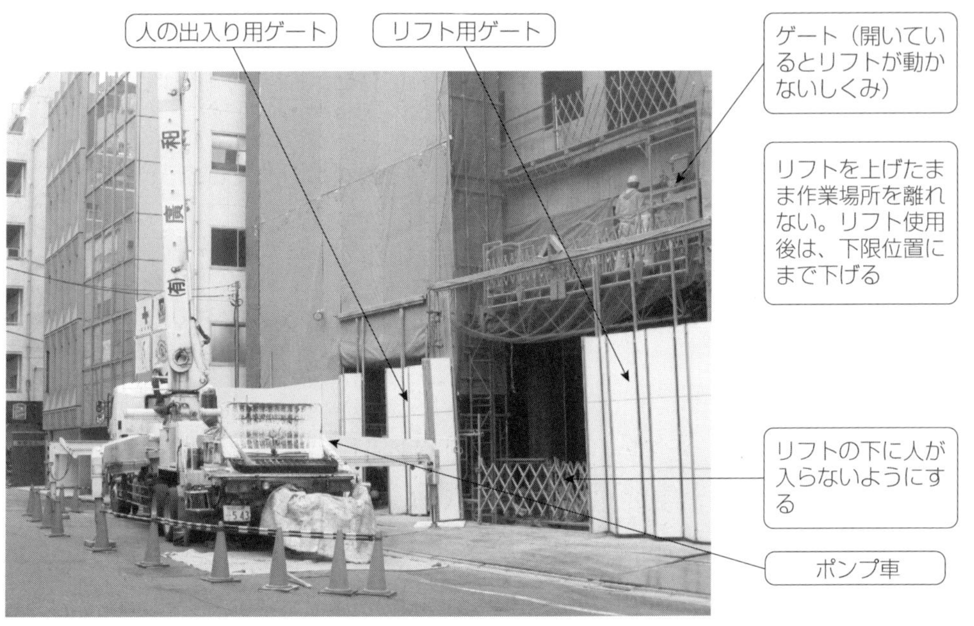

リフトの取り込用ゲートと人が出入りするゲートを分離して安全に配慮している。

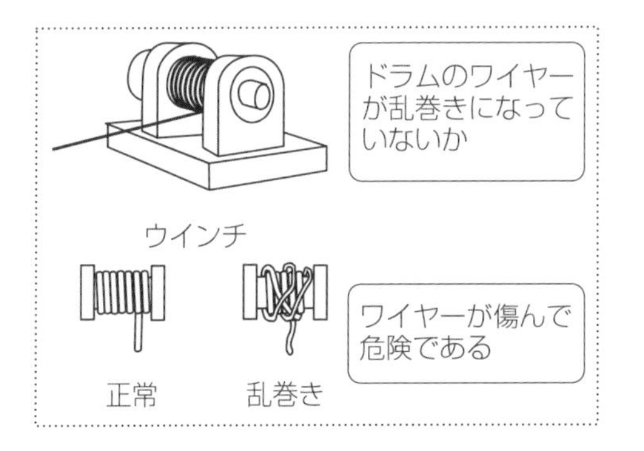

新人の立場

・安全点検ができる知識を身につける。
・職人に対しても、安全な使用を指導できるようになる。

(6) 土工事（掘削）

土工事は自然との戦いである。ときには土が崩れてきて、災害を引き起こすこともある。毎日、土の動きをチェックし、安全に工事を進めよう。

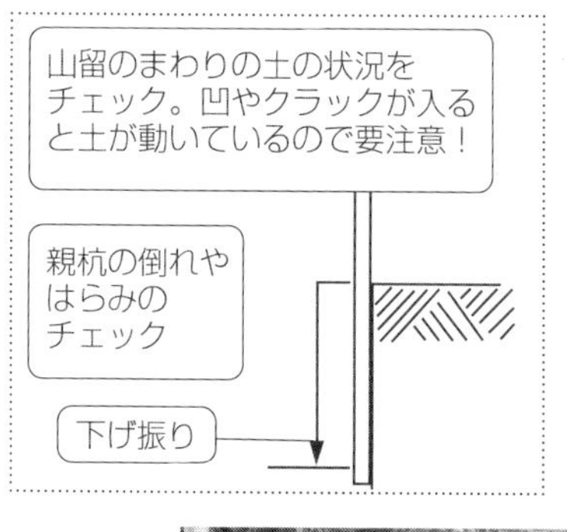

●親杭横矢板工法
H鋼などを周囲に打設し、H鋼とH鋼の間に横矢板を入れて、土止め壁を造る工法。横矢板の間から水が漏れるので止水性はない。

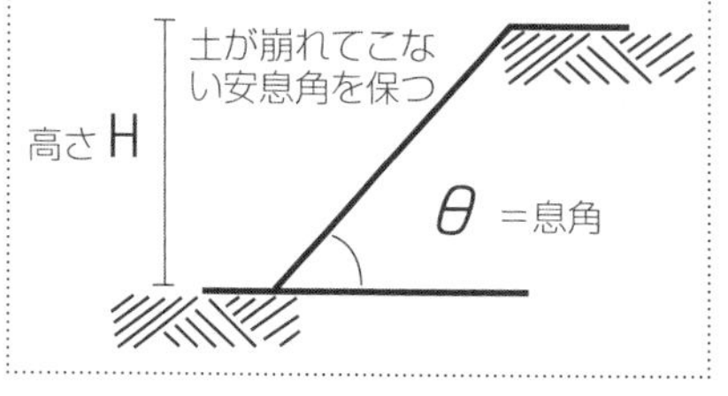

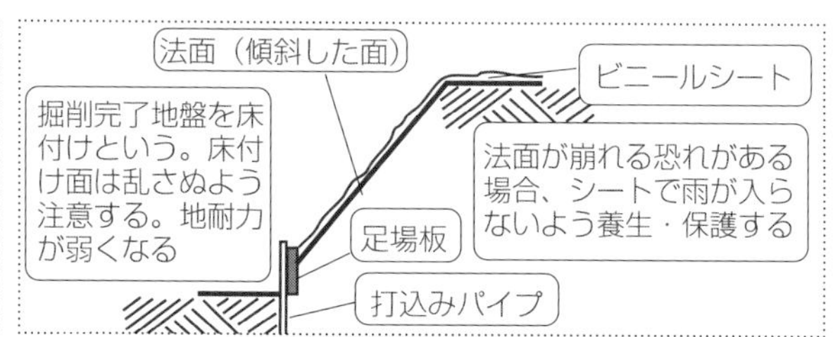

地山の種類	高さH	息角θ
岩盤または堅い粘土	5m以上 5m未満	75°以下 90°以下
普通の地山	5m以上 2m以上5m未満 2m未満	60°以下 75°以下 90°以下
砂からなる地山	5m未満または35°以下	
崩壊しやすい地山	2m未満または45°以下	

※安衛則による手堀りによる勾配の規則

息角：土を盛ったとき、法面が自然にできて崩れる寸前の傾斜角のこと

(7) 土工事（土止め）

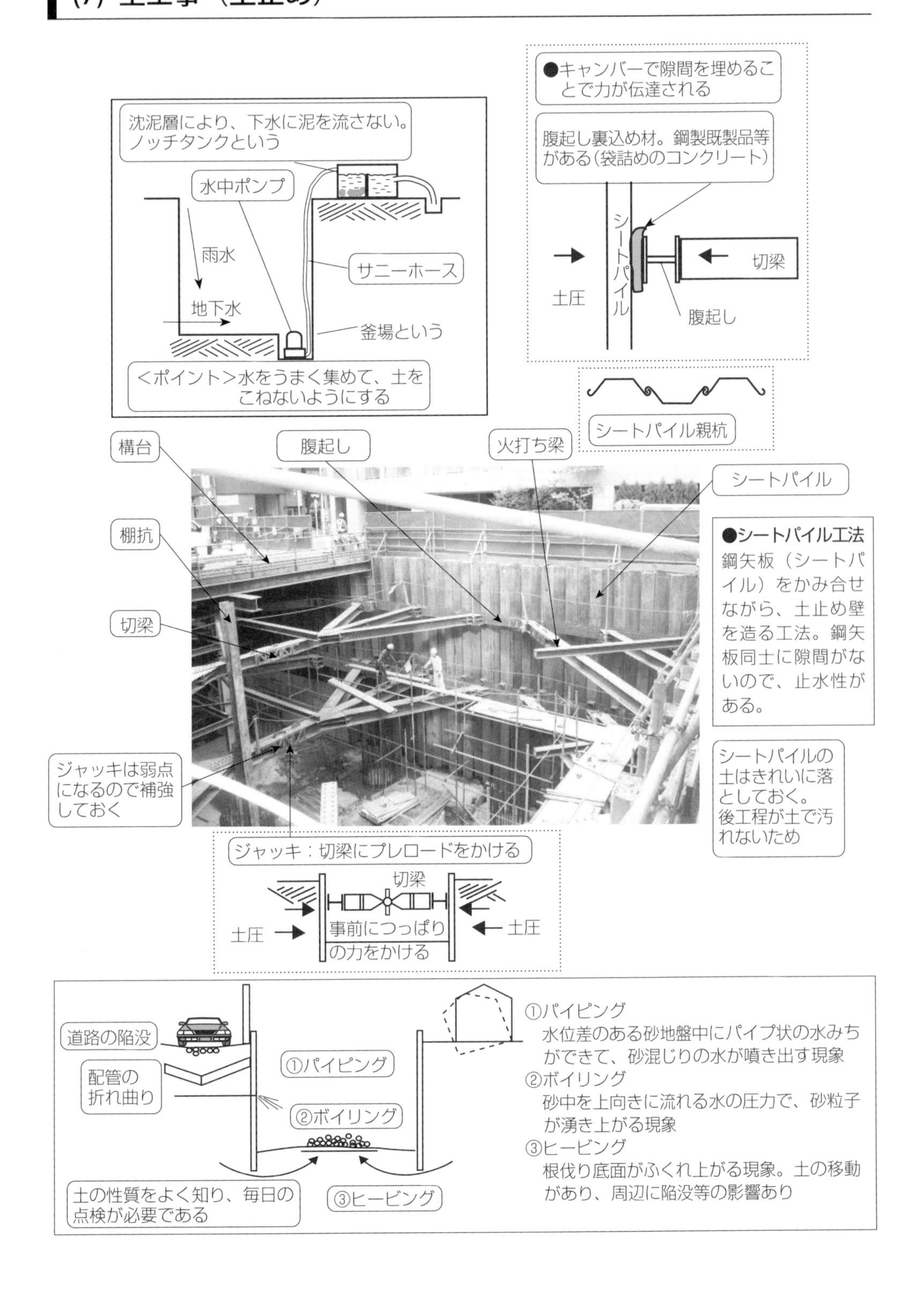
沈泥層により、下水に泥を流さない。ノッチタンクという
水中ポンプ
雨水
地下水
サニーホース
釜場という
<ポイント>水をうまく集めて、土をこねないようにする
●キャンバーで隙間を埋めることで力が伝達される
腹起し裏込め材。鋼製既製品等がある（袋詰めのコンクリート）
シートパイル
土圧
切梁
腹起し
シートパイル親杭
構台
腹起し
火打ち梁
シートパイル
棚抗
切梁
●シートパイル工法
鋼矢板（シートパイル）をかみ合せながら、土止め壁を造る工法。鋼矢板同士に隙間がないので、止水性がある。
ジャッキは弱点になるので補強しておく
シートパイルの土はきれいに落としておく。後工程が土で汚れないため
ジャッキ：切梁にプレロードをかける
切梁
土圧
事前につっぱりの力をかける
土圧
道路の陥没
配管の折れ曲り
①パイピング
②ボイリング
③ヒービング
土の性質をよく知り、毎日の点検が必要である
①パイピング
水位差のある砂地盤中にパイプ状の水みちができて、砂混じりの水が噴き出す現象
②ボイリング
砂中を上向きに流れる水の圧力で、砂粒子が湧き上がる現象
③ヒービング
根伐り底面がふくれ上がる現象。土の移動があり、周辺に陥没等の影響あり

3. 施工場面の実務知識【建築編】

(1) アースドリル杭工事（鉄筋籠の加工）

鉄筋カゴの作成は、敷地に余裕があれば現場で加工した方がコストが安くなる。現場加工の場合は特に、細やかな安全管理、品質管理、工程管理をする必要がある。現場造成杭は建物を支える重要な部分であり、厳しくチェックする。

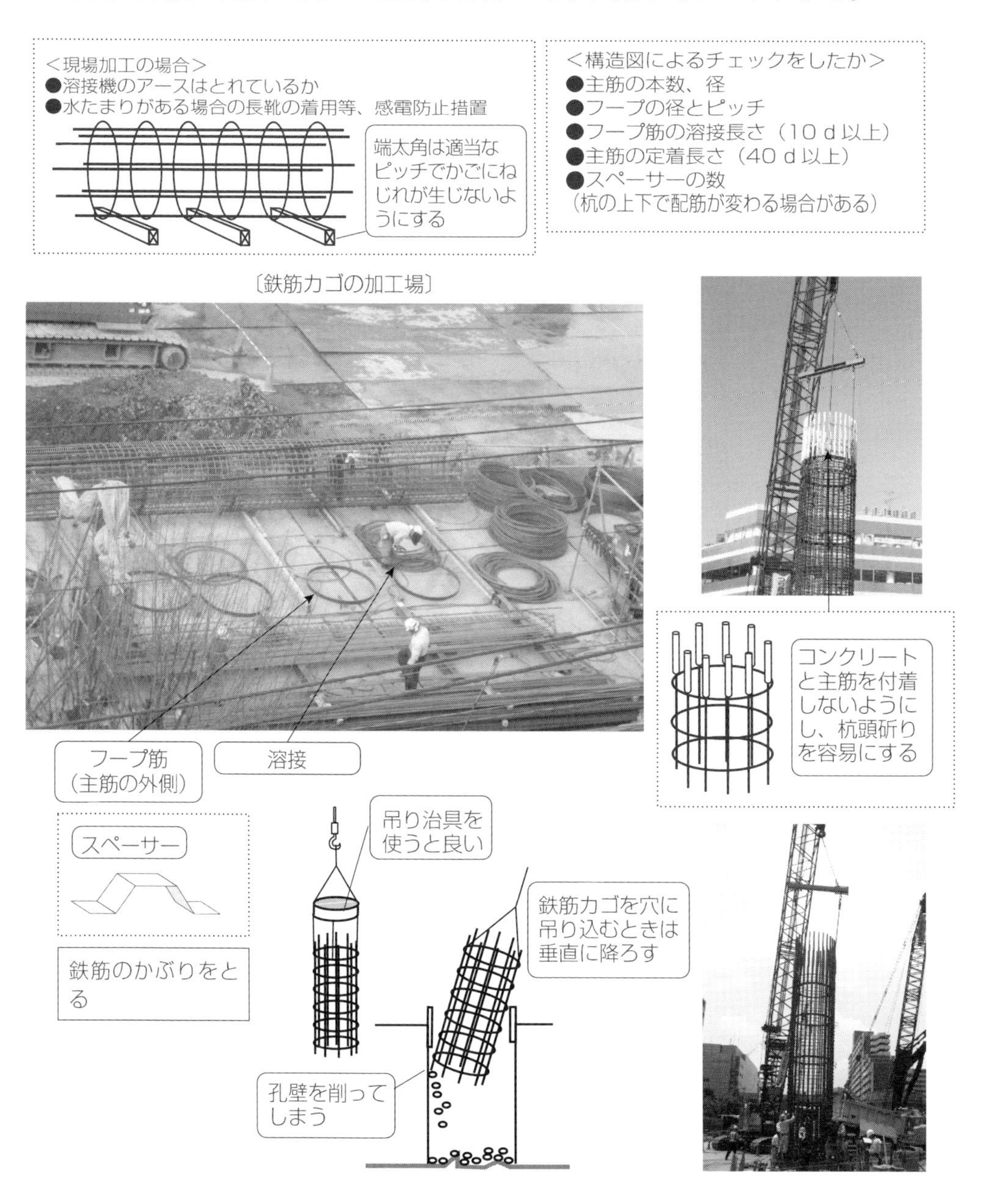

(2) アースドリル杭工事（コンクリート打設）

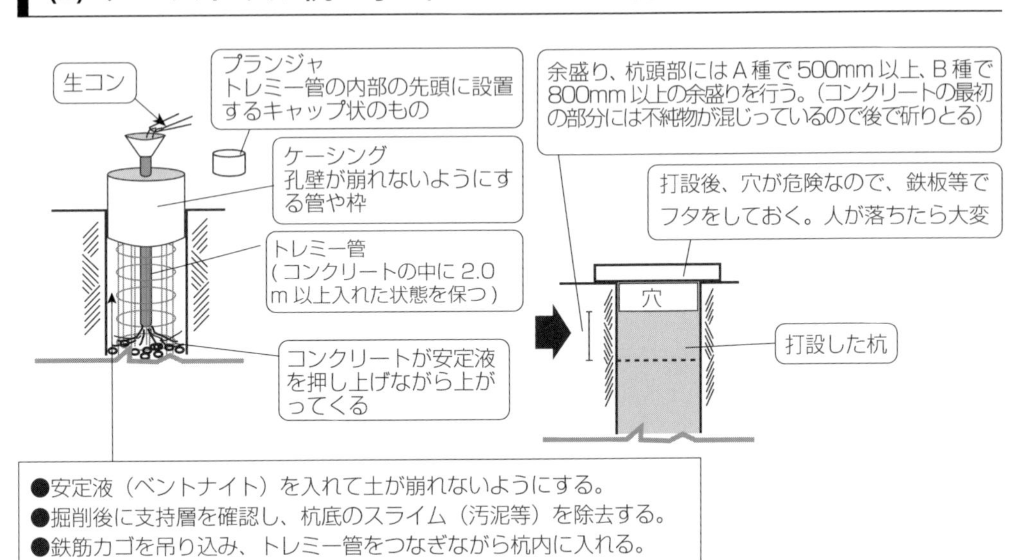

●安定液（ベントナイト）を入れて土が崩れないようにする。
●掘削後に支持層を確認し、杭底のスライム（汚泥等）を除去する。
●鉄筋カゴを吊り込み、トレミー管をつなぎながら杭内に入れる。

トレミー管

垂直に掘削するために、ケリーバーの垂直を2方向から確認する

●先にプランジャをトレミー管に入れ、生コンとベントナイト容液が混ざらないようにする
●生コンを打設しながらトレミー管を引き上げる
●ケーシングも撤去する

新人の立場

- 構造図を見ながら、鉄筋のチェックができるようになろう。
- 杭芯の場所を現地で確認できること。
- 違った位置に杭を打ってしまったら、大変なことになってしまうので、重要なチェックである。
- 杭がまっすぐに掘削されるように、ケリーバーの垂直を確認する。
- コンクリートのボリュームを計算して注文する。コンクリート天端のレベルの確認。毎回データをとって、次の杭のボリューム計算に役立てる。

(3) 鉄筋工事（柱筋）

鉄筋コンクリート造の骨組みとなるものであり、構造図で指定された径・ピッチ・本数等を正しく施工しなければならない。配筋には決められたルールがあり、そのルールをやぶれば、建物が安全でなくなってしまう。君たちは技術者としての自覚を持ち、ルールを覚え、ルール通りの配筋ができているかチェックする使命がある。

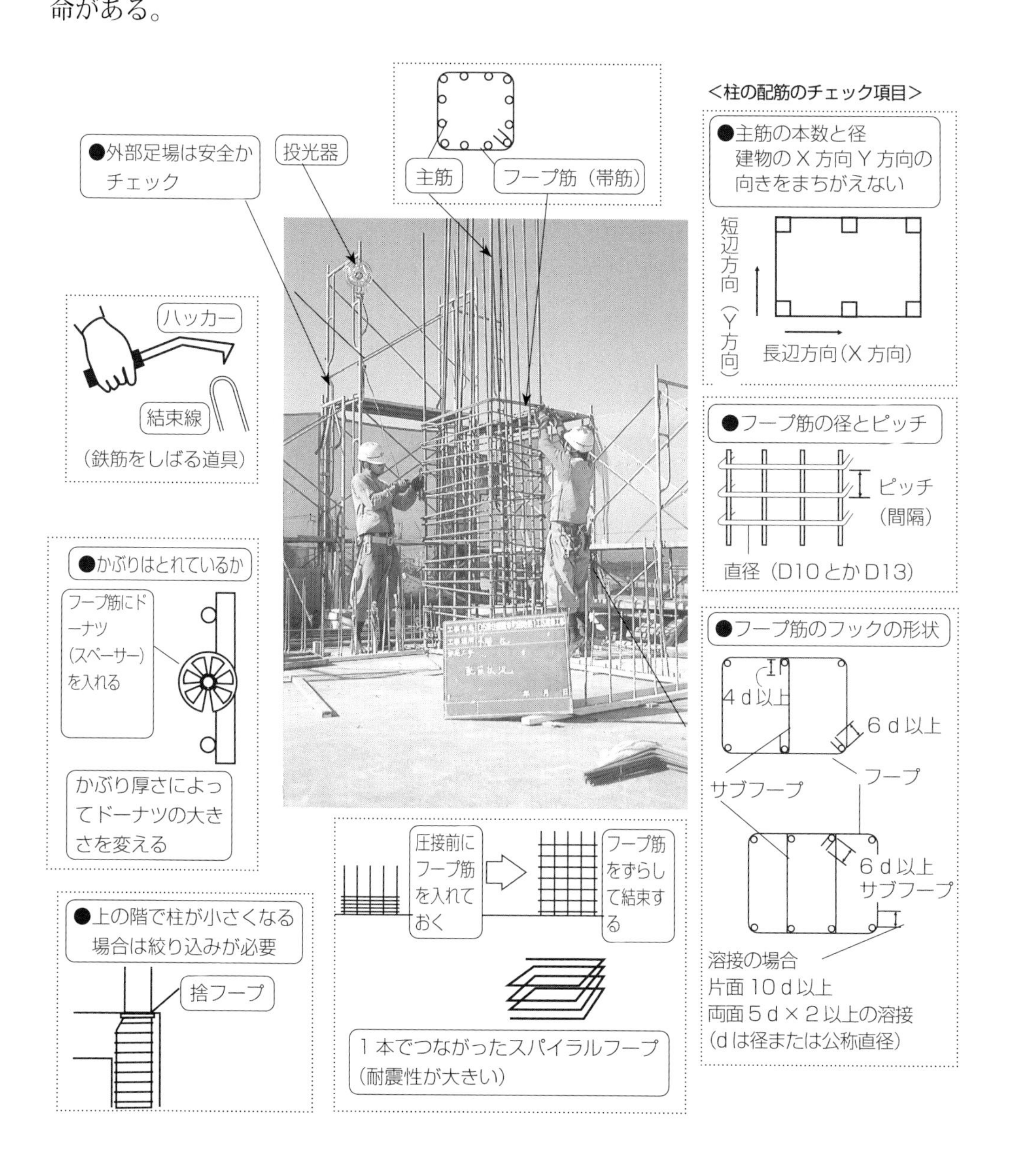

(4) 鉄筋工事（梁筋）

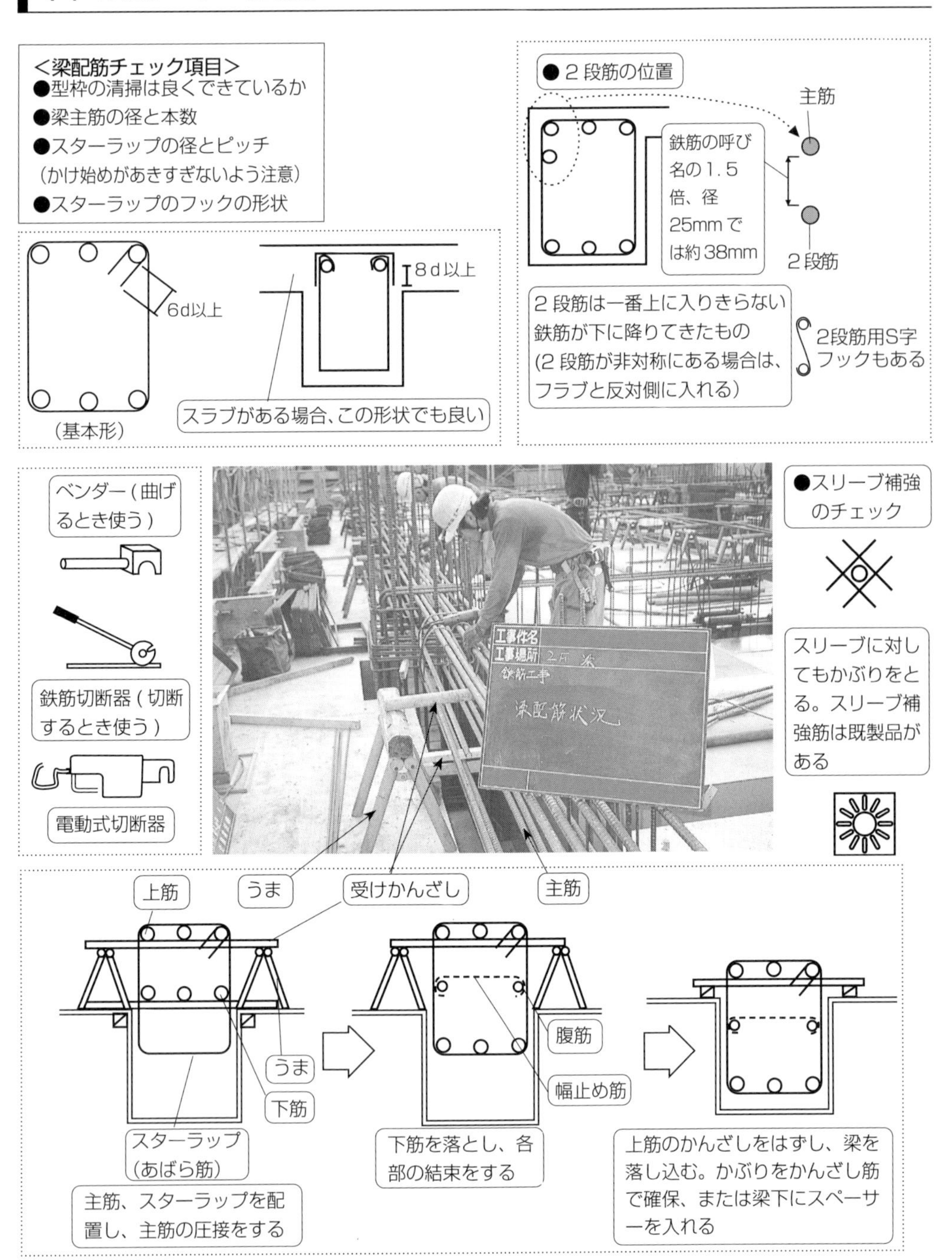

<梁配筋チェック項目>
●型枠の清掃は良くできているか
●梁主筋の径と本数
●スターラップの径とピッチ
（かけ始めがあきすぎないよう注意）
●スターラップのフックの形状
6d以上
（基本形）
8d以上
スラブがある場合、この形状でも良い
●2段筋の位置
主筋
鉄筋の呼び名の1.5倍、径25mmでは約38mm
2段筋
2段筋は一番上に入りきらない鉄筋が下に降りてきたもの
(2段筋が非対称にある場合は、フラブと反対側に入れる)
2段筋用S字フックもある
ベンダー（曲げるとき使う）
鉄筋切断器（切断するとき使う）
電動式切断器
工事件名
工事場所
鉄筋工事
梁配筋状況
●スリーブ補強のチェック
スリーブに対してもかぶりをとる。スリーブ補強筋は既製品がある
上筋
うま
受けかんざし
主筋
うま
下筋
スターラップ（あばら筋）
主筋、スターラップを配置し、主筋の圧接をする
腹筋
幅止め筋
下筋を落とし、各部の結束をする
上筋のかんざしをはずし、梁を落し込む。かぶりをかんざし筋で確保、または梁下にスペーサーを入れる

(5) 鉄筋圧接工事

鉄筋をつなぐ方法としては、細い鉄筋は継手長さを確保してつなぐ方法があるが、本数が少ない場合を除いて径 19mm 以上の鉄筋は圧接によって接合する（径 16mm 以上であれば圧接は可能）。圧接箇所は、鉄筋の母材（圧接箇所以外の鉄筋）よりも高い強度を発揮することが求められる。なお、鉄筋をつなぐ方法には、筒状のものでつなぐなどの他の方法もある。

●圧接する鉄筋は、同一種類同士であり、径の違いは 7mm 以内とする。降雨時、強風時には、有効な遮蔽がない場合には作業を行わない。作業者は防護メガネをかけて作業を行わせる。

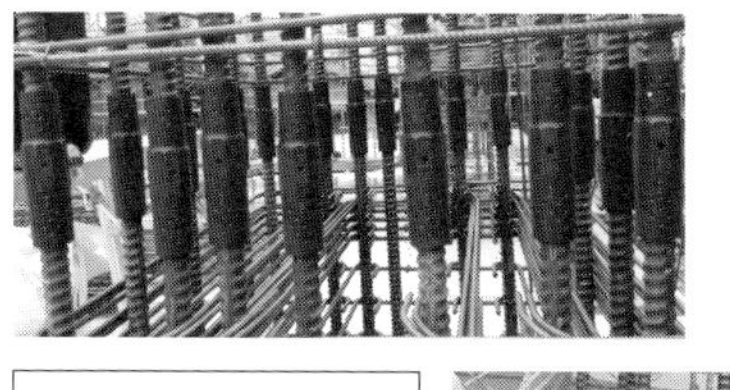

機械式継手も使われている。上記の写真はカプラーでつなげて、樹脂グラウトを注入して固定している。

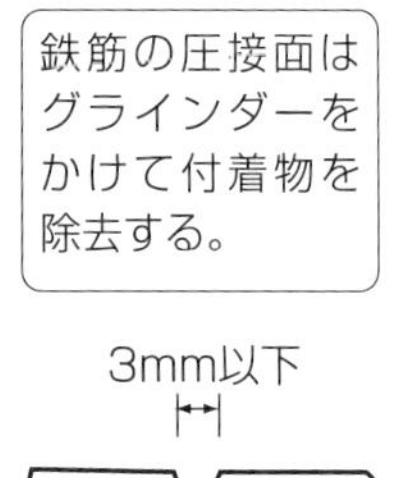

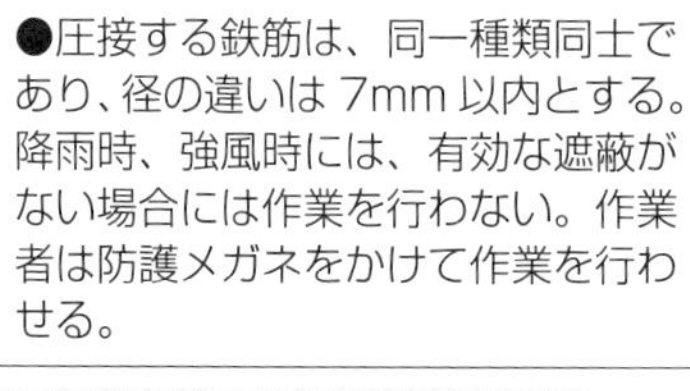

圧接位置は400以上交互にずらし千鳥におこなう。

手動ガス圧接技量資格証を確認する。
1種：径D25以下
2種：径D32以下
3種：径D38以下
4種：径D51以下

(6) 鉄骨建方

鉄骨建方はダイナミックな変化で、建物の骨組みが見えるようになり、君たちも胸を踊らせることだろう。人間で言えば骨であり、この強度と精度が建物全体を決めてしまうものであるから、ミリ単位の管理が必要である。

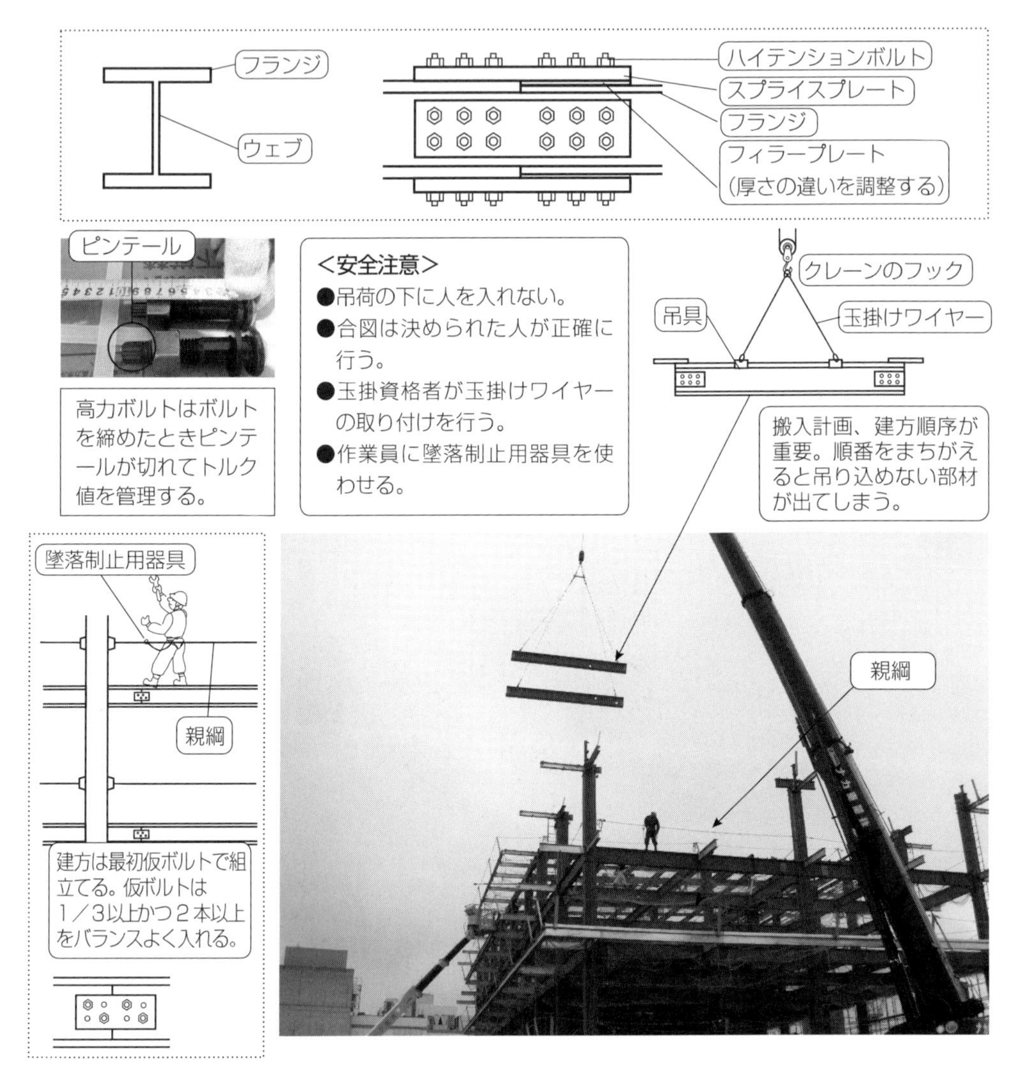

新人の立場

- 現場がどんどん動いていくので、作業手順を覚えるようにする。
- 重機が動き、重量のある資材が揚重され、高所作業が多い。安全には十分に注意を払う。

(7) 型枠工事（墨出し）

型枠工事はコンクリートを入れる器を造る作業であり、その精度がコンクリートの精度となり、仕上げの出来ばえとなってくる。また、コンクリートは約 2.3t/m³あり、型枠に大きな荷重がかかるので、強度的に変形しないように注意する。

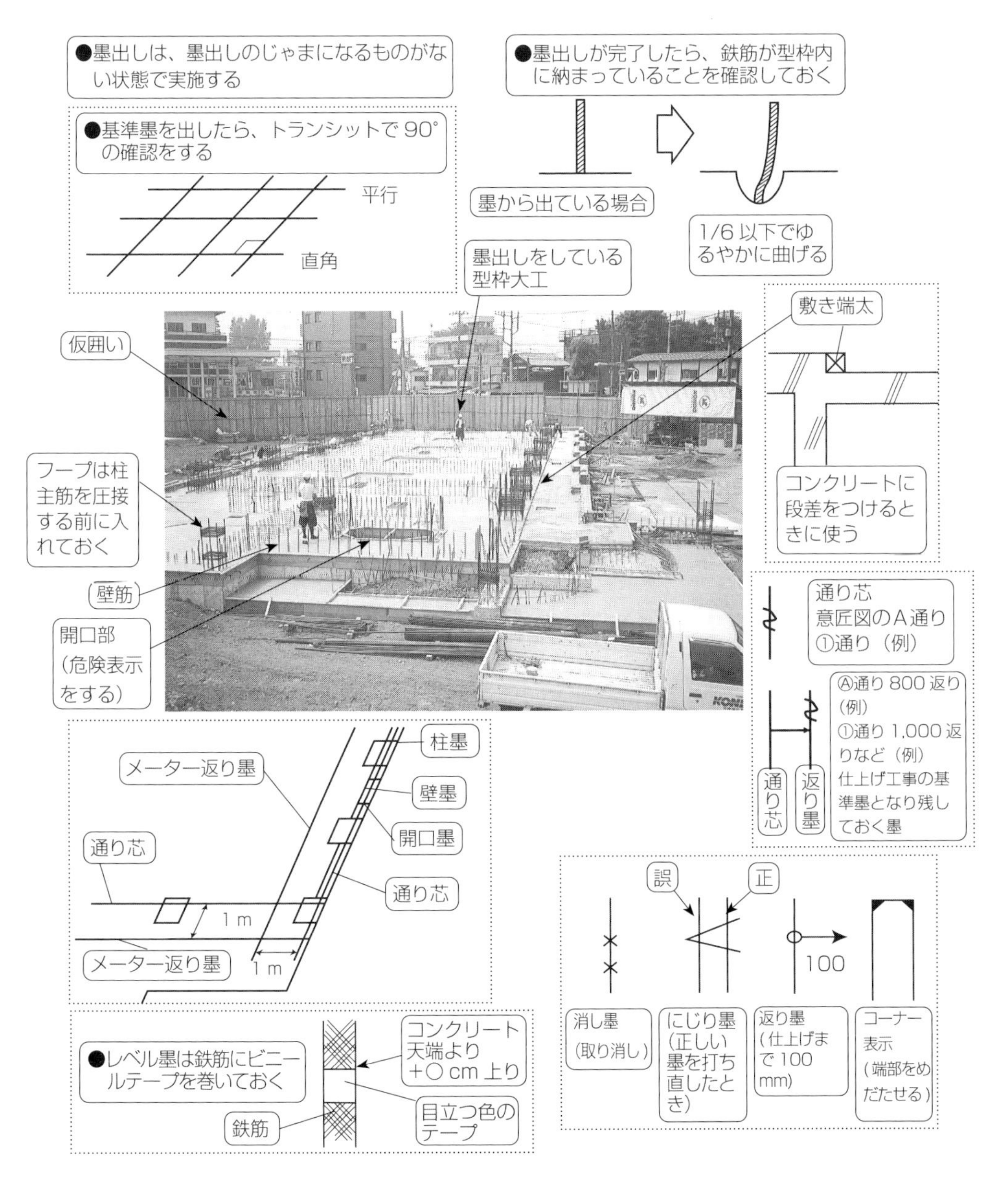

(8) 型枠工事（開口部）

型枠工事の柱、壁の型枠の建て込み作業は、鉄筋工事、電気工事、設備工事などと相互に関係しあって作業が進められる。前工事が完了したことを確認して、型枠の返し壁の作業に入る。

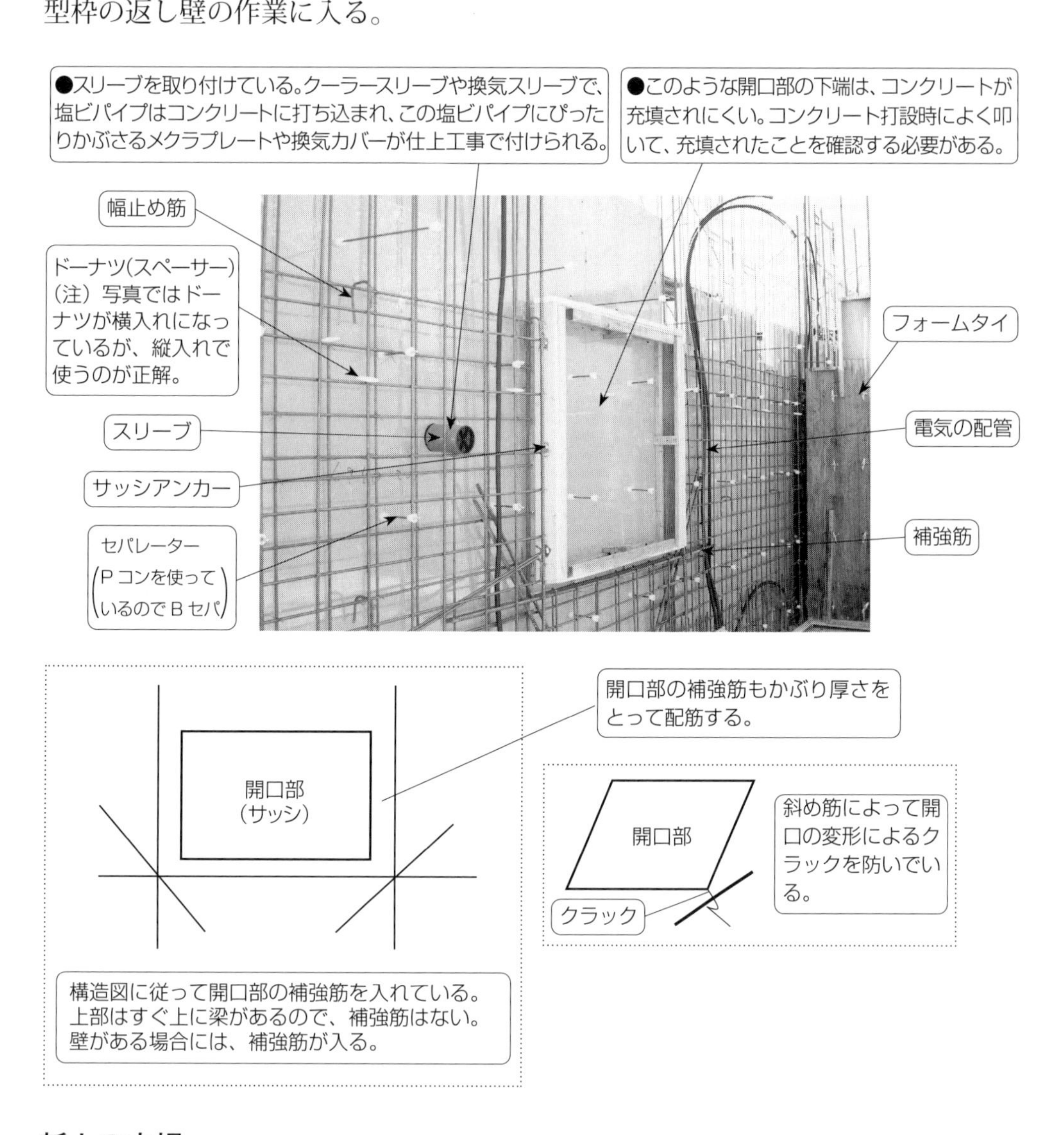

新人の立場

- 型枠大工が壁を返す前に、壁の配筋チェック、補強筋チェック、開口部の位置のチェックなどを行っておく。
- 壁を返す前に、おがくずや木片などのゴミがないことを確認しておく。

(9) 型枠工事（パネル）

型枠工事の返し壁を建て込んでいる。床に敷き桟を敷いてレベルを調整し、建て入れを下げ振りで確認している。この型枠の精度によってコンクリートの精度が決まってくるので、大切な確認作業である。

●幅 600 のパネルを作成している。型枠解体によってバラバラにならないので、転用回数が多くなる。型枠の材料費が高くなるが、転用回数が増えるのでコストダウンになる。加工がほとんどいらないので、型枠大工の労務費も削減され、型枠工事の歩掛りが向上する。

●パネルの転用回数を増やすために、パネコートなどの塗料を塗っている。コンクリートの表面が、きれいに仕上がる。パネル化したので、縦パイプの代わりに桟木を使っている。階高が短くなるとパネルを切断し、長くなると桟木を入れて調整する。

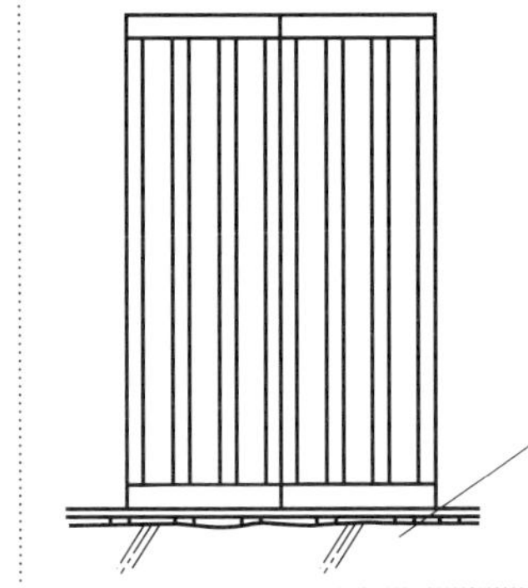

建て入れ精度が悪いと、たとえばサッシを垂直に付けたときに、壁の曲がりを補修しなければみっともない。手摺や金物を付けて躯体の曲がりが目立ってしまうならば、補修が必要になる。新人であっても建物の垂直精度は、仕上工事のコストに関係することを知っておくべきだ。

敷き桟によって、コンクリートスラブの凹凸を調整して水平に型枠を建て込む。敷き桟の隙間からコンクリートのノロが出てくるので、コンクリート打設の前に、ウェスやモルタルで塞ぐことを根巻きという。

(10) 型枠工事（支保工）

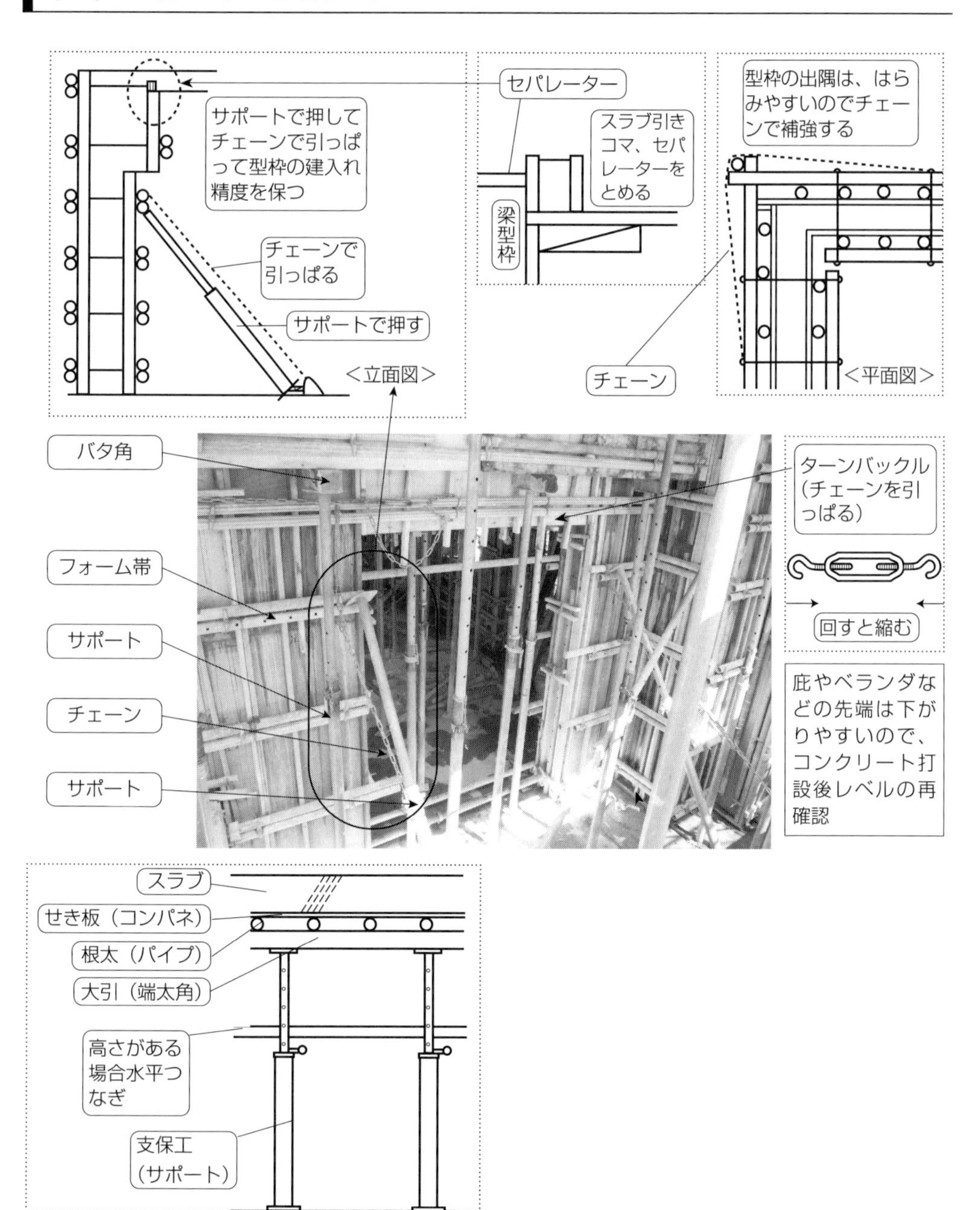

新人の立場

- 部材の名称と寸法を覚える（サポートは何 cm から何 cm まで伸びるのか）。
- 型枠のチェックができるようになる。（建入れの倒れ、型枠の通り、型枠の安全性、型枠のすきま、型枠内の清掃、躯体図を読む、墨出しのチェック）

(11) 型枠工事（スラブ）

型枠工事の壁を建て込んだらスラブ上げに入る。コンパネでスラブを張るとスラブの上に人が上がれるようになる。RC 造では梁配筋を行ってスラブ配筋を行う。SRC 造ではすでに梁配筋が先行しているのでスラブ配筋を行う。

型枠大工は、スラブ上げを終えたら次の作業が入る前に、墨出しをして天井インサートを打つ。物が置かれてからでは墨出しもインサート打ちも難しくなる。

●天井インサートは、天井伏図から決定する。事前に打合せをして電気・設備のインサートと色を変える。設備機器やダクトの位置、大きな照明器具の位置を避ける。

奥はスラブがまだ上がっていない

天井インサート

丸ノコ

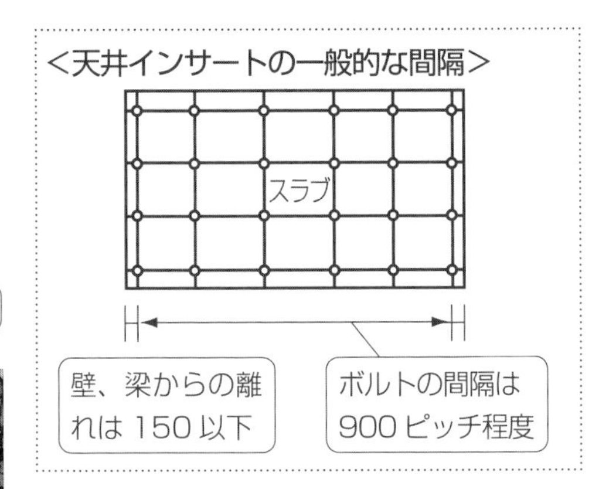

スラブのコンパネが張られる前の状態

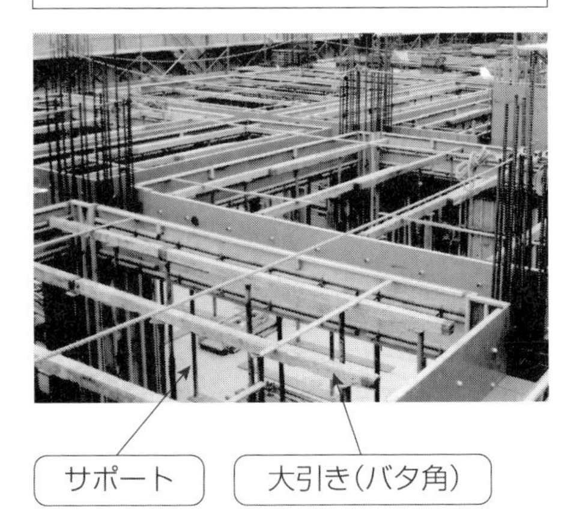

●ロングリフトの積載荷重の上限が決まっている。それ以上の資材を積まないように、単位重量を把握しておこう。

＜ロングリフト積載荷重＞

品名	単位荷重 kg
単管パイプ（1m 当たり）	2.75
コンパネ	12
足場板（4m）	19.5
バタ角（4m）	30
サポート（2.1m）	18
脚立（1.8m）	17.2
たて枠（幅　1200）	19.1
たて枠（幅　900）	17.7

新人の立場

- 型枠の天井インサート、クーラー等のインサート、ドレイン金物、避難ハッチをチェックする。
- 上階の壁やブロックなどの位置を確認し、鉄筋のチェックをする。
- 梁の中にゴミがないかどうかチェックをする。

(12) 型枠解体工事

　コンクリートを打設したら、コンクリート強度の発現を待って型枠を解体する。梁とスラブは設計強度が発現しなければ解体できない。

　壁及び梁側面については解体に必要なコンクリート強度5 N/mm²が発現次第に解体することができる。テストピースなどで強度が確認できない場合には、型枠存置期間を守るようにする。

●コンクリート強度が出るまでを養生期間と呼んでいる。コンクリートに衝撃を与えたり、サポート（支保工）を外して盛り替えたりしない。

＜側壁の型枠存置期間＞

平均気温＼セメントの種類	早強ポルトランドセメント	普通ポルトランドセメント
20度以上	2日以降	4日以降
20度未満 10度以上	3日以降	6日以降
10度未満	諸条件により異なる	

（注）JASS5の一部抜粋

壁、梁側面が解体され、スラブ型枠は設計強度がでるまで存置している。

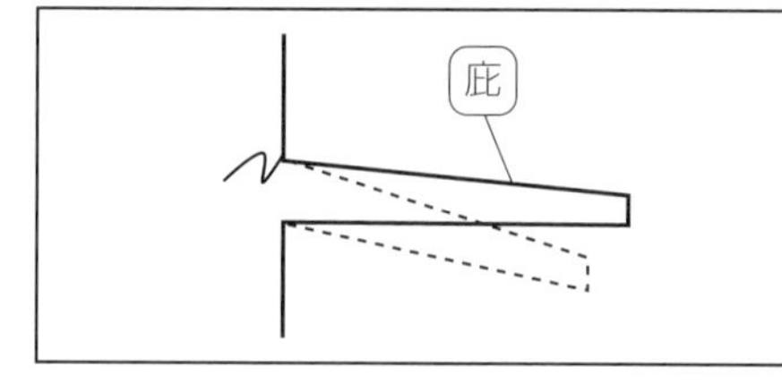

●その他に片持ちスラブが下がってしまう理由として、「スラブの上筋が下がってしまい引っ張り側で働いていない、庇の根元にジャンカができていて、コンクリート強度が発揮できていない」というような理由の場合もある。

新人の立場

- コンクリート強度が発現してから、型枠を解体する。
- 解体の作業場所は危険なので、関係者以外は立入り禁止とする。
- 解体後はコンクリートの出来映えを見て成功要因、失敗要因を学ぶ。

(13) コンクリート工事（受け入れ検査）

コンクリートの受け入れ検査は、コンクリート材料の品質を守るうえで重要である。納品書のチェックとともに、受入れ検査の基準値は覚えておき、確認できるようにしておこう。

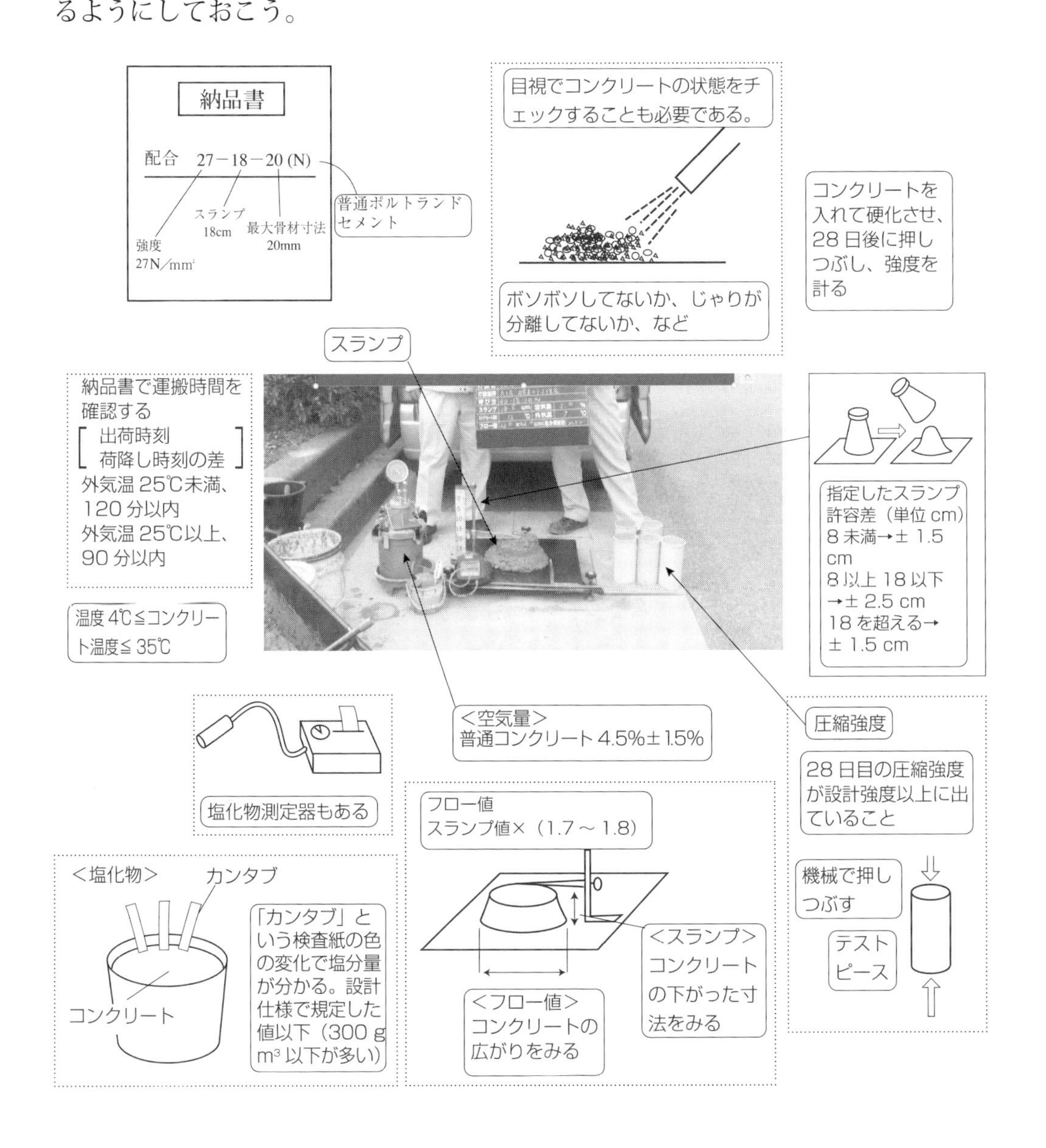

(14) コンクリート工事（ポンプ車の配置）

コンクリート工事は工程の一つの区切りであり、各職方全員で協力して工事を進める。コンクリートの準備は、配筋検査・型枠検査・レベル出しなど忙しく、一つの手配もれで大きな支障が出てしまう。何が必要か、もれがないようにチェックリストを作っておこう。

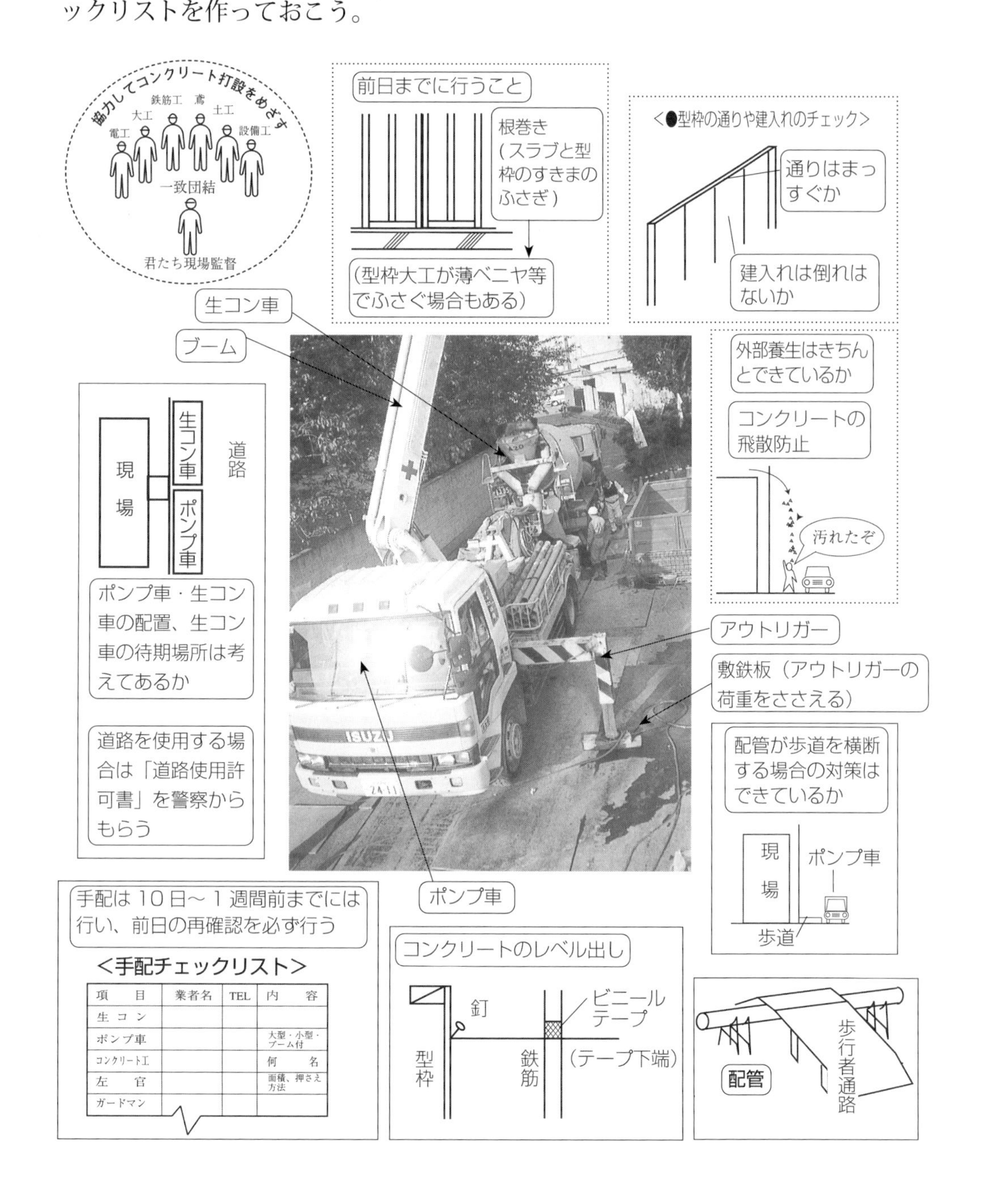

項　目	業者名	TEL	内　容
生コン			
ポンプ車			大型・小型・ブーム付
コンクリート工			何　名
左　官			面積、押さえ方法
ガードマン			

(15) コンクリート工事（コンクリート打設）

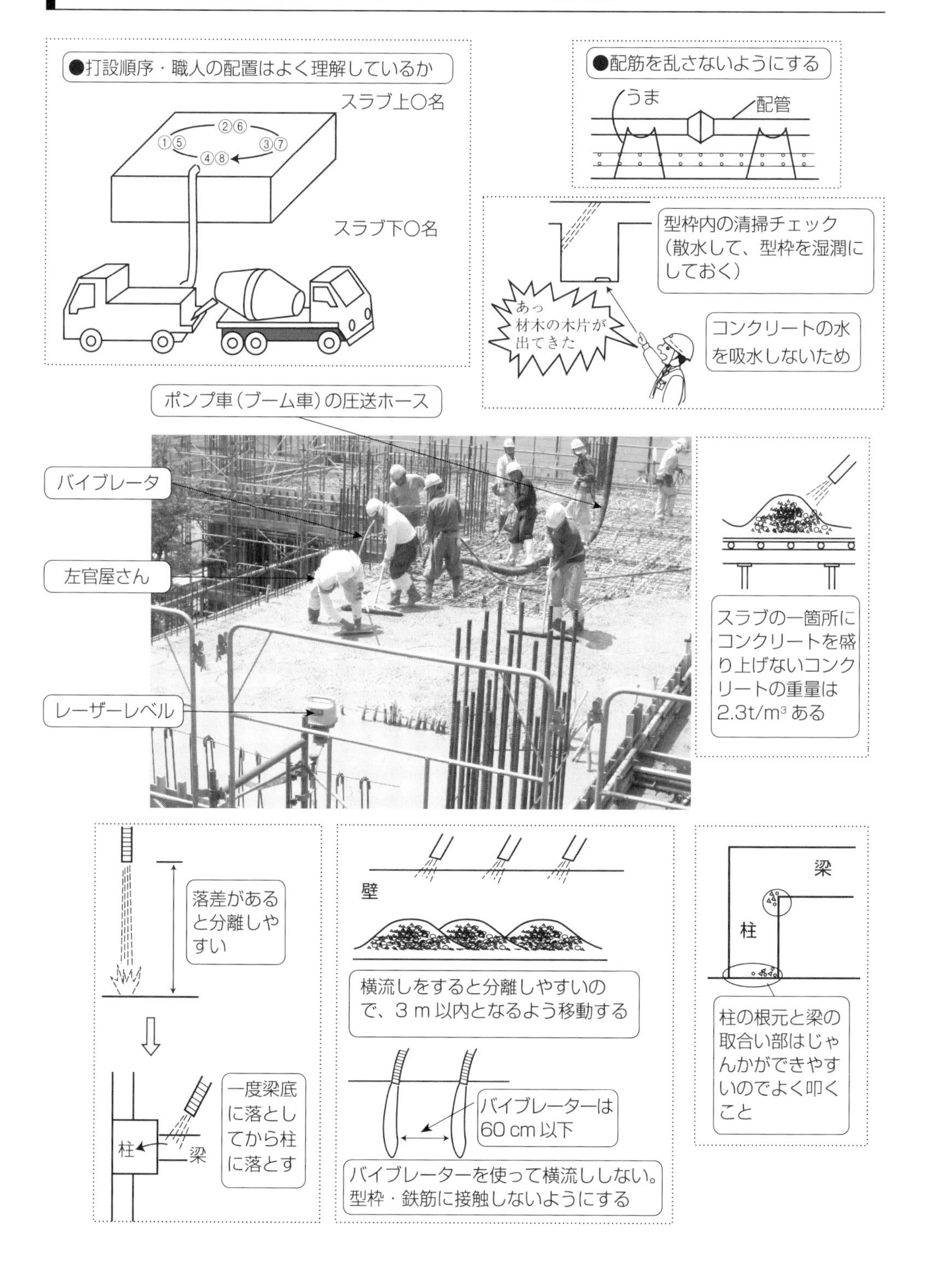

(16) ブロック工事（ブロック材）

ブロックにはどんな種類があるか覚えよう。C 種の場所に A 種を使ってしまっては、大変なことになる。それに加えブロック工事は段取りが重要である。ブロックの割付け図を書いて、納まりの検討をしておくこと。差し筋、墨出し、材料の手配と事前準備のうまさがかなめになっている。

種類	圧縮強度区分記号	圧縮強さ	全断面積に対する圧縮強さ
A 種	08	8N/mm² 以上	4N/mm² 以上
B 種	12	12N/mm² 以上	6N/mm² 以上
C 種	16	16N/mm² 以上	8N/mm² 以上

※仕様はJIS A-5406による

A 種＜B種＜C 種と強度が異なるので注意する。
塀や間仕切りにはC種を使う。

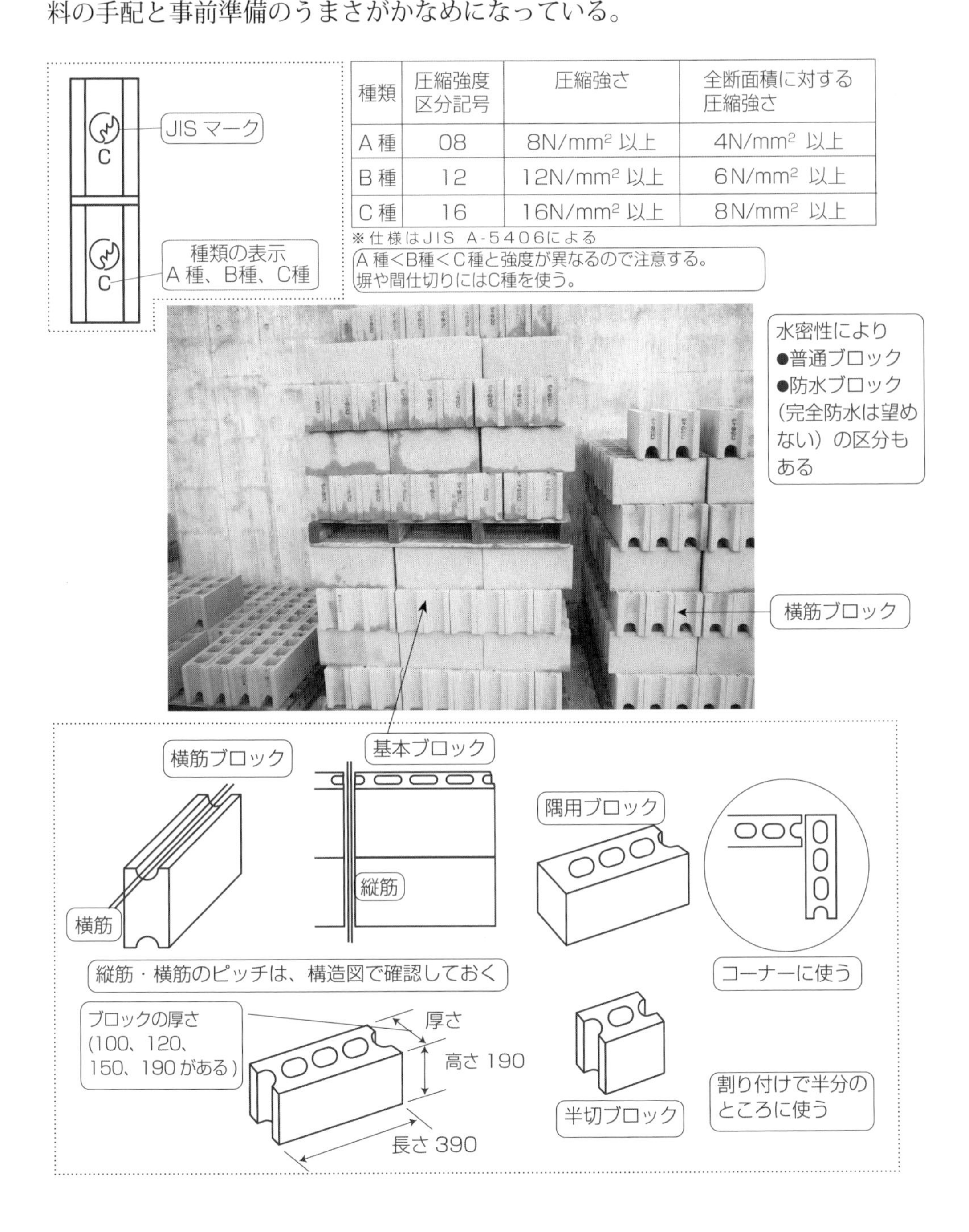

(17) ブロック工事（ブロック積み）

(18) ALC版工事

ALCはAutoclaved Lightweight Concreteの略で、軽量気泡コンクリートのことである。コンクリート重量の1/4、熱伝導率はコンクリートの約1/10で、断熱性、耐火性に優れている。

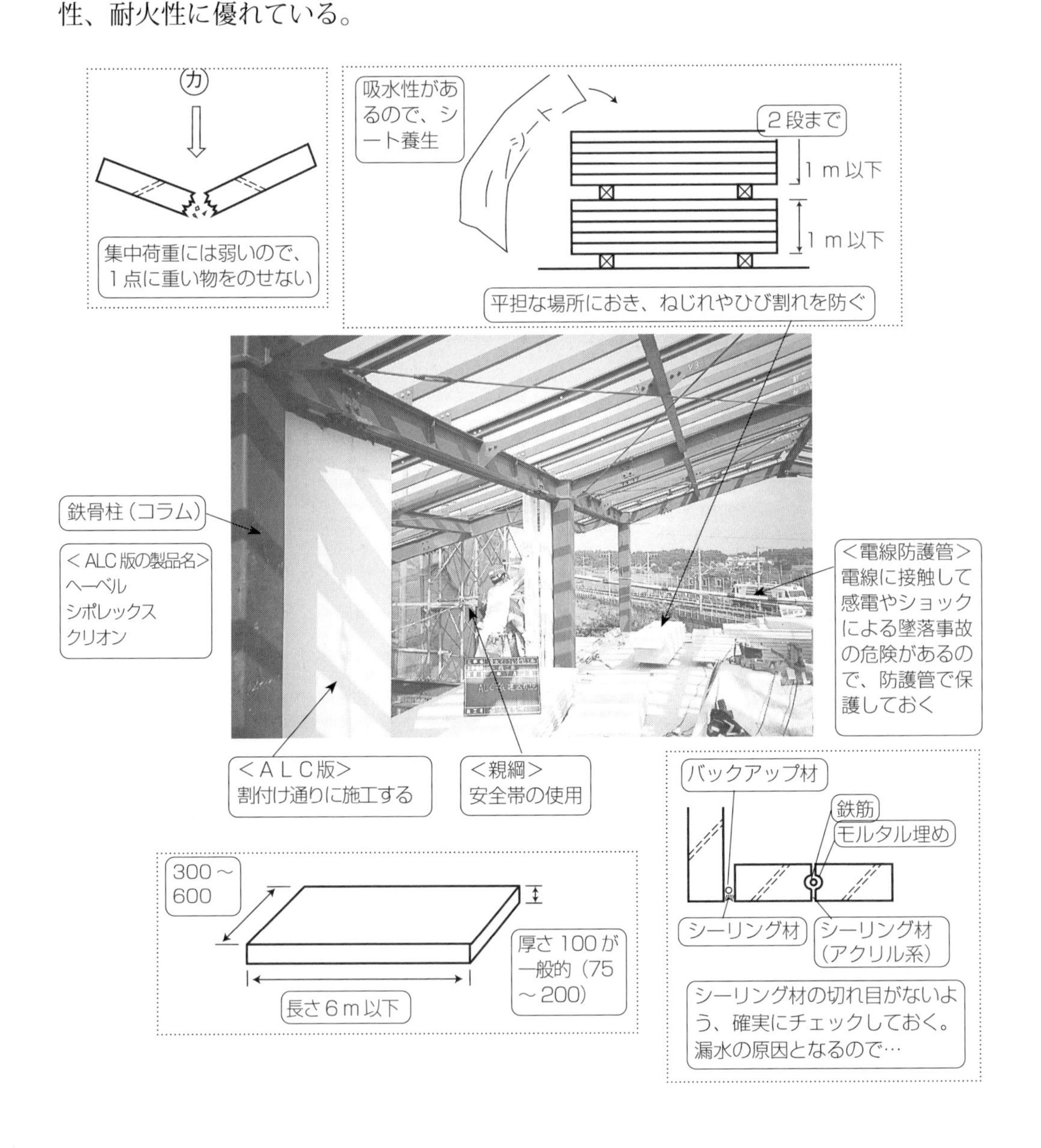

(19) ガラス工事

造作工事入場前にガラスを入れて、木材が漏れないようにしたい。ガラスには種類がいろいろあり、その性能で使い分けているので、使い方を学ぼう。

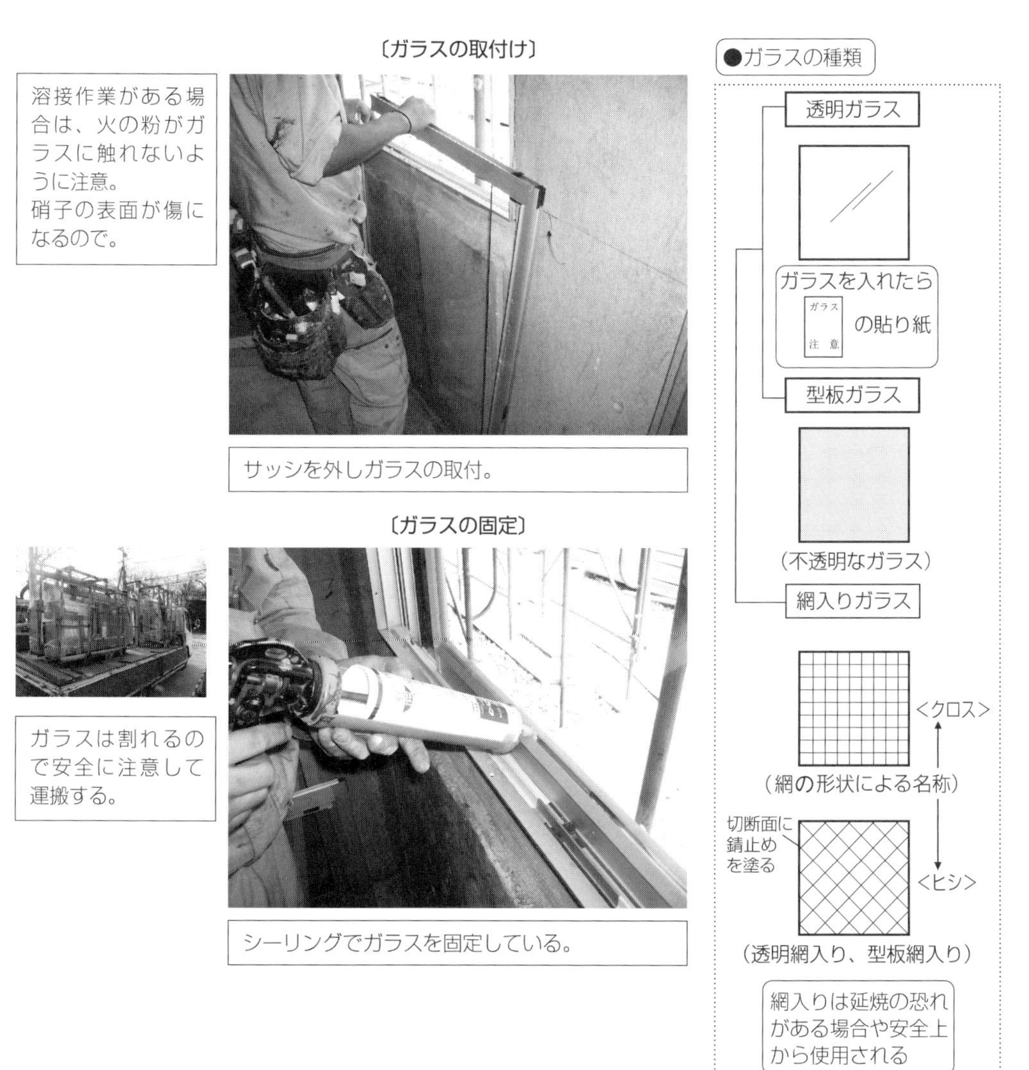

新人の立場

- ガラスの種類と名称を覚える。
- 網入りガラスと網入りでないガラスは、どう使い分けているかを知る。

(20) アスファルト防水工事

雨漏りする建物は、それだけで建物の価値を損う。良いコンクリートを打設し、納まりの良いディテールで完璧な防水をしよう。

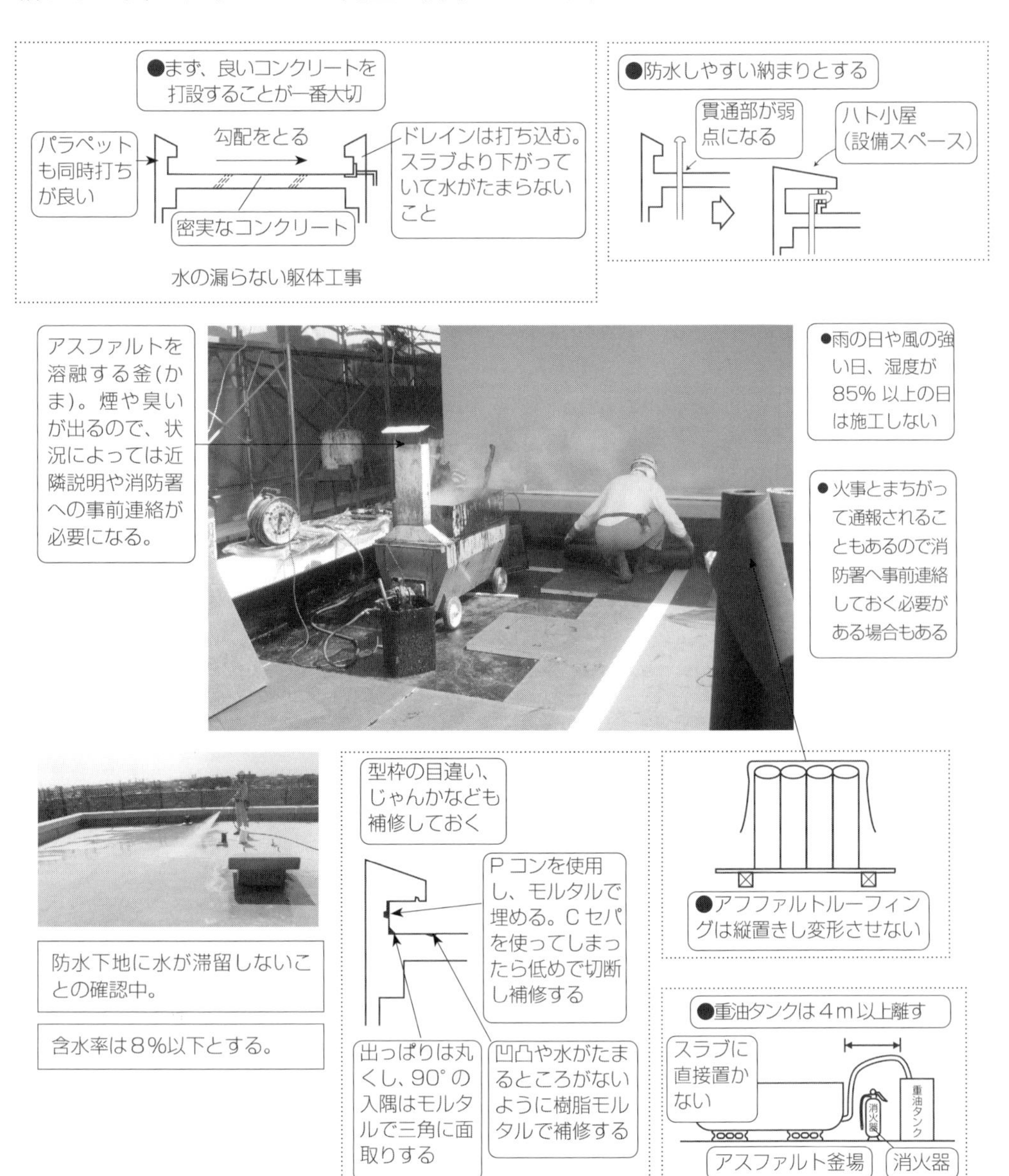

(21) シーリング工事

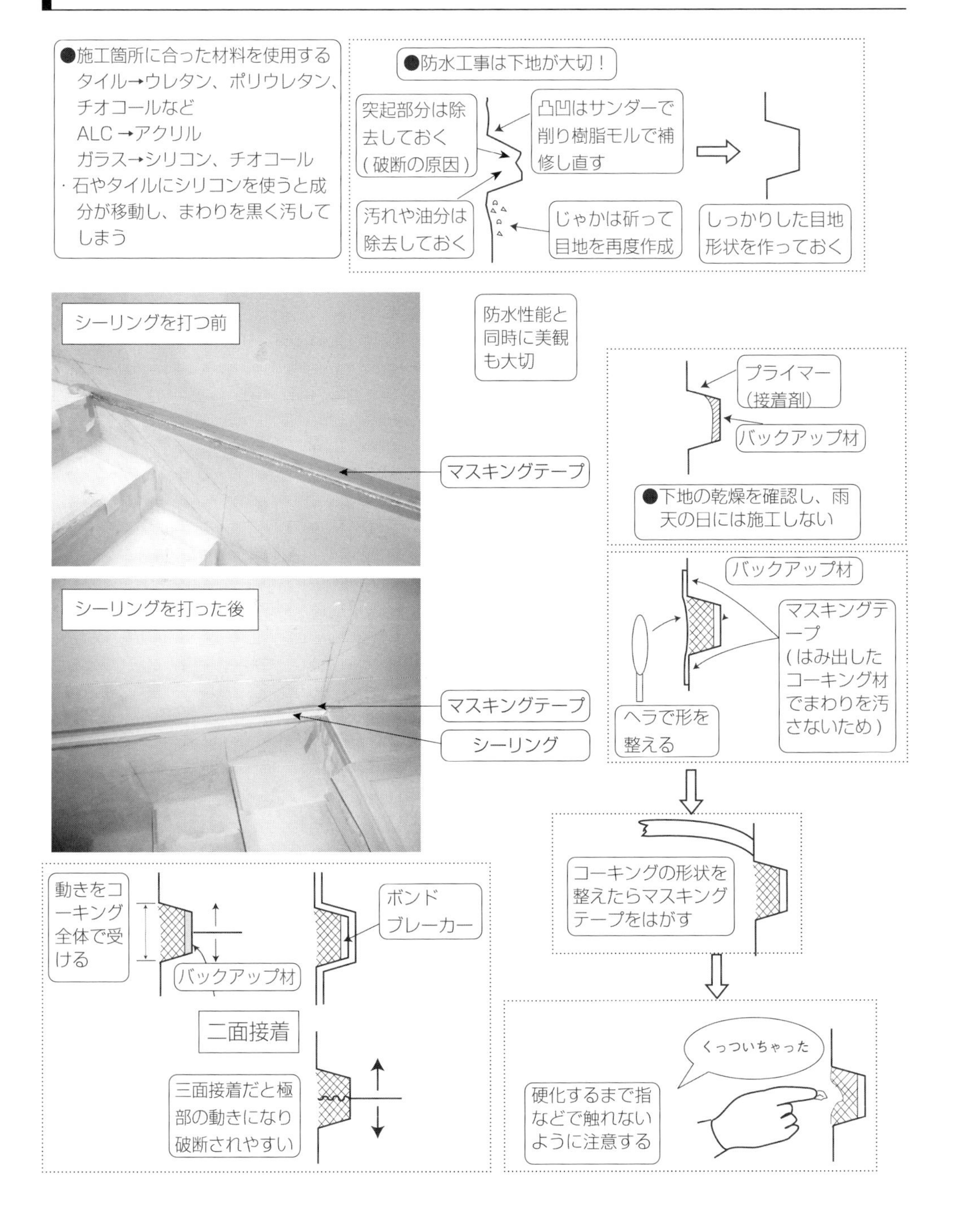
●施工箇所に合った材料を使用する
タイル→ウレタン、ポリウレタン、チオコールなど
ALC→アクリル
ガラス→シリコン、チオコール
・石やタイルにシリコンを使うと成分が移動し、まわりを黒く汚してしまう
●防水工事は下地が大切！
突起部分は除去しておく（破断の原因）
凸凹はサンダーで削り樹脂モルで補修し直す
汚れや油分は除去しておく
じゃかは斫って目地を再度作成
しっかりした目地形状を作っておく
シーリングを打つ前
マスキングテープ
防水性能と同時に美観も大切
プライマー（接着剤）
バックアップ材
●下地の乾燥を確認し、雨天の日には施工しない
シーリングを打った後
マスキングテープ
シーリング
バックアップ材
マスキングテープ（はみ出したコーキング材でまわりを汚さないため）
ヘラで形を整える
コーキングの形状を整えたらマスキングテープをはがす
動きをコーキング全体で受ける
バックアップ材
ボンドブレーカー
二面接着
三面接着だと極部の動きになり破断されやすい
くっついちゃった
硬化するまで指などで触れないように注意する

(22) ＧＬ工事

コンクリート面や ALC 面に GL ボンドを使ってプラスターボードを貼る工法である。造作で下地を作成するより施工速度が速く、一般に普及している。室内作業においてヘルメットが当たってキズをつけることもあるので、ヘルメット着用の代わりに保護帽を着用することもある。その場合は安全に注意する。

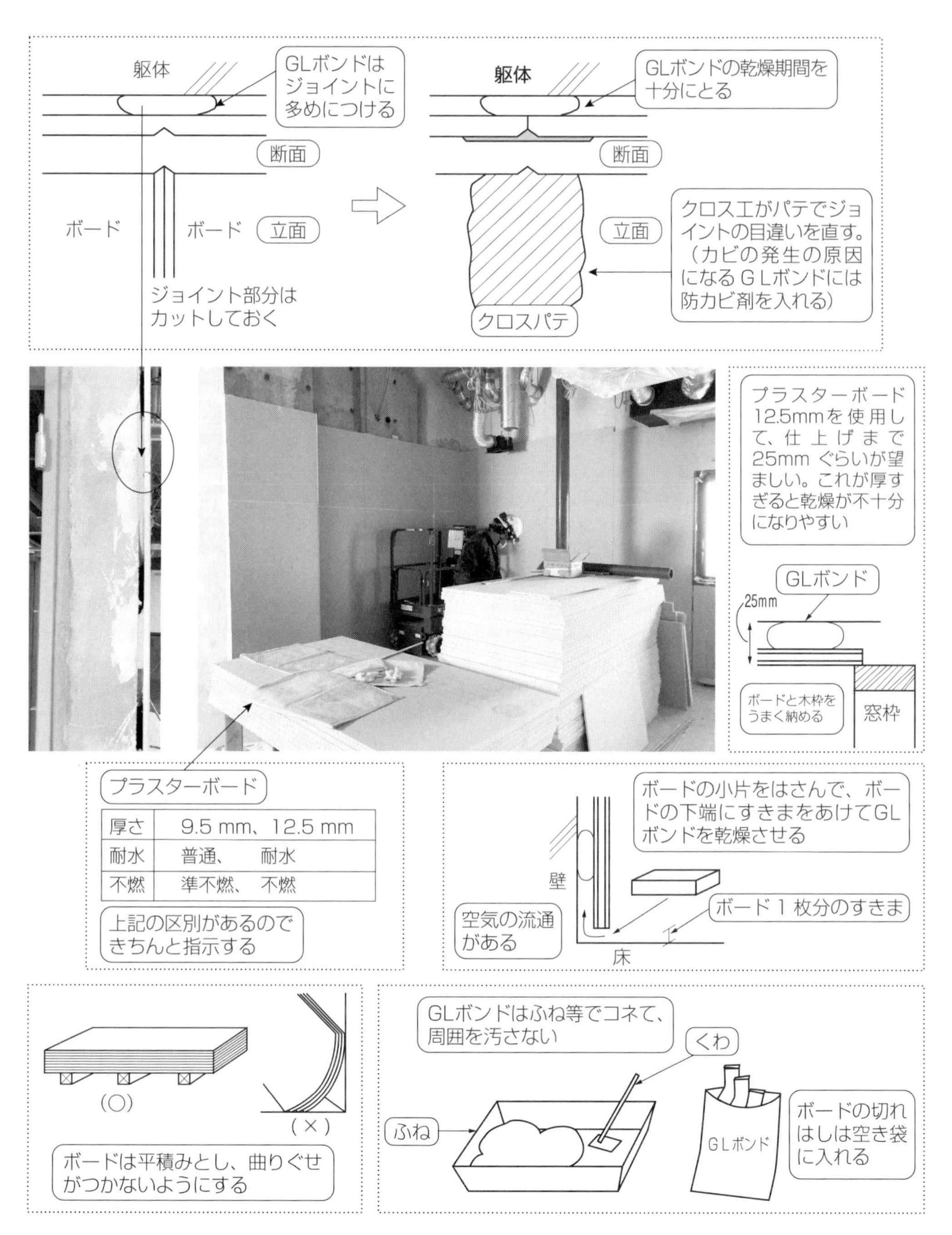

厚さ	9.5 mm、12.5 mm
耐水	普通、　耐水
不燃	準不燃、 不燃

上記の区別があるのできちんと指示する

(23) 左官工事

職人の技能に左右されやすい職種であり、場所により求められる仕上程度が異なる。人目によく触れる場所は、丁寧な仕上げが必要だろう。

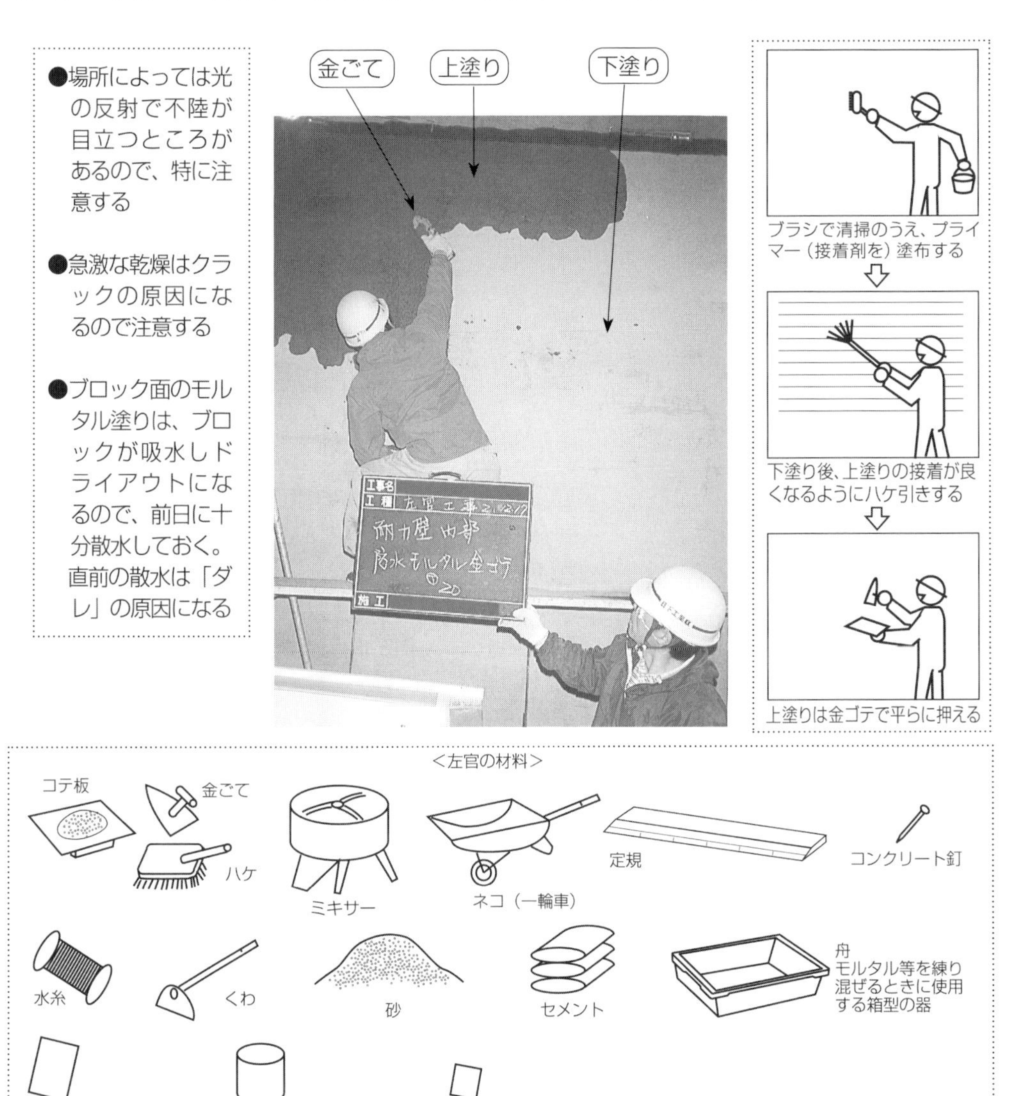

新人の立場

- 下地の欠陥が剥離や浮きの原因になるので、きちんと清掃された状態で仕事にかかれるようにする。
- 墨出しを手伝い、納まりを覚えるようにする。

(24) ユニットバス工事

ユニットバスは組立てがあるので、間仕切壁を作成する前にセットする。仕上りとの納まりから、通り芯から何ミリ、レベル墨から何ミリと決定される。寸法の押えをしっかりしよう。

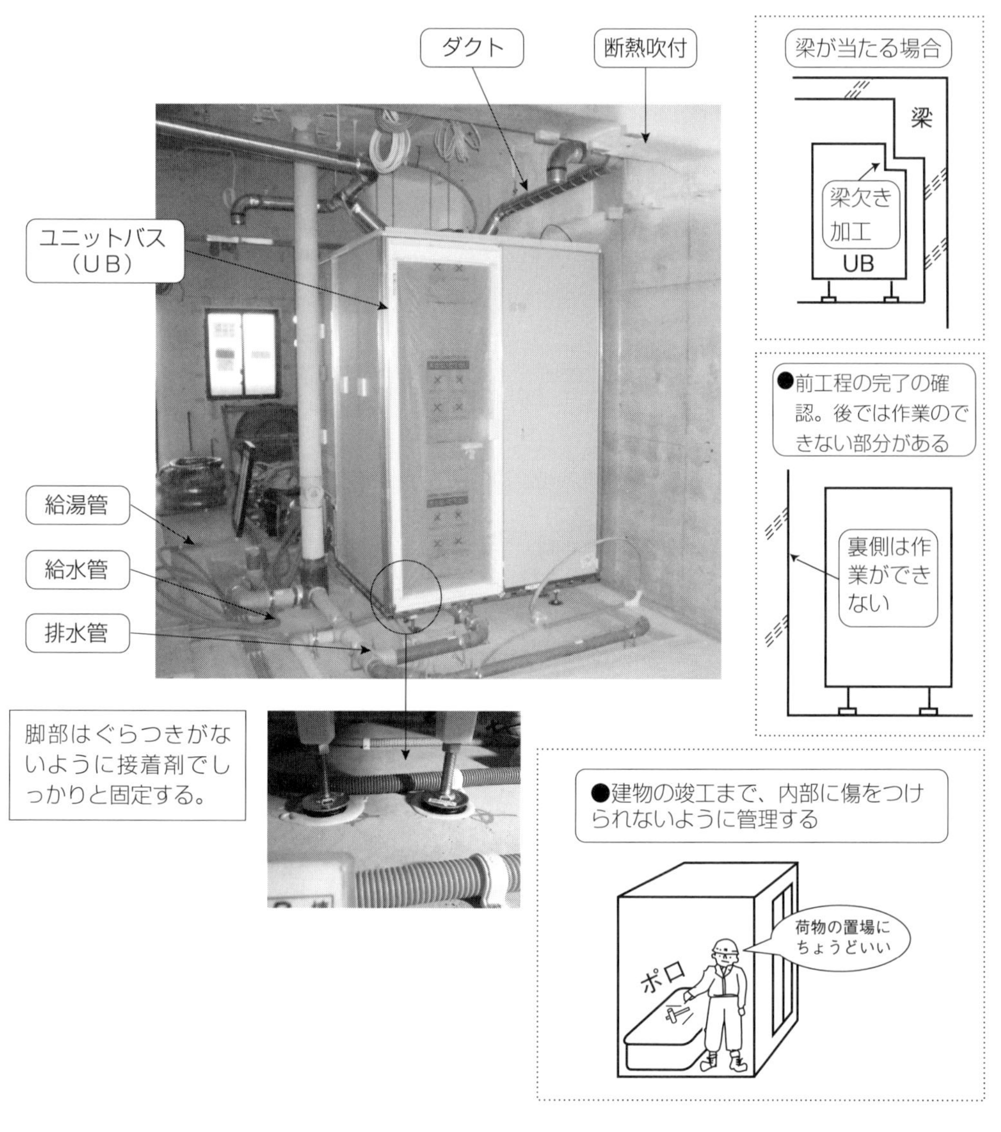

新人の立場

- 据え付け場所が、きちんと片付いていること。
- 前工程を理解し、設備工事や場合によっては断熱工事などの完了を確認する。
- 位置決めの墨出しをするときに、なぜその寸法であるか理解してみよう。

(25) タイル工事

タイル工事は事前に割付け図を作成し、切りものが入らないようにする。タイルで一番問題となることは、タイルの剥離であり、納まりや下地のチェックを十分に行っておく。

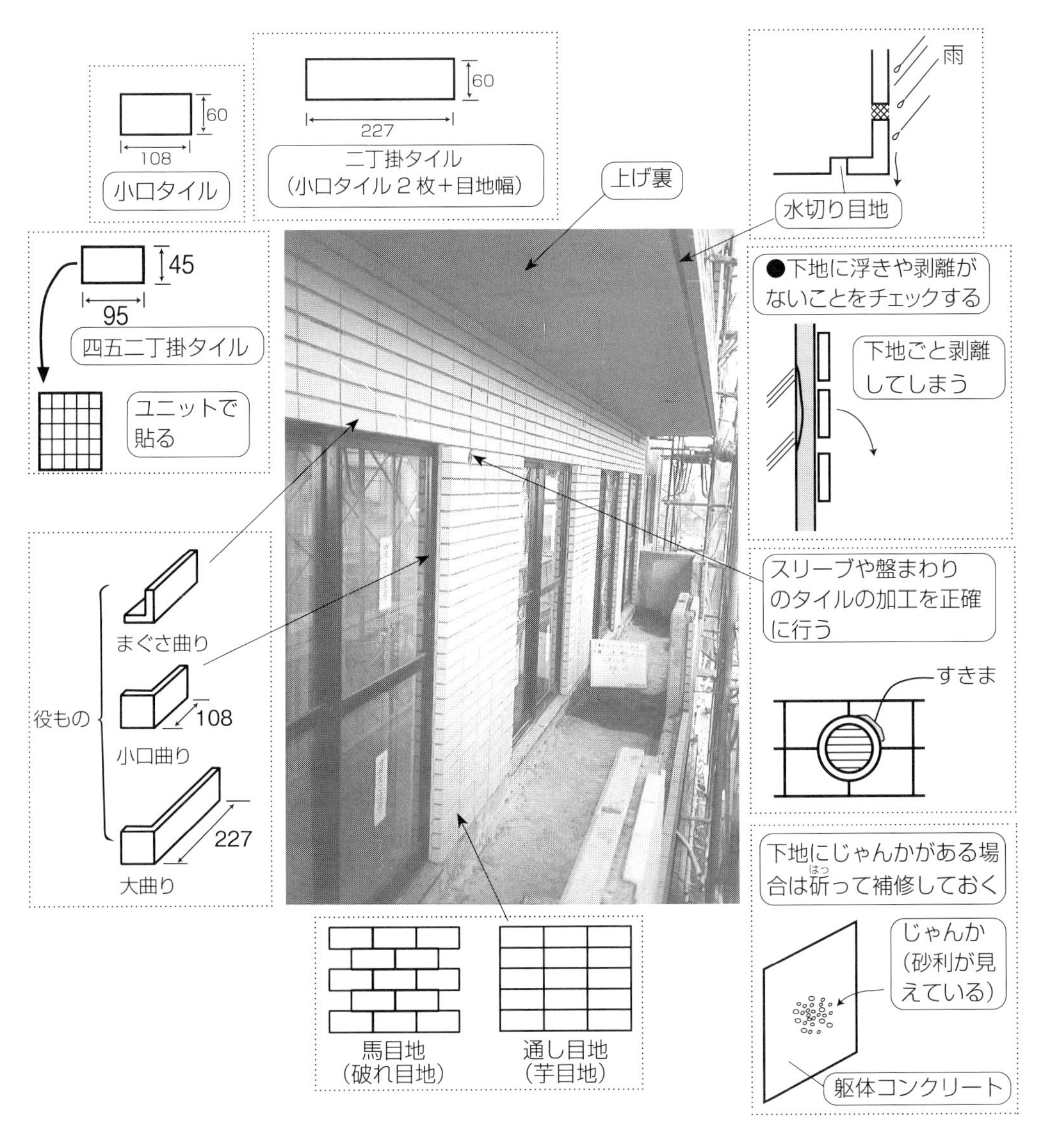

新人の立場

- タイルの種類と名称を覚える。
- タイルと目地の寸法を記録しておく（タイルの割付図を書くときに役立つ）。
- 下地に欠陥がないか、チェックできるようになろう。

(26) 塗装工事

塗装は非常に薄い膜であり、その仕上りは下地の状態に左右される。良い下地が良い仕上りをつくることを、肝に命ずべきだ。また、鉄とか木とかコンクリート面とか、下地に適した塗装の種類を選ばねばならない。

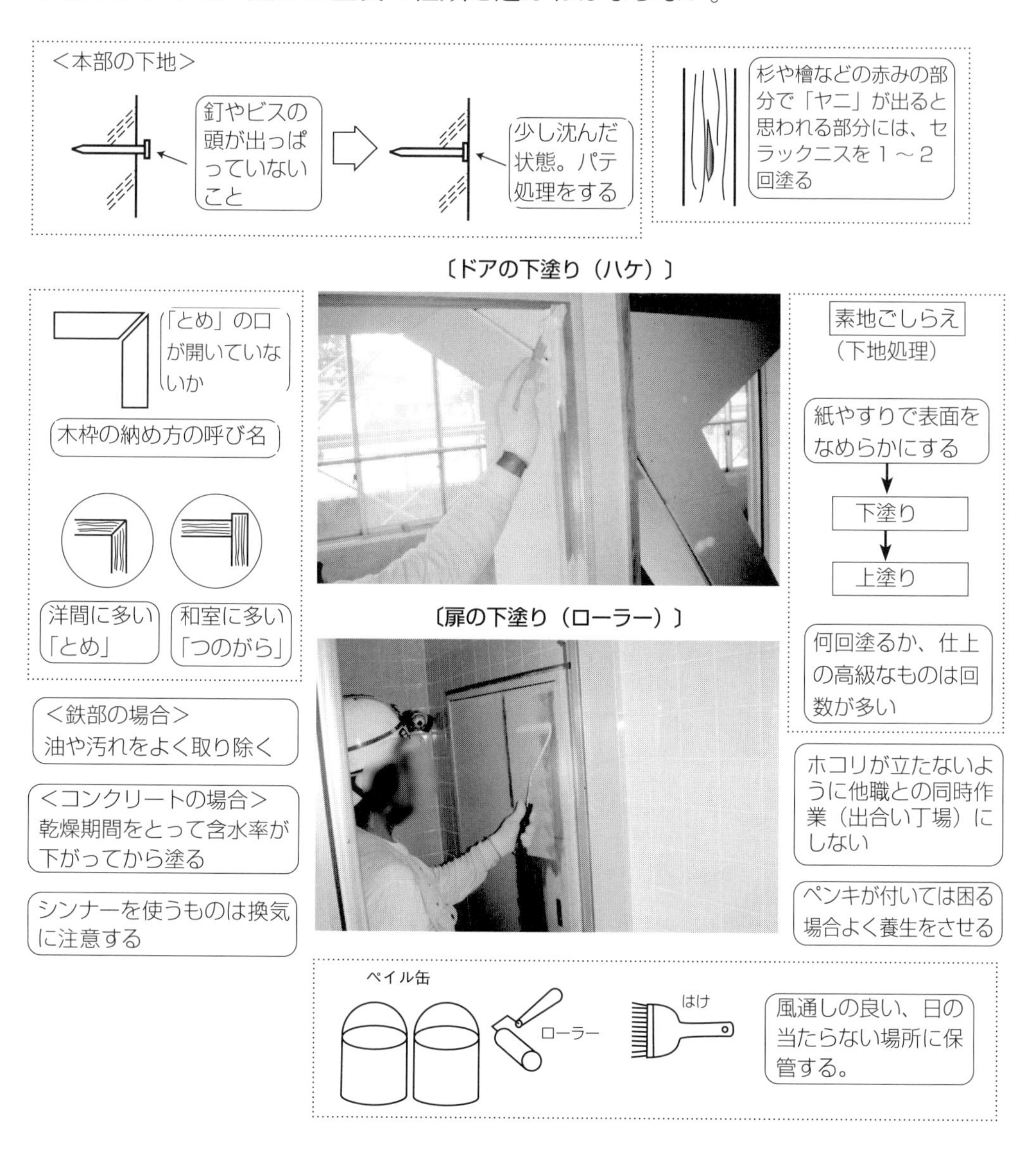

新人の立場

- ペンキの種類を知り、性質を知っておく。（コンクリート面にオイルペイントはダメなど。）
- ペンキ業者が入場前に、下地のチェックをしておく。（釘の出っぱりや汚れがないかなど。）

(27) 床工事

床は人が常に歩行するところであり、「床鳴り」（歩くと音が出ること）が起こらないように施工に注意する。最近は「バリアフリー」ということで、高齢者に配慮して、段差のない床仕上げが増えている。

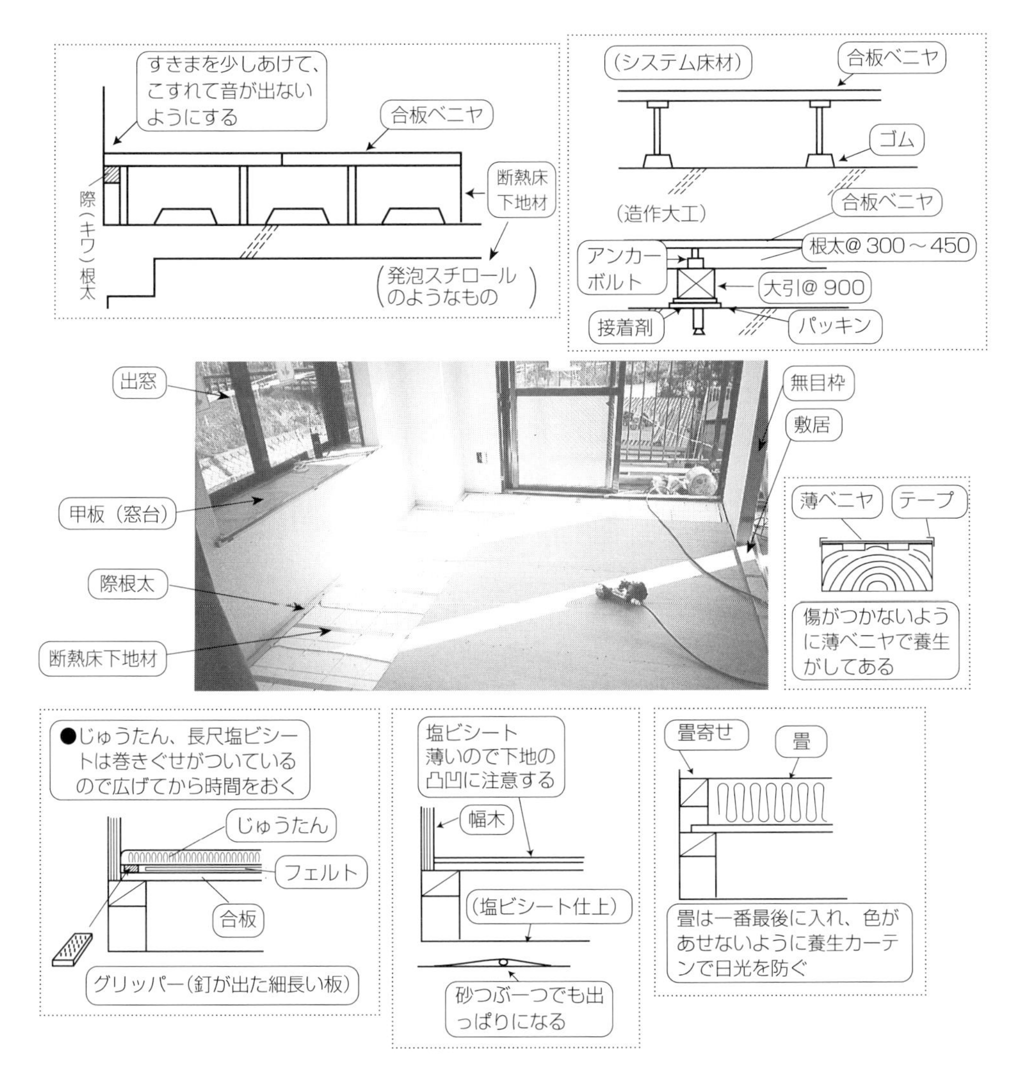

新人の立場

- 床を貼る前には、きちんと清掃をしておく。
- 貼り終ったら体重をかけて歩きまわり、床鳴りがないかチェックする。

(28) クロス工事

材料には塩ビ製・布製・紙製などがあり、汚れ防止機能や防カビ機能のついたものもある。一般の呼び方として「クロス貼り」と総称している。

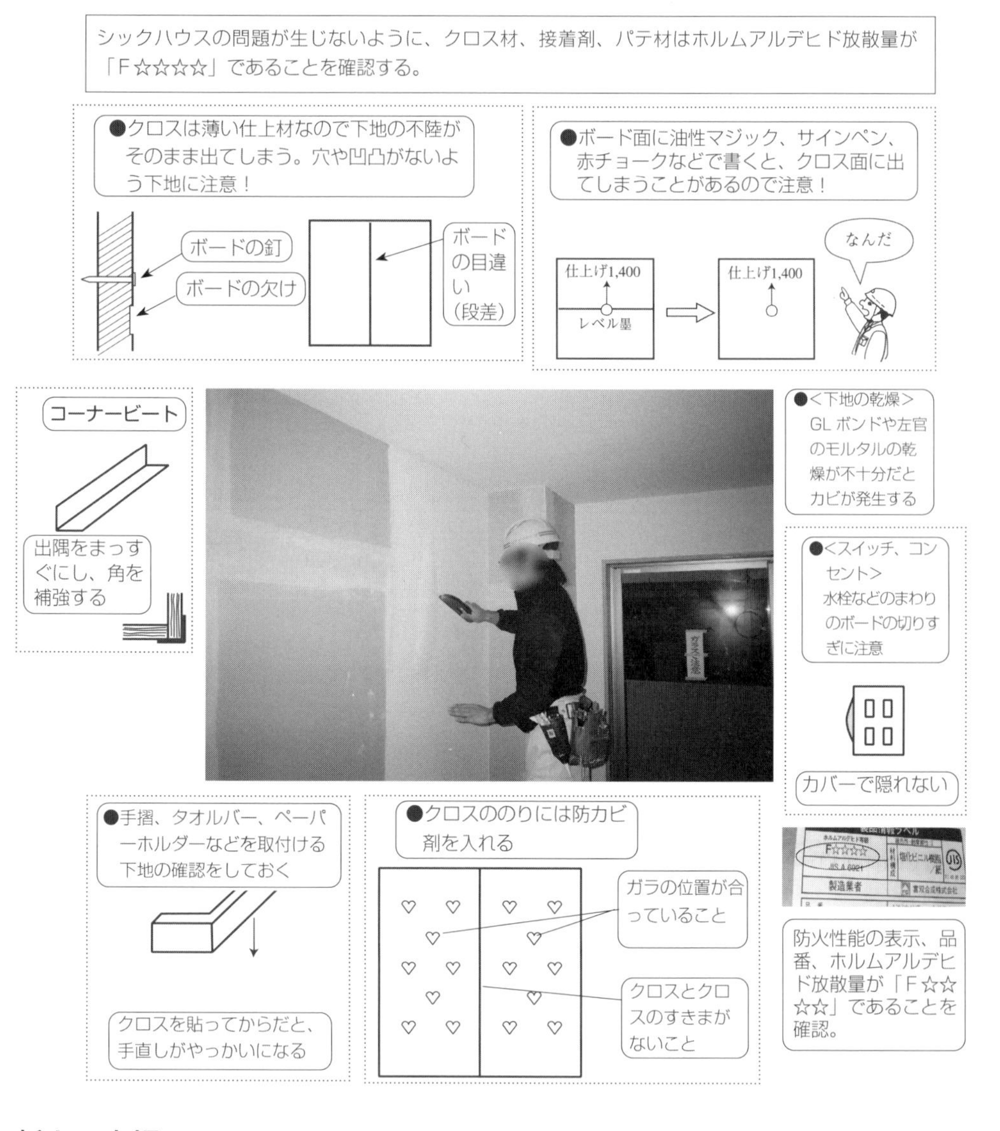

新人の立場

- クロス工事は仕上工事の最終段階であり、室内がよく片付いていることが仕事の作業性を高める。職人が働きやすい環境をつくるよう心がける。
- クロス工事は下地の欠陥を隠さない。入場前に下地のチェックをよくしておく。

4. 施工場面の実務知識【設備編―電気設備工事】

(1) アース板工事と避雷針工事

アース板は電気を大地に逃がす役割がある。建物に避雷針が付いている場合には、アース板と避雷針が接続されて、落雷の電気を大地に逃がす。アース板の設置基準があるので、その条件を学ぼう。

電気設備工事の最初の段階の工事が接地工事（アース板・アース棒の設置）だ。

建物の構造体である鉄筋や鉄骨も落雷を伝導する手段として使われる。

水分の多い土質であれば接地抵抗値が低く、電気が逃げやすくなる。

乾いた土質では接地抵抗値が高くなり、基準を満たさないので、深く掘り下げたり薬剤を使ったりする。

アース板と避雷針は接続されている。

避雷針は落雷から建物やキュービクルなどの設備機器等を守っている

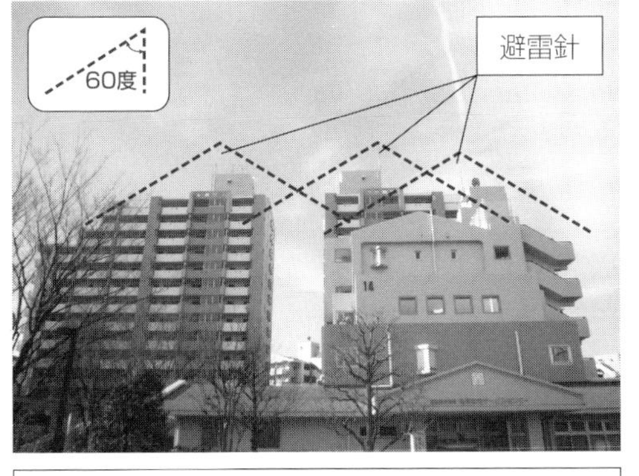

避雷針は60度の範囲に建物等が納まるように設計されている。

新人の立場

・設置工事の種類にはA種からD種まであるので、電気設備技術基準を確認しておこう。

(2) コンクリートへの埋め込み配管

建物の躯体工事中に電線を通す配管をする。鉄筋工事、型枠工事などと同時進行する作業なので、工程を把握しながら時期を逃さずに施工しなければならない。まずは躯体工程の流れを理解しよう。

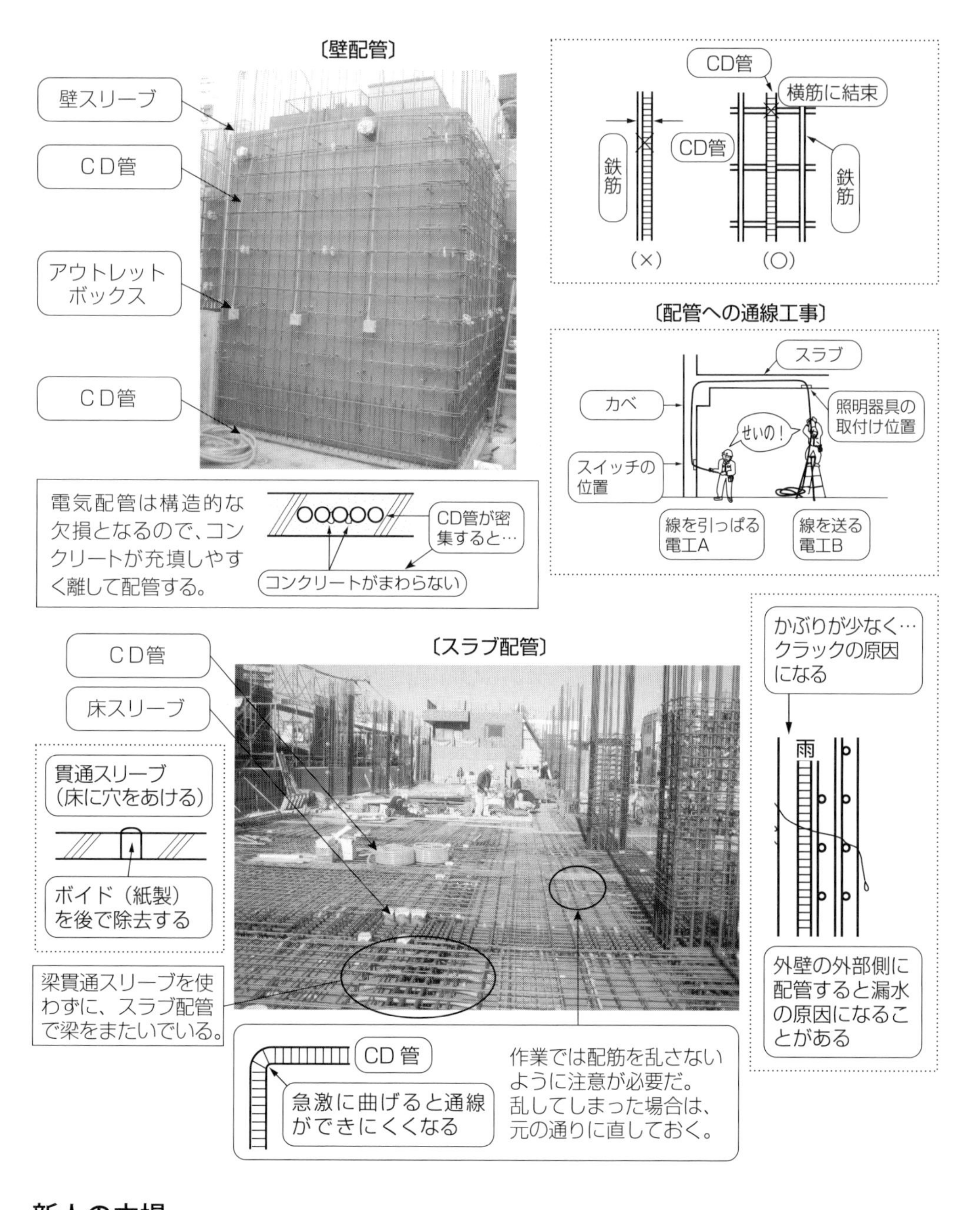

新人の立場

・配管同士が近接するとコンクリートが充填しづらくなるので注意しよう。

(3) 内装工事前の配線工事

躯体の型枠が解体された段階で、先行できる配線をしておく。壁下地や天井下地が作成される前に、配線の位置に束ねておく。できるだけ先行して作業を行っておくことが大切だ。平面詳細図で内装工事の位置を確認しよう。

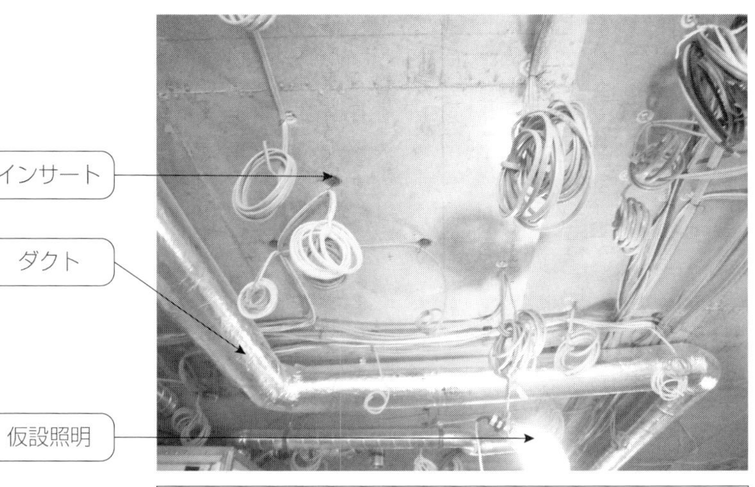

電線の配置位置にあらかじめインサートを入れていて、電線を留めている。

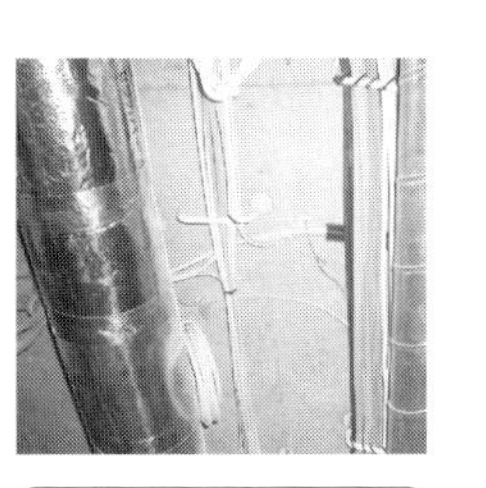

電線がまとまってくると、電線を吊る金物を使う。

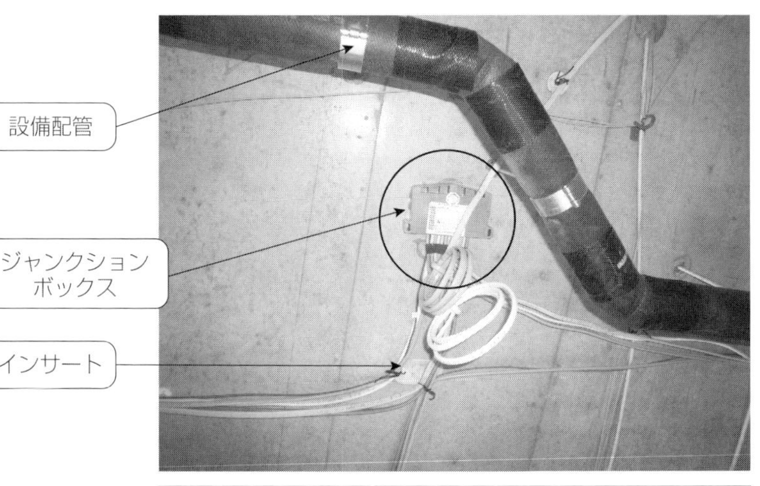

施工図から電線を事前に切断し、製造工場で電線の端部に差し込みできる器具をつけることで、現場での電線の加工や接続作業を省力化している。

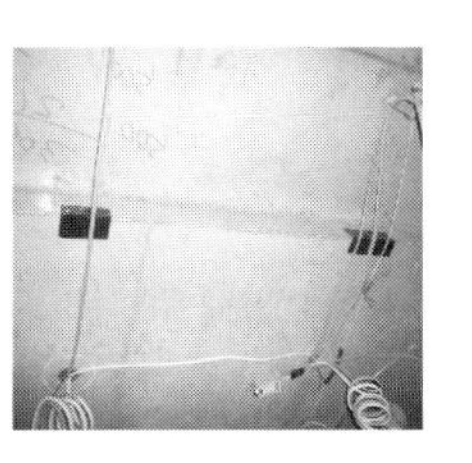

コンクリートの出隅に電線があたると、電線にストレスがかかり劣化するので、テープを貼って保護する。

新人の立場

・建築工事の位置に電気設備が組み込まれるので、電気工事の施工図と現場の状況を照合できるようになろう。

(4) 内装工事中の配管工事

間仕切り工事、天井工事の進捗に合わせて、配管工事、配線工事、ボックス付け工事などを進める。下地ができたらボードが張られる前に施工する。建築工程の進捗を把握しておくことが大切だ。

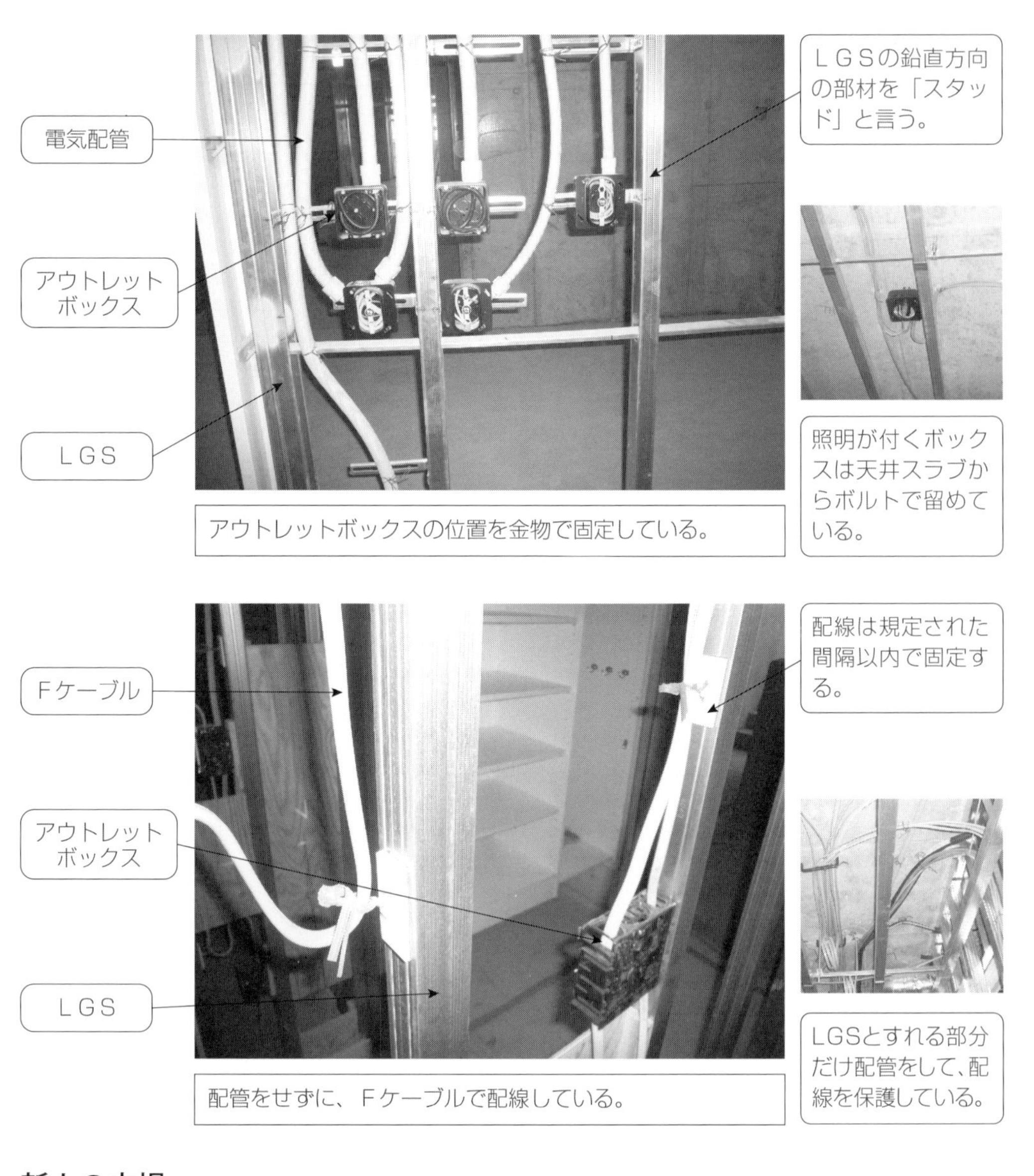

アウトレットボックスの位置を金物で固定している。

配管をせずに、Fケーブルで配線している。

新人の立場

- ボックスの位置を間違えないように電気施工図と建築図面を照合しておく。
- 床仕上げからのレベル、ドア枠からの離れ寸法など、しっかりと施工図を確認して指示する。

(5) ボードの穴あけとプレート取付

ボード張りが終わったらすぐにボックスの穴あけを行う。クロス工事のパテ処理が入ってからだと、穴をあける振動でパテを破損する恐れがある。ボードが張られても位置がすぐわかるように、床に墨を出しておく。

ボードの穴あけ後、クロス工事のパテ処理が終わった状態。

壁紙などの仕上材が張られたら、ボックスに金物を付けて、カバープレートをつける。

新人の立場

- ボードに間違えて開口をあけないように、位置を追い出せるように墨をだしておく。
- チェック漏れが無いように、チェックする順序を決めて実施する。

(6) キュービクルと高圧キャビネット

電気工事において受電は重要な1つのゴールになっている。建物に電気が送られて照明や電気機器などが活用できる。受電日を目指して、最後の追込みをするのが電気工事である。受電するための準備事項を、しっかりと把握しておこう。

キュービクル(受変電設備)は50キロワット以上の電気量の場合に、高圧電力で購入し低圧電力に変化する設備です。

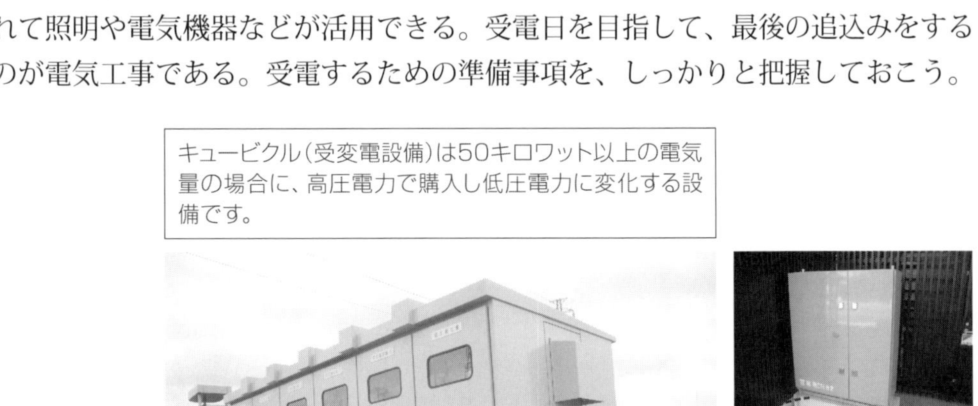

〔キュービクルの裏側〕

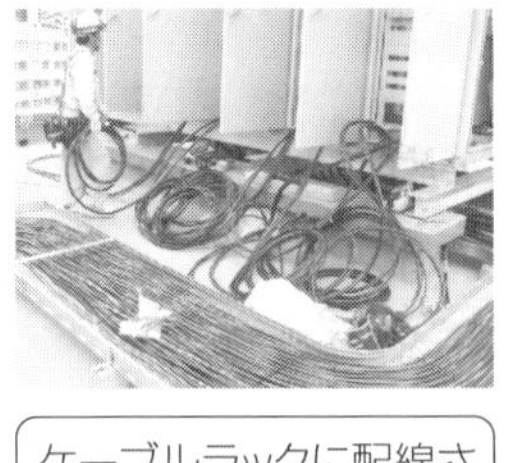

新人の立場

- 電気は目に見えず、接触しなくても感電してしまうことがある。受電後は非常に危険なので、勝手に扉をあけないこと！

5. 施工場面の実務知識【設備編─機械設備工事】

(1) スリーブ工事

建物の躯体を貫通して配管やダクトを施工するので、躯体工事前に建築、電気設備、機械設備の総合的な検討をして、貫通位置を決定し、スリーブ図を作成しておく。工程的に遅れないように管理をしよう。

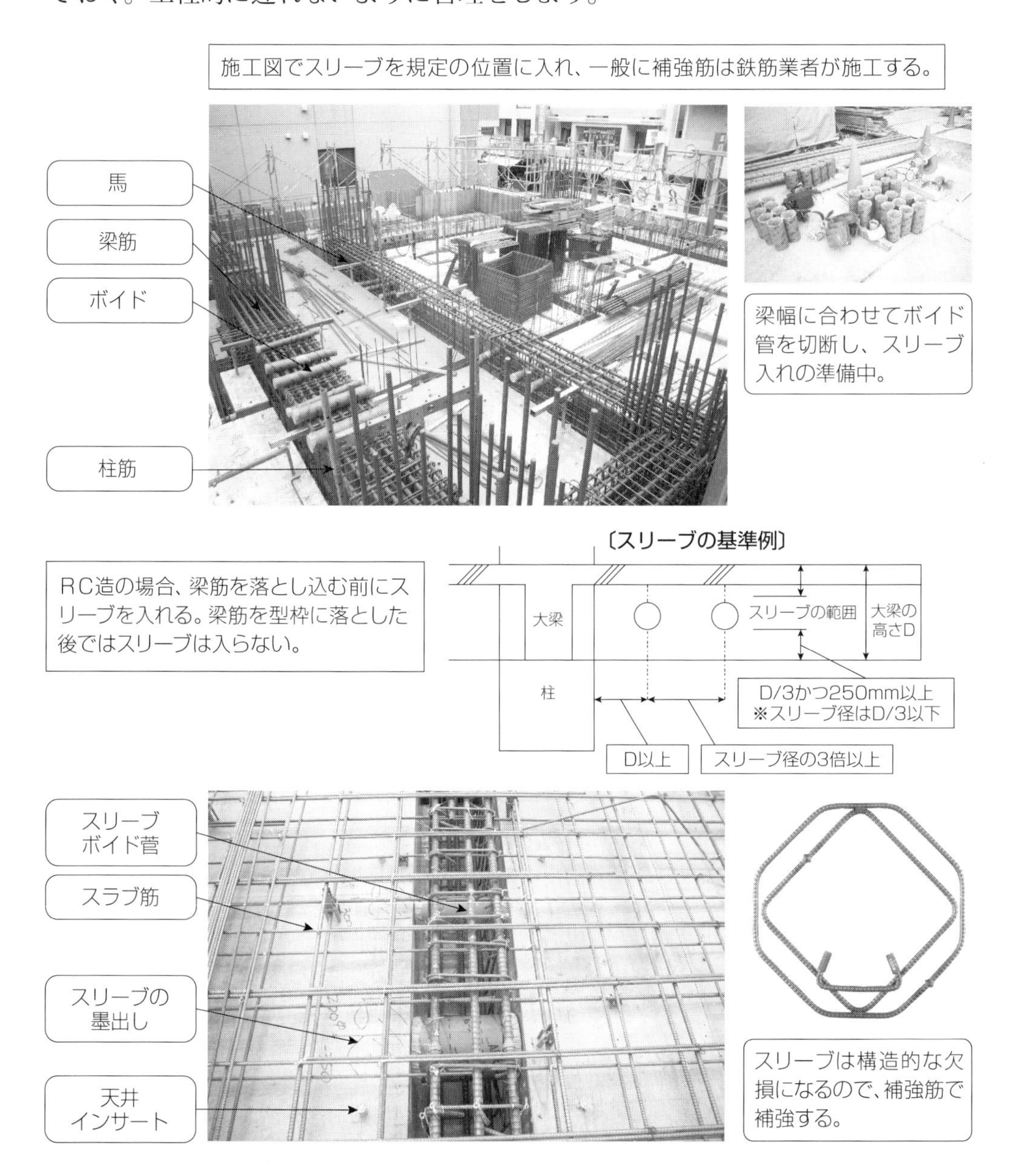

(2) パイプスペース

躯体工事前にパイプスペース内の納まりを検討する。パイプスペースは各階同じ場所に設置し、建物の縦配管を納める。火災時に縦に火災が広がらないように、各階のスラブにすき間が無いようにしっかり管理しよう。

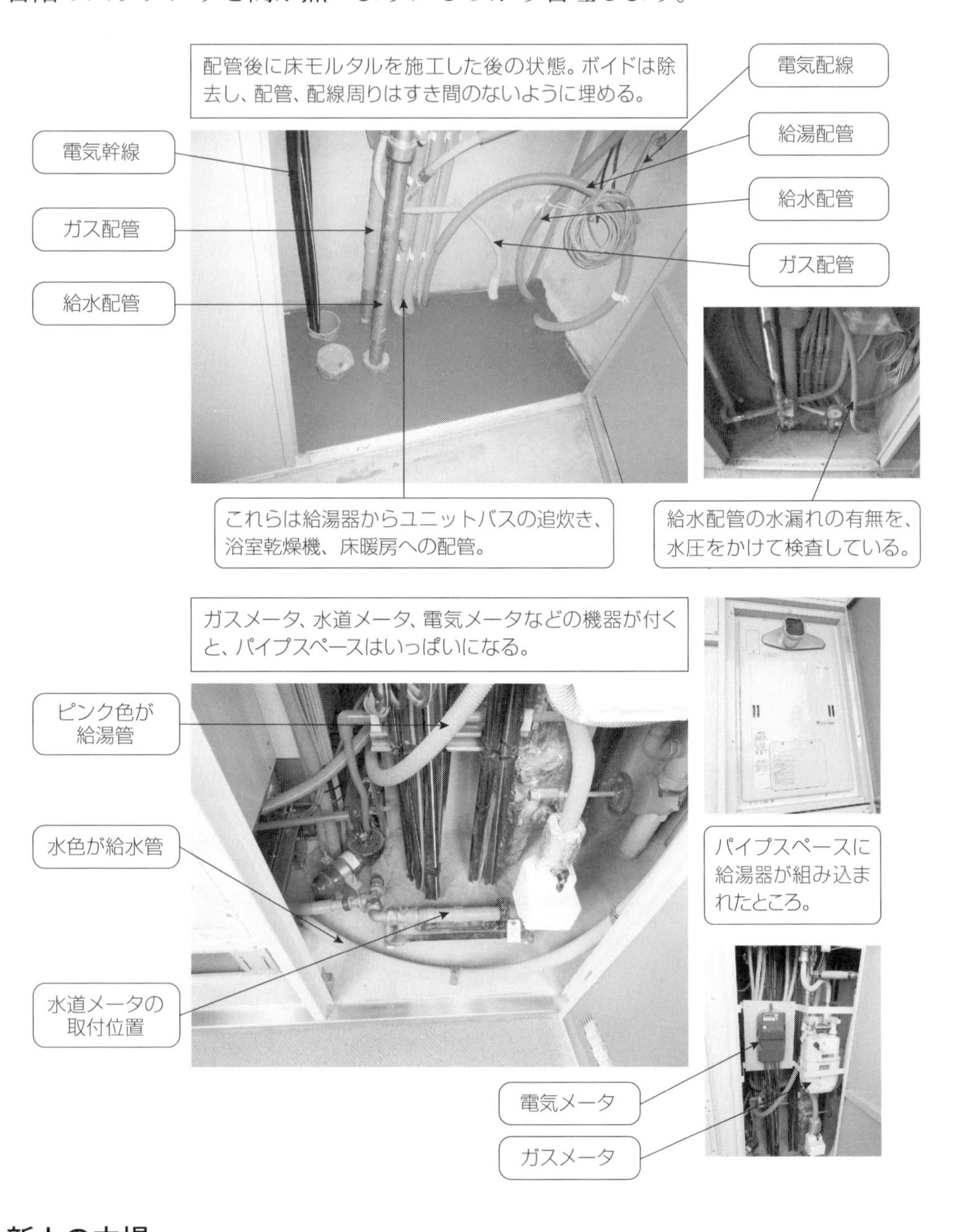

新人の立場

- 建物内でどのように配管がつながっているのかを確認しましょう。
- 水平区画にすき間がないかチェックしよう。

(3) 床配管

排水勾配の精度を確保するために、排水工事が優先される。給水や給湯の配管は、勾配は関係ないので配管ルートを定めて配管する。施工図と現地の配管状況を照らし合わせてみよう。

配管は色を変えて接続間違いをなくすようにしている。水色は給水、オレンジやピンクが給湯、クリームがガス、追い炊きや床暖房が緑になっている。

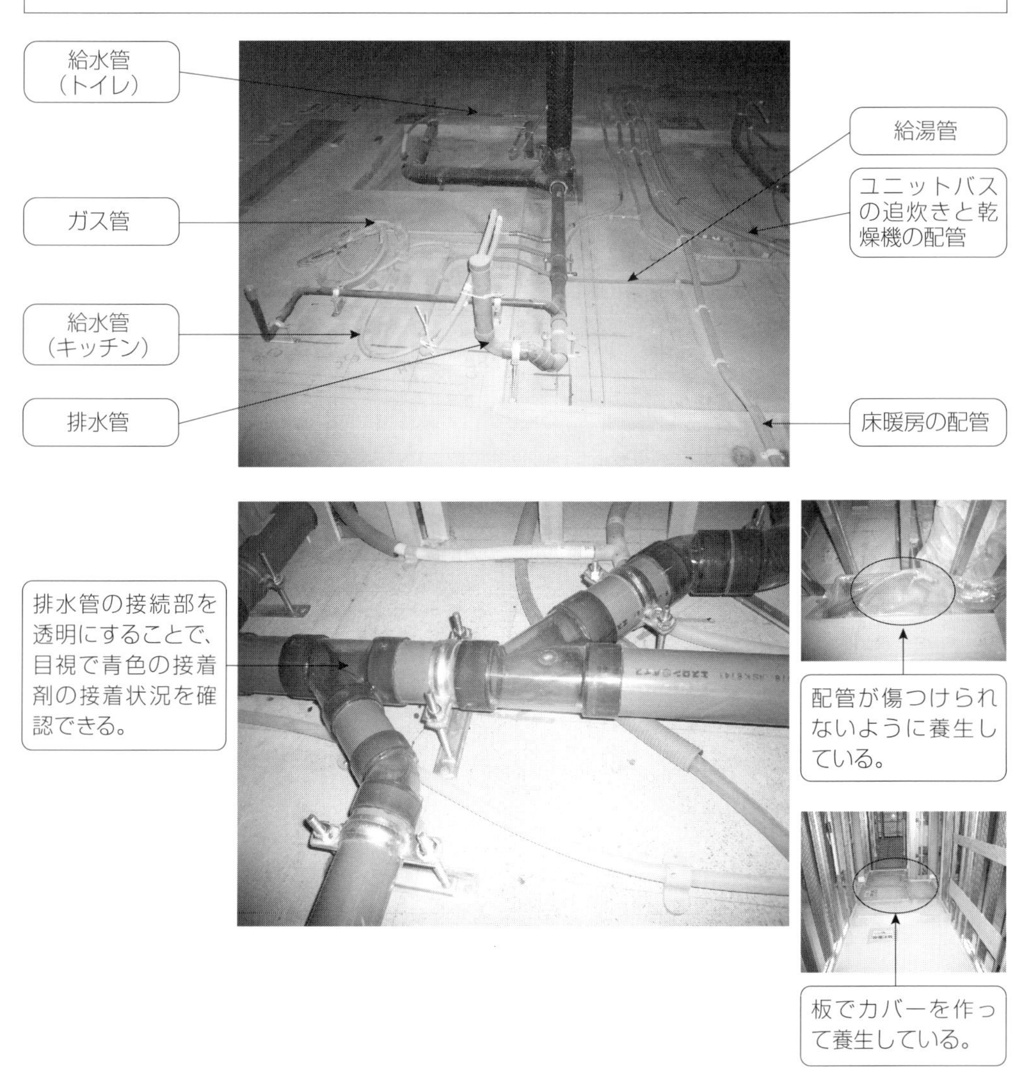

新人の立場

- 排水管の水漏れがないように、接続状況を確認しよう。
- 排水管の勾配を水平器で確認し、合格シールを貼ろう。

(4) トラップと通気口

縦の排水管を排水が落下するときに、管上部が閉塞して密閉された状態であると、排水管内の空気圧が減圧されて、トイレなどの枝管のトラップの封水(ふうすい)を吸い出してしまうことがある。管内が減圧にならないように、排水管の最上部には通気口を設ける。排水のしくみを確認しよう。

トラップにたまった水を「封水(ふうすい)」といい、排水管からの臭気や、場合によっては虫などの侵入を防ぐ。

新人の立場

・屋上の通気口はスラブを貫通するので防水上の弱点になる。どのように防水層と通気口を納めているか確認しよう。

(5) ダクトと保温材

ダクトは排気ダクトと給気ダクトがあり、曲がった部分に空気がぶつかると、抵抗により送る風量が減少するので、鋭角に曲げないように加工する。ダクト内の水蒸気は冷えて結露するので、キッチンなどの排気ダクトには保温材を巻いている。天井内の納まりを確認しよう。

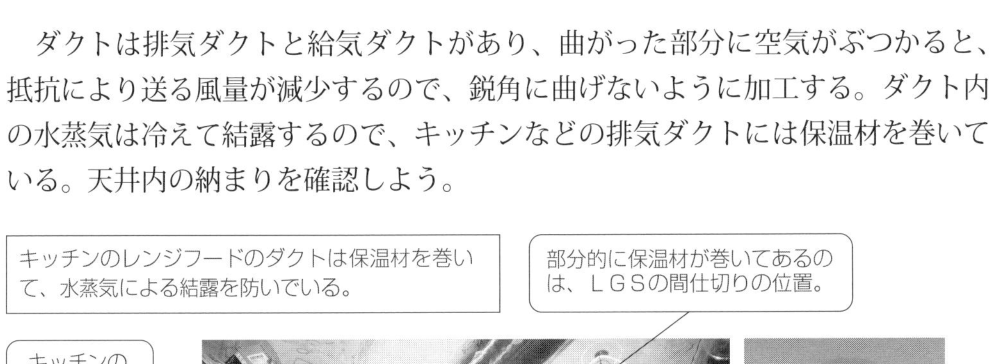

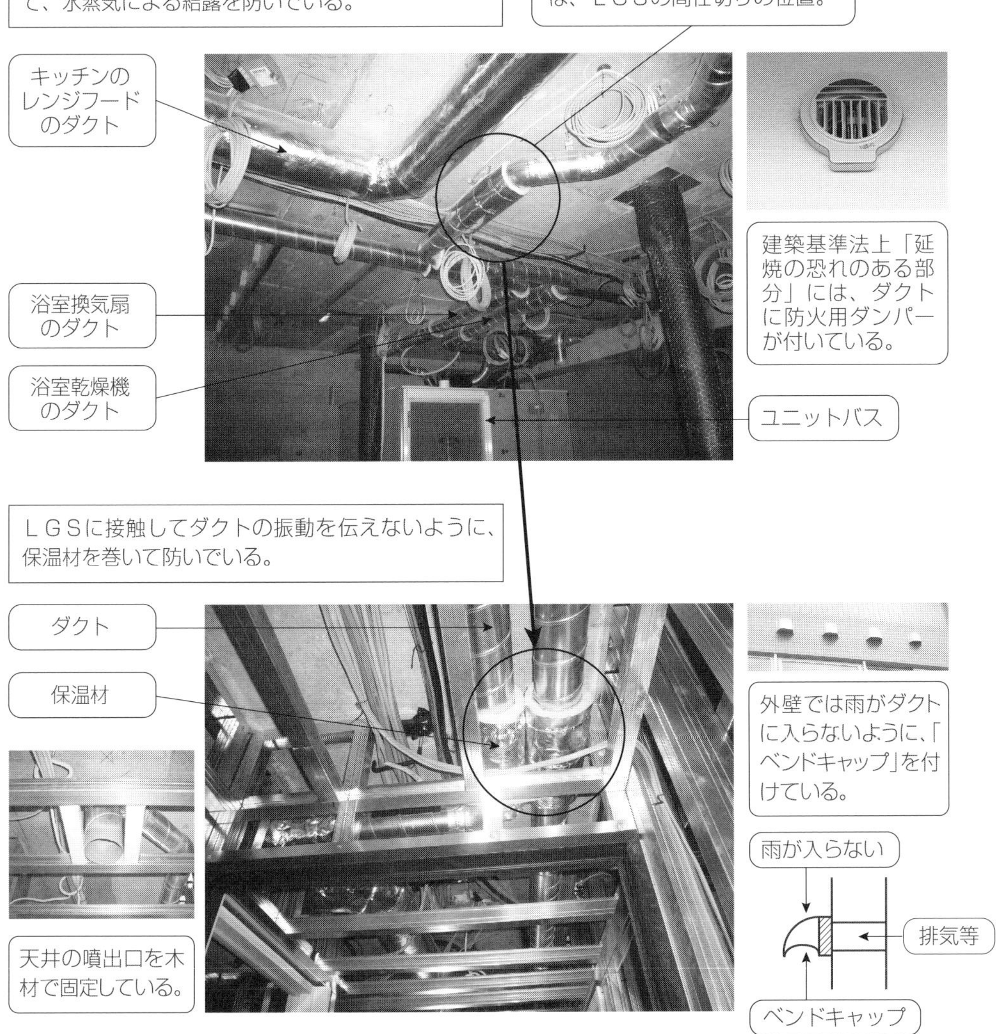

新人の立場

・仕様書通りにダクトに保湿材が巻かれていることを確認しよう。

(6) 受水槽と高架水槽

供給される水圧では水道水が高層まで上がらないので、一たん受水槽に水を蓄積し、揚水ポンプで屋上の高架水槽に揚水する。高架水槽から落差によって各フロアに水を送る。直接給水管からポンプで圧力をかけて各フロアに揚水する方法もある。揚水方法をチェックしてみよう。

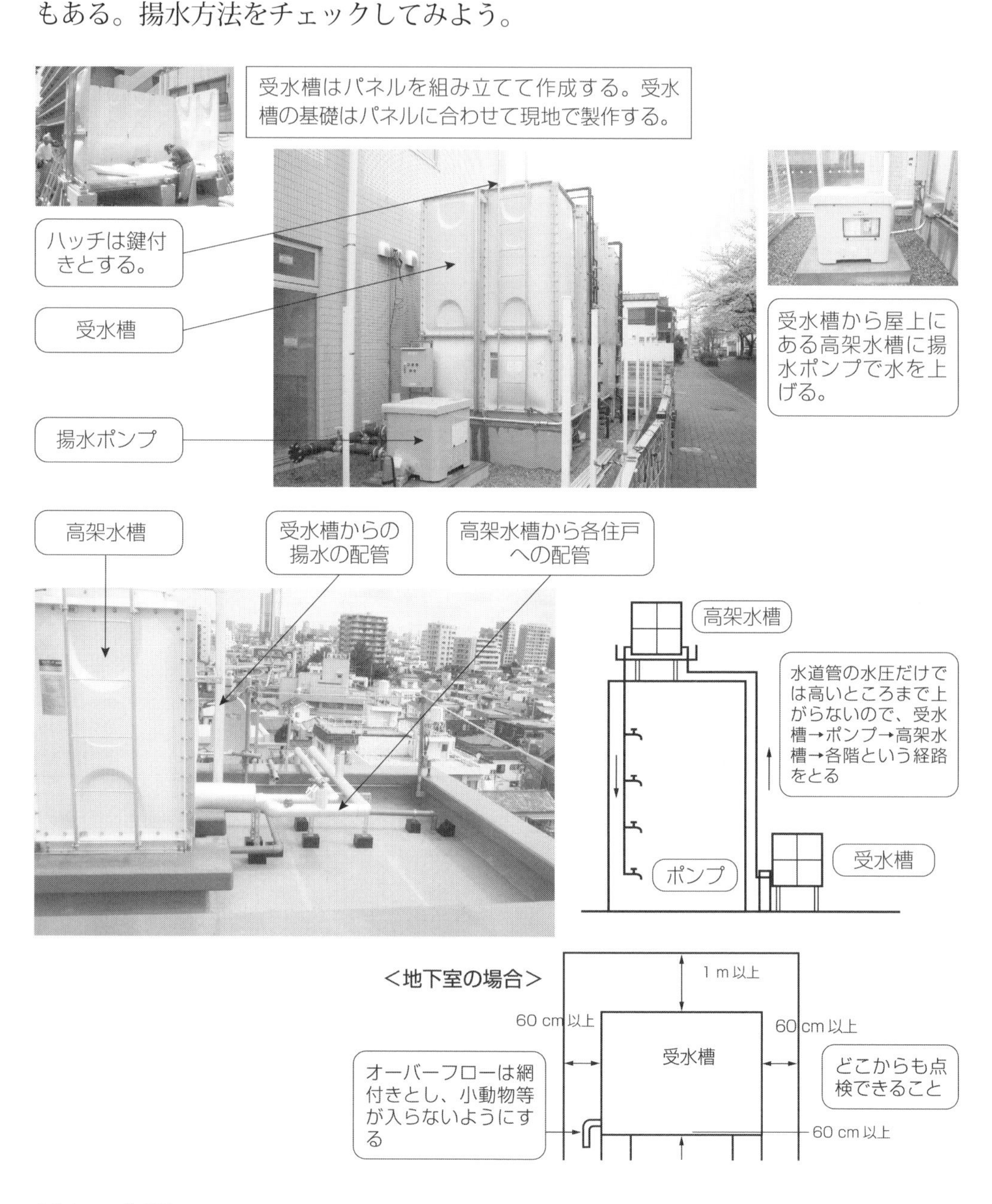

新人の立場

・受水槽や高架水槽に関する法的基準を知っておこう。

(7) 消防設備

消火活動を容易にするために一定規模以上の建物に連結送水管の設置が義務付けられている。送水口、送水配管、放水口で構成され、消防車から送水口に水を送り、建物に設置された放水口からホースにつないで放水する。

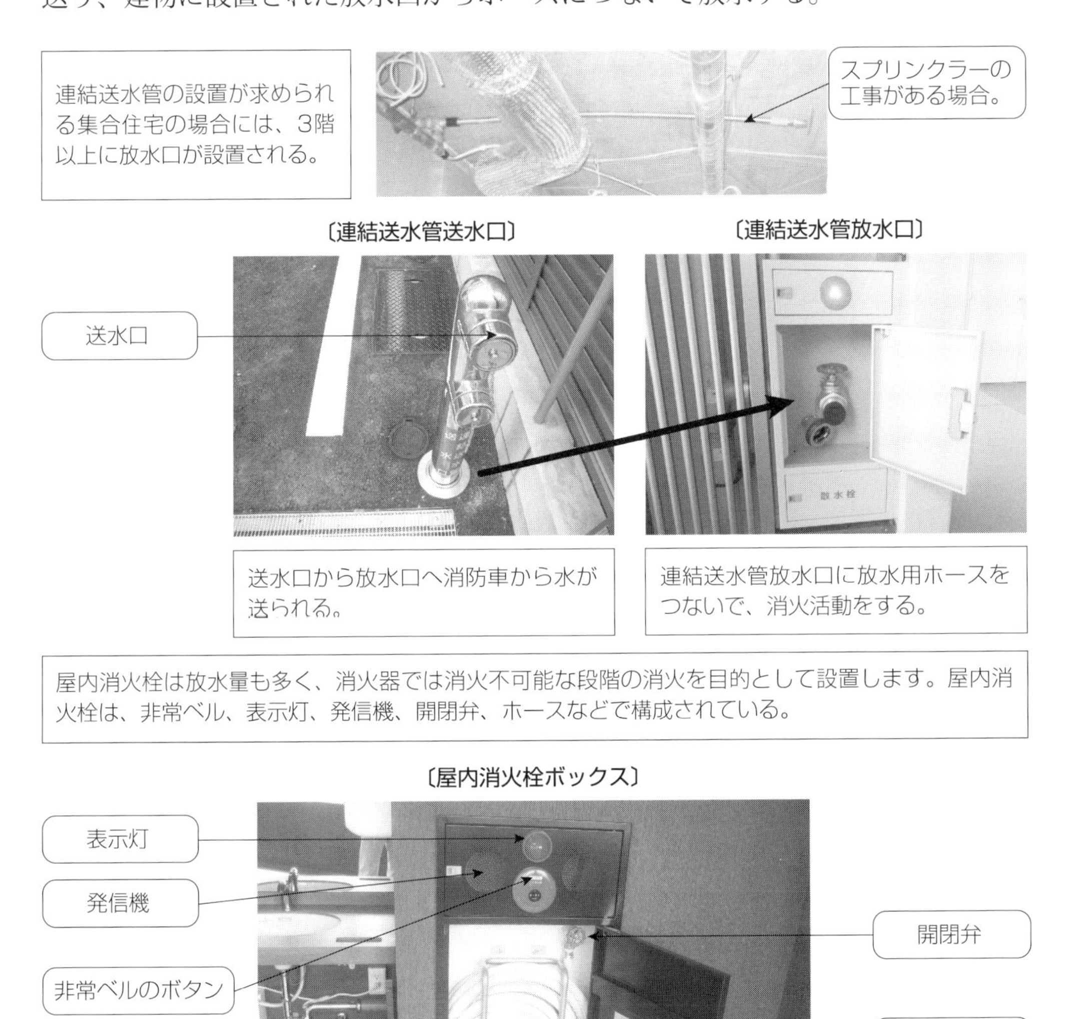

〔連結送水管送水口〕　〔連結送水管放水口〕

〔屋内消火栓ボックス〕

新人の立場

・消防設備士（甲種一類）は屋内・屋外消火栓設備やスプリンクラー設備などの水系消防設備を工事・点検するために必要な資格。取得を目指そう。

6. 施工場面の実務知識【土木編】

(1) 測量

工事を進めるうえで基本となる作業が「測量」である。例えば道路工事において地山を切ったり、盛ったり、あるいは擁壁をつくったりするが、どこから切り出していいのか、高さはどうか、幅はどうか、重機を運転する人が決められた形に整形する基準となる。従って、誤って寸法を記入したり、位置を間違えたりすると「手もどり」という工程を余儀なくされ、大きな損害となる。

測量のやり方もいろいろあるが、機器をあやつることができるだけではダメである。決められた目のつけどころがあり、そこをきちんと確認する必要がある。

①現地調査

設計図どおりの現況になっていないケースがあるので、現地調査を入念に行う。

<オーバーハング状態になっているケース>

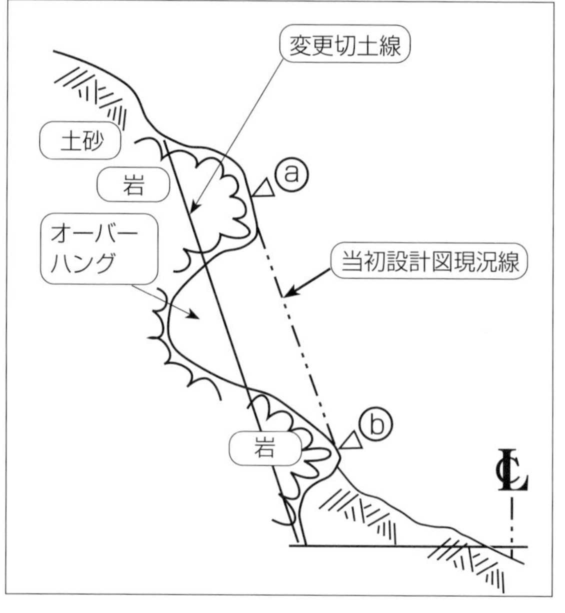

岩の頭ⓐと下部ⓑは、横断測量時、機器で押さえたがその間を無視して線を引いてしまったケースである。

⇩

<検討>

- 突出したⓐの岩を残すと危険な場合、切土線を変更する。
- 下部の岩はⓑが崩れやすい場合や、オーバーハング箇所が弱層（劣化が進んでいる）の場合は、路線を右へ移動させる必要も出てくる。
- 法面（のりめん）保護工事の追加も必要かどうか検討する。

※オーバーハングとは、地盤がえぐれている状態、岩盤などが庇のようにせり出している状態をいう。ちなみに建築では下階よりも上階が張り出して、スペースが広くなるように設計されたものを言う。

②丁張りの手順

■水盛遣方

水盛遣方（みずもりやりかた）は切土や盛土のときに使う。まず杭を打ち込み、杭頭にくぎを打つ。これに高さと位置が決まれば、計算の結果斜めのヌキをスラントで設置する。土木に必要な水盛遣方は、理屈よりもやってみることである。

今ではマシンガイダンス、マシンコントロールと呼ばれる建設ICTの技術が普及している。重機がセンサーとGPS等を利用して自動的に掘削や法面整形をしている。それでも、この丁張りは基本の技術なので、しっかり習得しておこう。

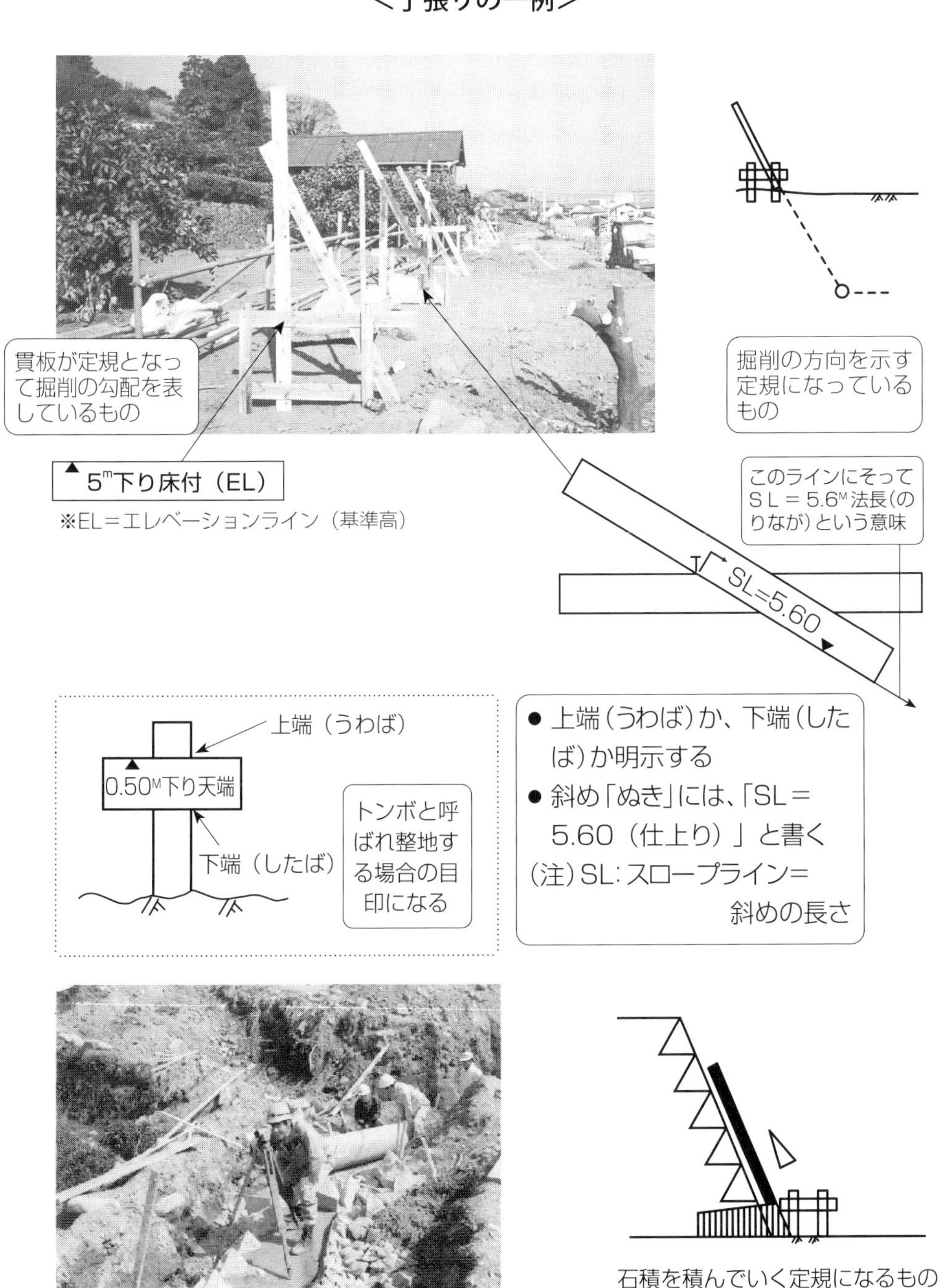

図面を見て、どの位置に切土（きりど）があるかを計算する。それには現地盤（GL グランドライン）を計り、大まかな位置に杭を打つ。そこから貫板（ぬきいた）の位置を算出するのだ。

次に勾配をスラントルール（気泡で示す道具）によって決める。このとき貫板の幅があるので、下端（したば）か上端（うわば）かを明示しておく。

■トンボ丁張り

トンボ丁張りは敷き均し高さを示すとき使う。トンボのような形をしているのでそう呼ばれる。

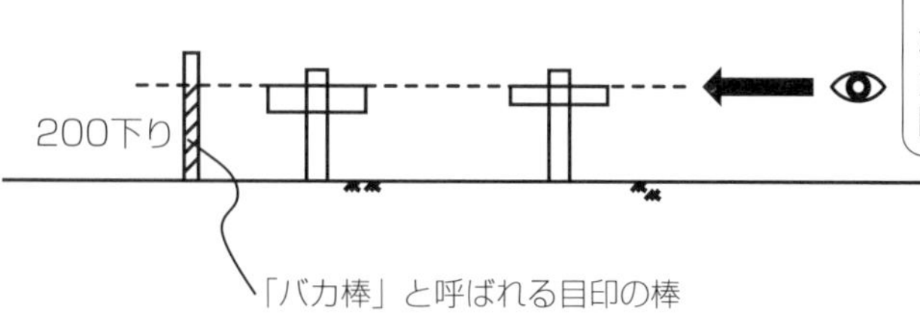

トンボの上端（うわば）が200下りなら、その通りを見通すことで線形が分かるので、測量ミスの有無が判断できる。

③測量の実際

測量については学校で習う機会も多いと思われるが、実務に生かすことが大切である。

水は高いところから低いところに流れるのは当然であるが、実際の現場では逆の勾配にしてしまうこともしばしば起こることである。「計算ミス、スタッフの読み間違い、合図や指示のミス」などで、そのようなことが発生すれば大損害をすることもある。ここでは簡単なレベル測量を学んでおこう。

■測量作業のポイント

- 作業の順序に合わせて遅れないように位置、高さを出してやることが大切だ
- レベルは必ずチェック（校正）されたものかどうかを確認しておく（反転して気泡のズレをチェックすれば大方わかる）
- 図面を見て、レベルブック（野帳）に測量する場所、高さを事前に記入して、現状と図面に食い違いがないかを必ず確認しておく

< B.M のチェック >

< B.M（ベンチマーク）>

図面に明示された高さは基準高さになっている。この高さは絶対値であるので、その高さを近くのB.M（発注者から指示、指定される）からもってくる必要がある（仮B.Mともいう）。工事現場の見通しのよいところに動かないように柵や目印をつけて大切に扱う。定期的に仮B.Mはチェックしなければならない。

■測量（レベル）の作業手順

〈G.H（地盤高）を測定する場合〉

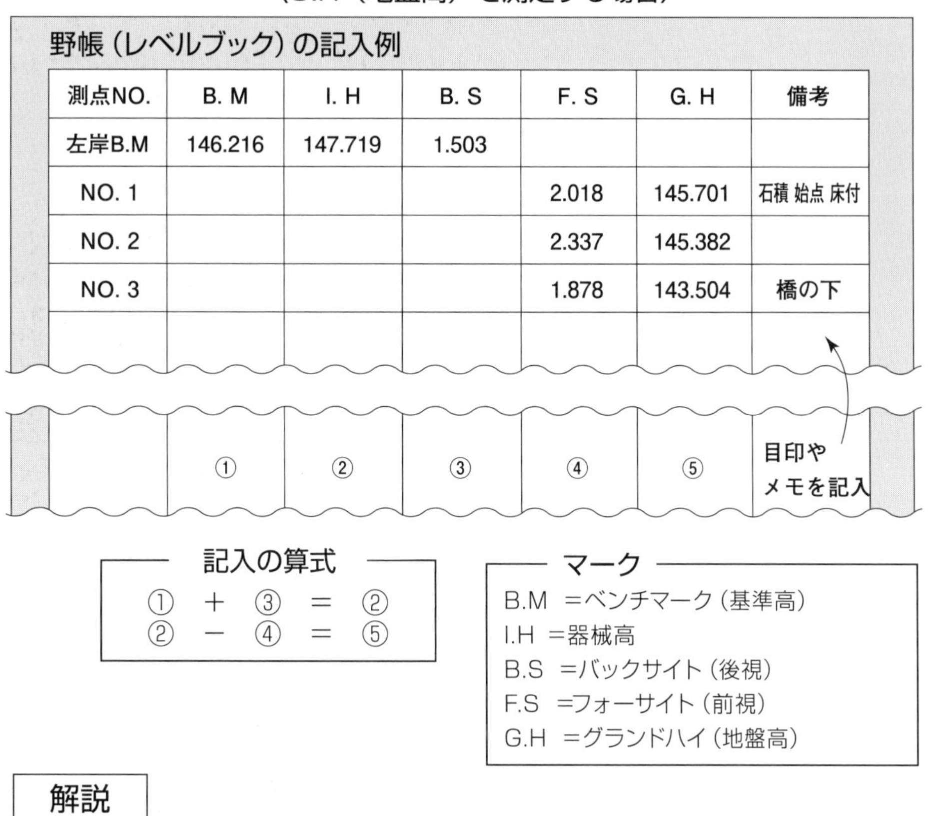

野帳（レベルブック）の記入例

測点NO.	B. M	I. H	B. S	F. S	G. H	備考
左岸B.M	146.216	147.719	1.503			
NO. 1				2.018	145.701	石積 始点 床付
NO. 2				2.337	145.382	
NO. 3				1.878	143.504	橋の下
	①	②	③	④	⑤	目印やメモを記入

記入の算式

① ＋ ③ ＝ ②
② － ④ ＝ ⑤

マーク

B.M ＝ベンチマーク（基準高）
I.H ＝器械高
B.S ＝バックサイト（後視）
F.S ＝フォーサイト（前視）
G.H ＝グランドハイ（地盤高）

解説

基準高であるB.Mにスタッフを立てて、その読みをB.Sに記入する。
「①＝146.216」に「③＝1.503」を足すと、「②=I.H ＝ 147.719」が計算される。これは「②器械高（レベルの視準高さ）」であるので、ここから「④=F.S」を引くと、各測点の「⑤=G.H」が算出される。この測量作業の略図を表示すると次のようになる。

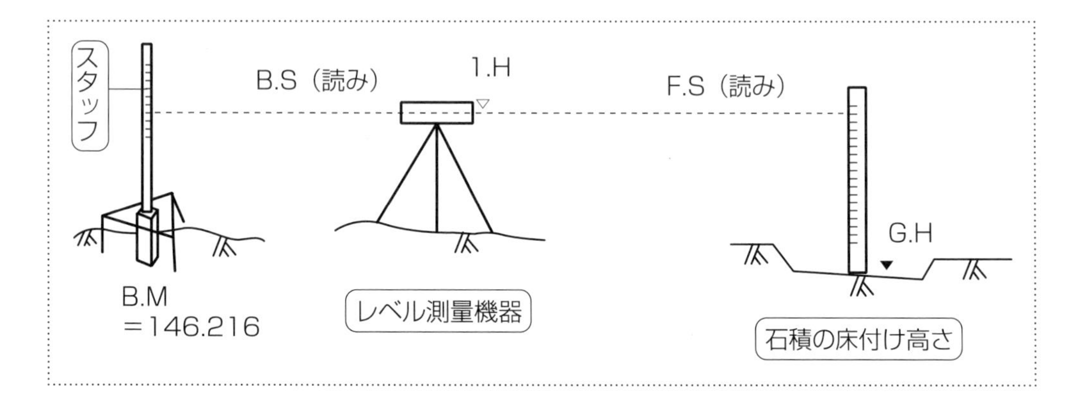

応用

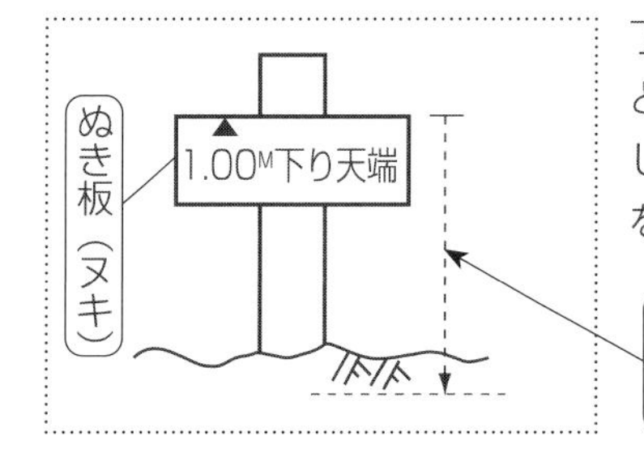

丁張りの高さを決めてみよう。
とんぼのぬき板（ヌキと呼ぶ）に1.00M下りの天端の表示をしたい。設計天端高さは144.000である。スタッフの読みをいくらにしたら、このぬき板を釘で打ち固定したらよいか。

▲より 1.00M 下がったところが整地の高さになることを示している。

＜作業の流れ＞

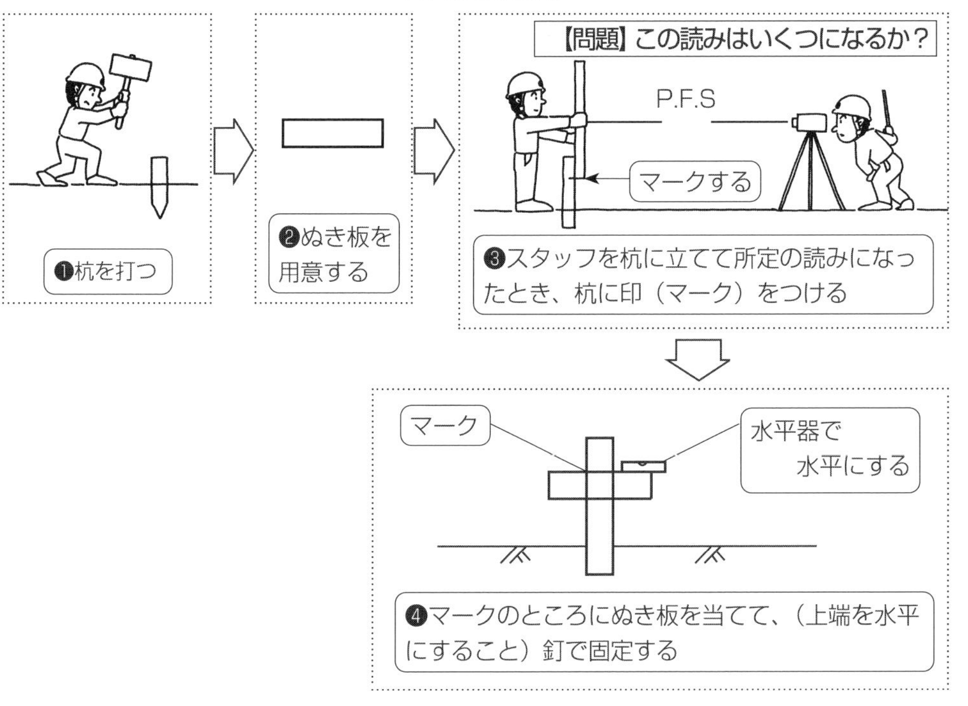

測点NO.	B. M	I. H	B. S	F. S	F. H	備考
左岸B.M	146.216	147.593	1.377			
トンボ天端	【問題】この場合、「スタッフの読み」はいくつになるか？			P.F.S ?	F.H（計画点端） 144.00	1.00M下り

146.216＋1.377=147.593
147.593 −（144.00+1.00）= 2.593
↑
1.00M下り という表示になっているので
P.F.S（計画したスタッフの読み）は2.593
ということになる。

（注）F.H＝計画高
☆P.H（プラニングハイ）とか呼び名はいろいろある。
記入する場合には他の人に渡して測量の続きをすることもあるので、誰にもわかるように明示しておくこと。

新人の立場

・測量は、土木社員必須条件の１つである。測量をマスターすることにより、作業の進め方が見えてくる。まずは測量の機器、道具の名称、用途からマスターしよう。次に水準測量（レベル）、トランシット測量、丁張出し、トラバース測量（逆打ち）と、実際に自分がチーフでできるように覚えよう。（手元とチーフでは大きな違いだ！）
・測量を実施する際に、設計図面や、数量表をよくみて確認しておこう。
・現地調査を必ず実施し、設計図と実際の現場と差異があるかないかを確認することは重要なことである。
・もし、杭の範囲に抜き板が打てなかったり、スタッフが高すぎて印がつけにくかったりしたら、それは作業しやすいところまで予め整地したり、目安をつけたりする工夫が必要だ。ここは経験次第である。
これらの基本をもとに「盛り替え」、「障害物で視準できない」、「B.M の再チェック」などにどんどん慣れていこう。土木は「初めに測量能力ありき」である。

(2) 支保工

コンクリートや鉄骨など重量物を一時的に載せるための支えを「支保工（しほこう）」と呼ぶ。安全を第一とするため、地盤の強度やクレーンのセット位置を事前に調べ、状況に合わせた作業方法を選ぶことが大切である。

最近では、組立が容易な支保工が使われることも多くなっている。ユニット化されているので、カタログ通りに施工できるが、構造を十分知っておかないと思わぬ事故を引き起こすので、十分注意する必要がある。

a. 仮設計算書と施工計画図を作成して検討する

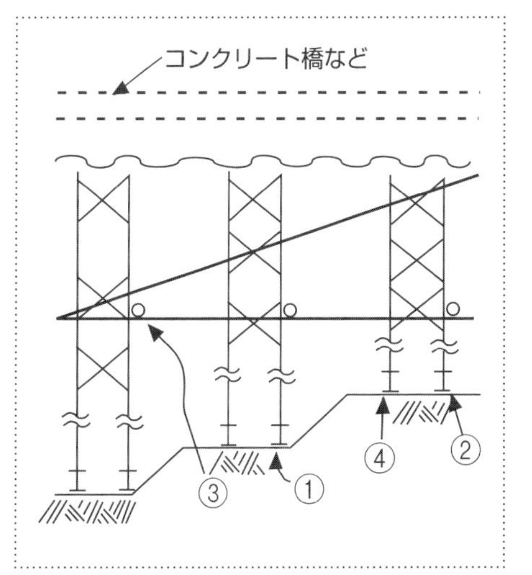

《注意点》（①〜④：左記図表中の番号）

①地盤の強度を確認する。（砕石、砂などを敷均して十分転圧しておく）

②所定の高さから建枠のピッチ割りを行い、高さを引いて床付高さを決めておく。（ジャッキベースで多少の余裕をみておく）

③水平つなぎ、筋かい、根がらみを十分とっておく。（コンクリート打設中に思わぬ水平力が働くことがあるからだ）

④雨で足元が洗掘されないようにする。

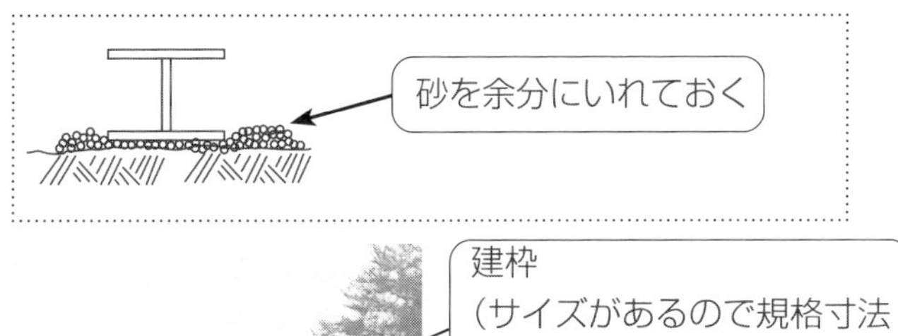

b. 金(カネ)と金(カネ)は避ける

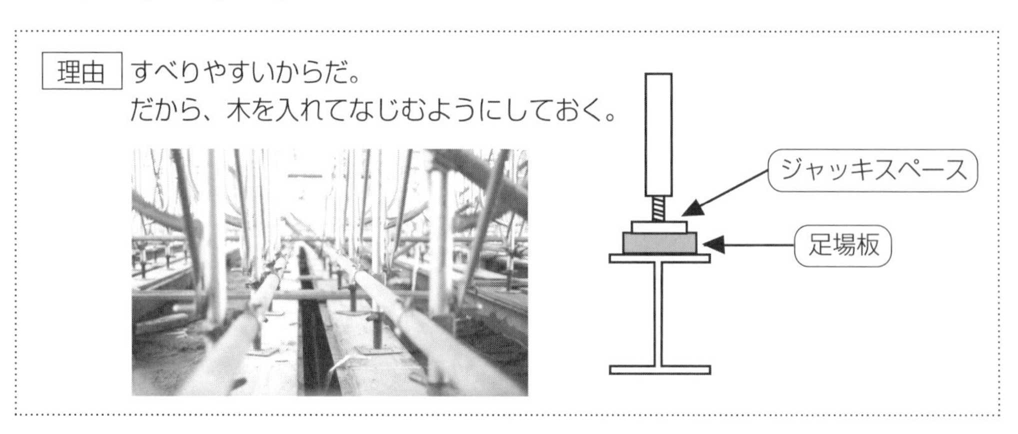

理由 すべりやすいからだ。
だから、木を入れてなじむようにしておく。

c. ジャッキベースが均等に締め付けられているか点検する

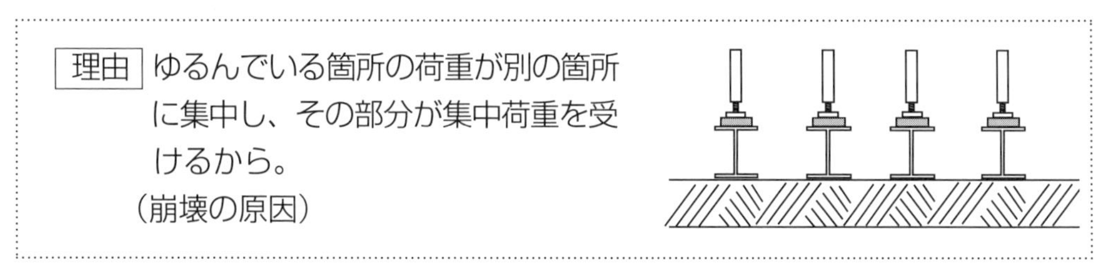

理由 ゆるんでいる箇所の荷重が別の箇所に集中し、その部分が集中荷重を受けるから。
（崩壊の原因）

d. 支保工の考え方を理解する

支保工は、枠組によって地上から立ち上げていくもののほか、構造物（橋脚や柱など）から鉄骨のブラケットにより空中で支えているように見える方法などの施工方法がある。特にブラケットを生かした仮設構造は、アンカーの支持力（強度・付着力）が重要となる。

少し専門的になるが、今から以下の想定事例と着眼点を頭に入れておこう。

［想定事例］

コンクリート高架橋のスラブ桁を施工する仮設作業のときであった。この桁はスパン十数mのものであったため、構造体（柱）からアンカーを取り、サイコロピースにてH鋼受けを作る計画であった。

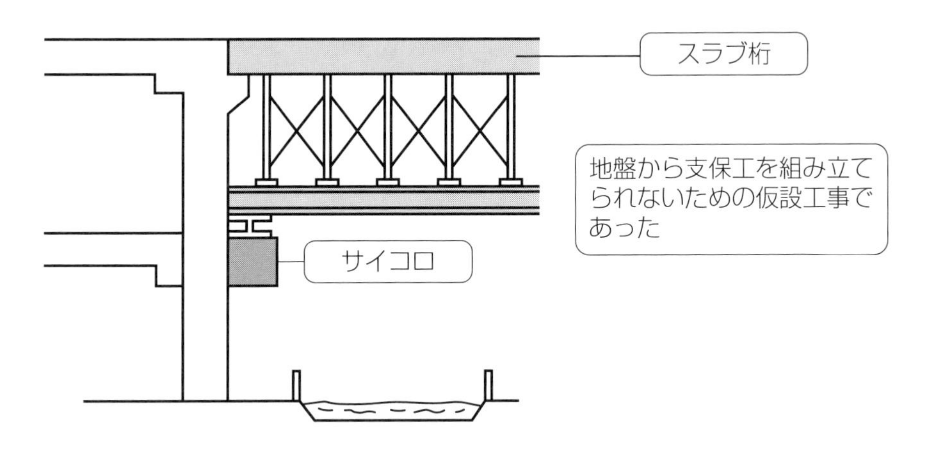

サイコロは次のような「受け」の役割をしている。

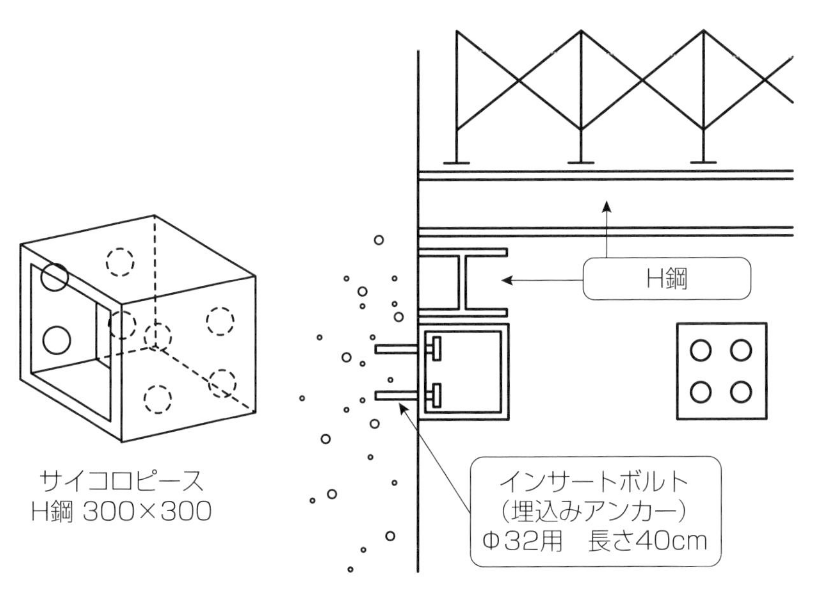

ところが次のような崩落事故も起こりうる。

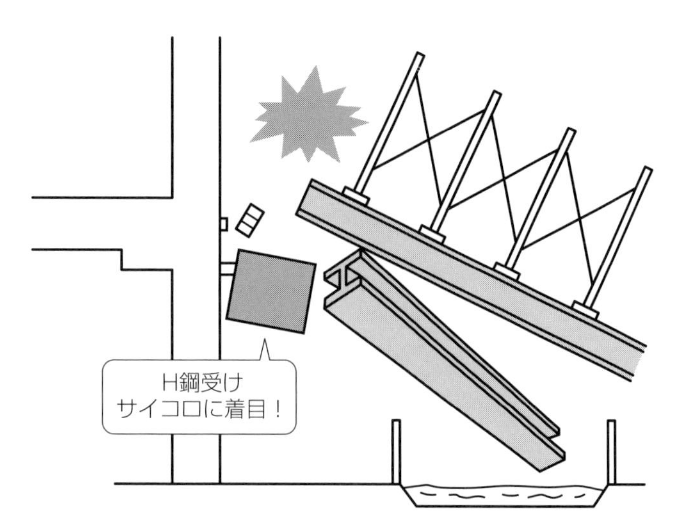

このような事故を防ぐために現場技術者なら新人でも点検できることがある。それは埋め込みアンカーの付着力とボルトの締め付け具合を確認することだ。

［着眼点１］施工中のアンカー埋め込み時のチェックをしたか

まず付着力の本質を考えてみよう。コンクリートの成分は水、空気、粗骨材、細骨材、混和剤などである。この中で空気を除いて最も軽いものは何か。それは水である。コンクリートを打設すると固まり始める。比重の重いものは下がっていく。すると水が上に昇っていく。これがブリージングだ。その時不純物と一緒に上に溜まるので、打ち継ぐ場合は除去しなければならない。いわゆるレイタンス除去である。

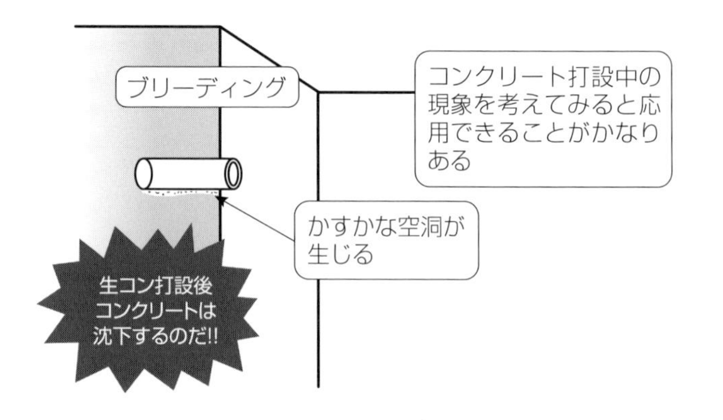

ここで、はっ!!と気がついただろうか。付着応用力を100%信用することは現場技術者にとってはリスクを背負うことなのである。そこで埋込みアンカーにフックを付けたり、異形（表面凹凸）のものを採用したりすることで安全度はぐっと向上する。

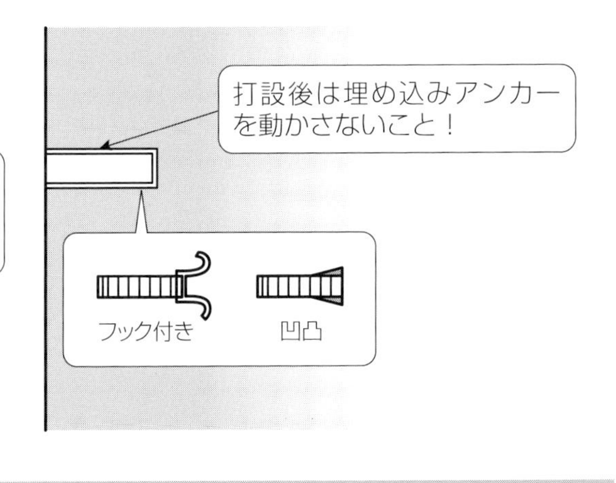

［着眼点2］ボルトは４本均等に締め付けしてあったか

仮にボルトのせん断力が２本で十分間に合う仮設計算であったとしよう。

ところが４本のうち１本がしっかり締め付けしてあり、残り３本が不十分は締め付けあるいは偏心や曲がりがあったとする。するとそのサイコロピースにかかる荷重は最も弱いボルトに集中して、それを破断させ、次に弱いボルトを狙っていく。まさに将棋倒しの様相である。客観的にはトルク計を用いて数値で管理することもあるが、ちょっとした仮設工事ではそこまでしないことが多い。だからこそ施工の押さえどころなのである。

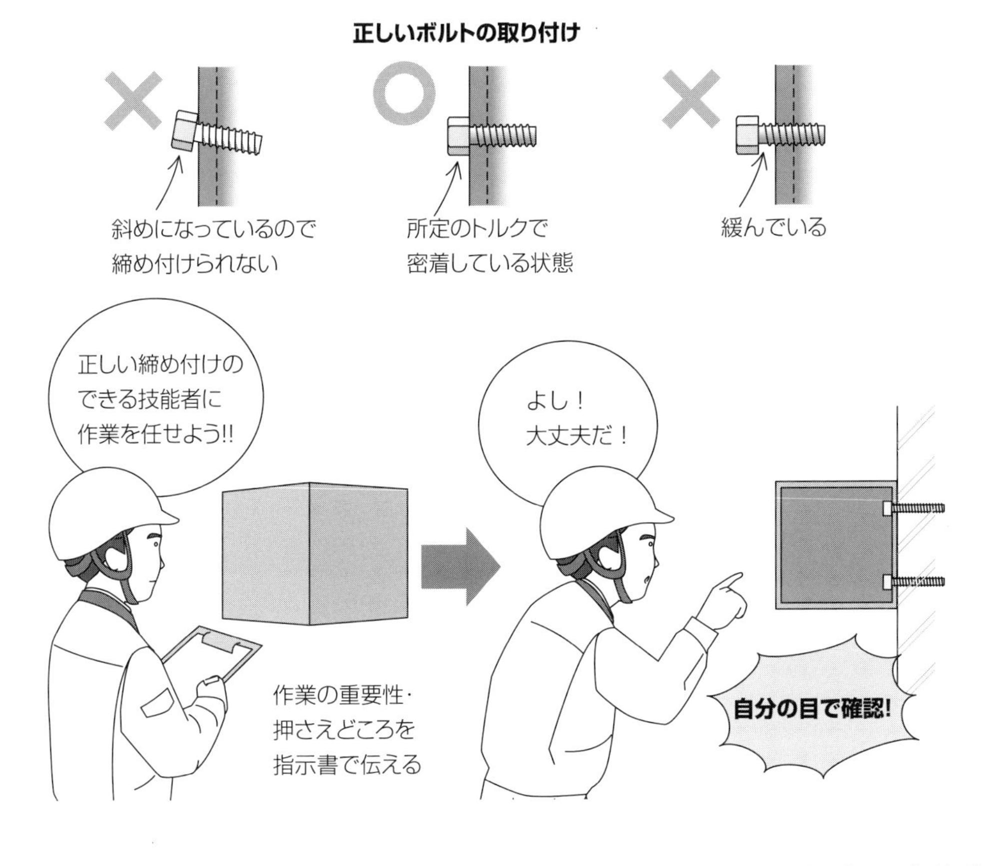

このように事故を防ぐためには、新人たちはベテランの技能者と一緒に自ら締め付けを行い判断しなければならない。

［着眼点３］ 仮設計算の概要を理解したか

仮設計算は経験ある先輩からじっくりと学ぶ必要がある。製品カタログの許容値、鉄骨（H 鋼など）の部材能力（厚みや寸法で強さが異なる）を熟知し、荷重のかかり方と曲げ応力、せん断力、ボルトの耐力などさまざまな検討を必要とするからである。特に"たわみ"は重要であり、油断すると大事故を引き起こすこともある。

例えば、下記の写真１は橋桁を支える支保工である。そこに写真２のように下げ振りがある。何のためか考えてみよう。何百トンも荷重がかかると鋼材のたわみ、枠組ジョイントの縮み、地盤の沈下が生じて想定した沈下量を大きく超えることもある。コンクリート打設中にこの異常値を早く知ることで大事故を防ぐことができるからである。

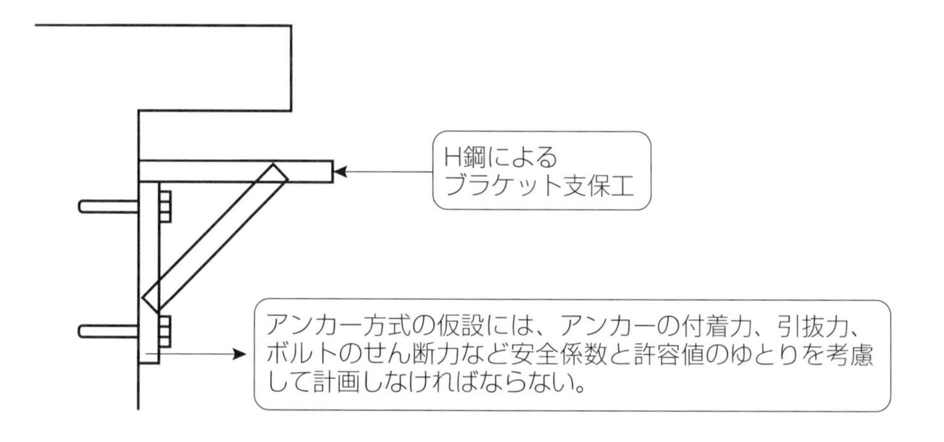

写真１

写真２

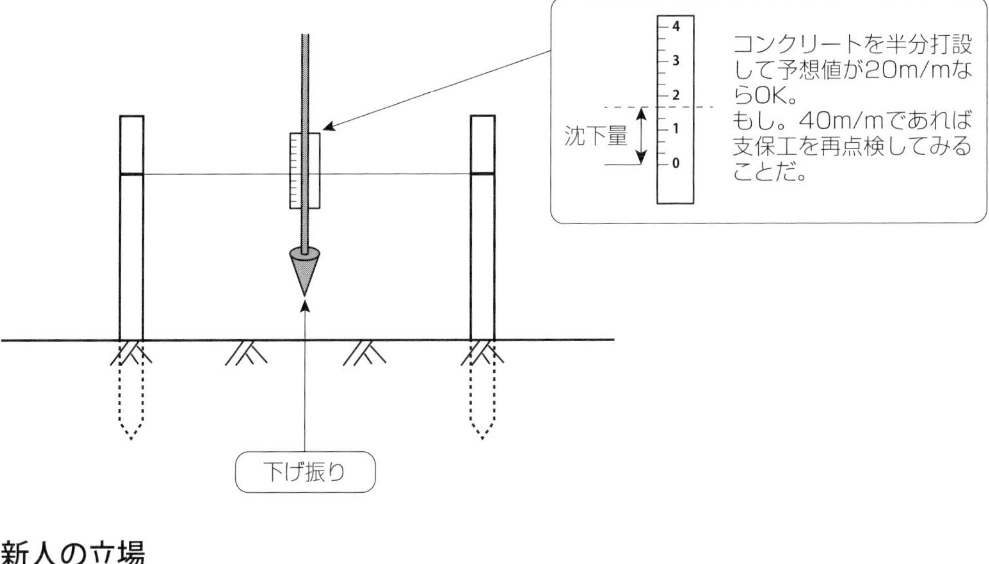

新人の立場

- 支保工にはどのような種類があるのか、どのように作業していくかを、まず覚える。
  たとえば、写真のビティー枠以外に単管、パイプサポート、四角支柱、ペコガーダー、H 鋼、など支える重量や、周囲の状況によって用途が決められている。
- 簡単な構造計算ができれば、技術者として面白みがでてくる。最初は計算通り『たわむかな、沈下するかな』と心配でしょうがない。うまくいったときは「やった！」と安心感が同時に沸いてくる。
- １年経って支保工計画を手伝い、材料の拾い出し、測量、作業打合せが一人でできるようになれば大変立派である。

(3) 重機土工

土木工事では、まず重機を使った工事が主体になる。特に土工事は、その他工事においても必ず発生する基本工事である。

この土工事は、次のような工種に分けられる。

①切土、②盛土、③床掘り、④埋戻し、⑤法面整形、⑥残土処理、である。

さらに土工事ではたくさんの重機が使われる。主な重機をあげると次のようなものがある。

①バックホウ、②ブルドーザ、③トラクターショベル、④ダンプトラック、⑤クローラダンプ、⑥モータースクレッパー、などである。

①切土と盛土の各名称

■パイロット道路

新規道路の場合、車（ダンプトラック）が通れるだけの荒切を行い、工程上、構造物にかかるための道路として先行しなければならない。

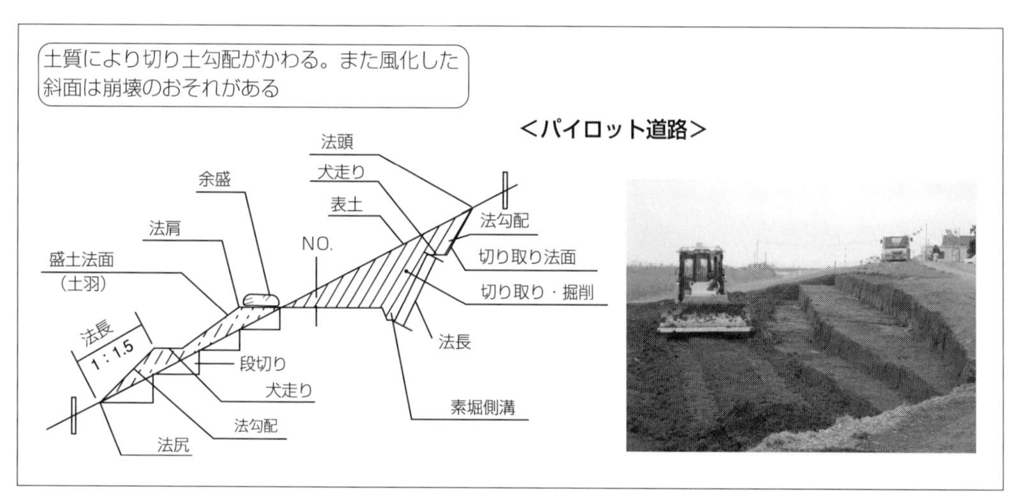

■傾斜地の盛土

- 表土ハギと段切りを行い、盛土と地山のなじみをよくする。切取った土砂をそのまま、盛ってはいけない。これも崩壊のおそれがある。
- 湧水が多い場合、暗渠排水にて施工する。設計変更の対象になるため先輩に確認する。

②切土（掘削）のポイント

■切土には、オープンカットと片切がある

切過ぎ、法面勾配に注意して施工する。このときのモノサシは、切土丁張りである。ヌキに書いてある「○ m 下り盤」「SL ＝○○ m」の意味を理解して、重機オペに指示しないと大変だ。

オープンカットや片切は土壌の安定勾配を利用して山止め壁を設けずに掘削する方法で、切取幅などで呼び方を変えている。

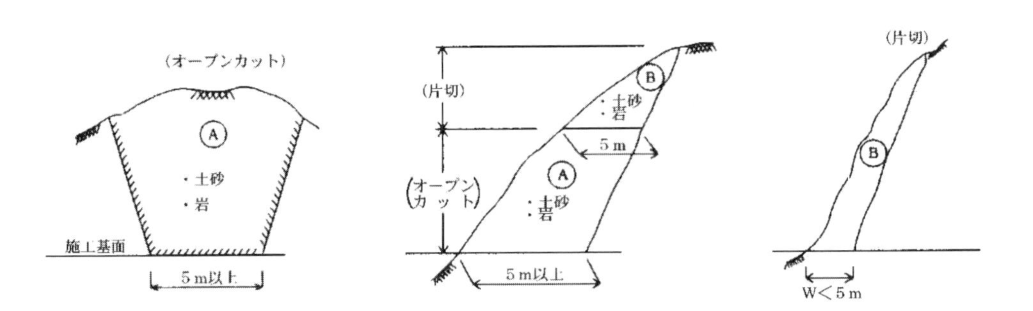

出典：土木工事数量算出要領

③床掘りと埋戻し

床掘りとは、工事の目的に応じて、施工する構造物の掘削をいう。いったん切土を道路面で完成させてから、再度掘削するため、残土処理が再度発生する。

埋戻しとは、構造物完成後、所定の深さ（道路面）まで再び良質の土砂で埋めることをいう。プレート、ランマー等で締固める。巻出厚は30cm以下で入念に行う。

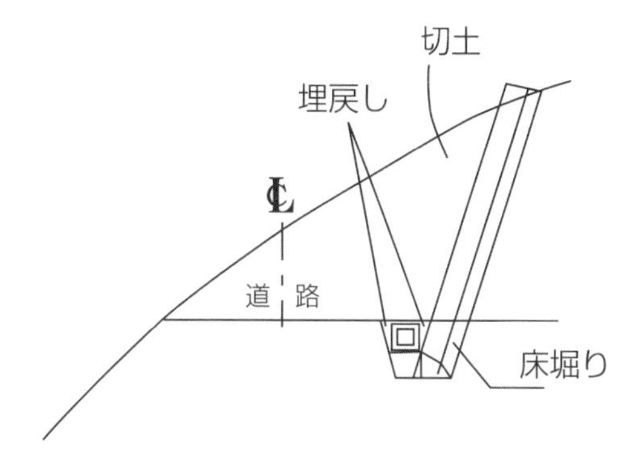

④運搬

■作業能率は運搬にあり

君は下記写真の場面において、１日に何㎥の土を掘って外に搬出または仮置きするかを事前に計画できるだろうか。バックホー（バックホウ）の大きさ（容量）、掘削方法、積込み順序など、しっかりした平面計画をしないと、ムダやムリが生じて予定した作業が達成できなくなる。

＜運搬計画の流れ＞

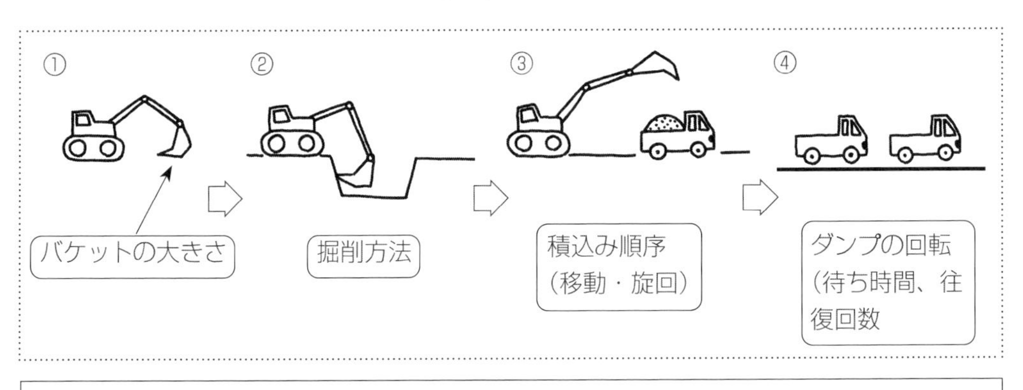

サイクルタイム ……ダンプの台数と往復回数をもとに、最も効率的な運搬計画をたてること

●まず、土の種類と掘削方法を現場で観察しよう。砂、粘土、岩（レキ）混じりなど、掘るのに苦労したり、スムースにできたり様々である。また、残土処分は中間処理して再利用、リサイクルしなければならない。マニフェストをしっかり管理することが重要である。

●１日６万円のバックホウをフル稼働させて１日400m³の掘削・搬出した。一方、ダンプの台数が少なくて、１日200m³しか搬出できなかった。このまま10日間作業すると4000m³と、2000m³の出来高（作業進捗）となり原価も２倍、工程も２倍の差がついてしまう。能率を決めるポイントを新人の立場でも十分見極めておこう。

⑤仮置（かりおき）

■埋戻す状態を最良にするために保管する仮置の大切さ

ダメな仮置と良い仮置を比較してみよう。単にダンプから降ろした土は締固められていないため、雨が降ると水分を含んでしまう。土は水分が過剰になると液状化してしまう。すると埋戻したとき、転圧できなくなる。良い仮置は下図のポイントから判断できる。

＜ダメな仮置、良い仮置＞

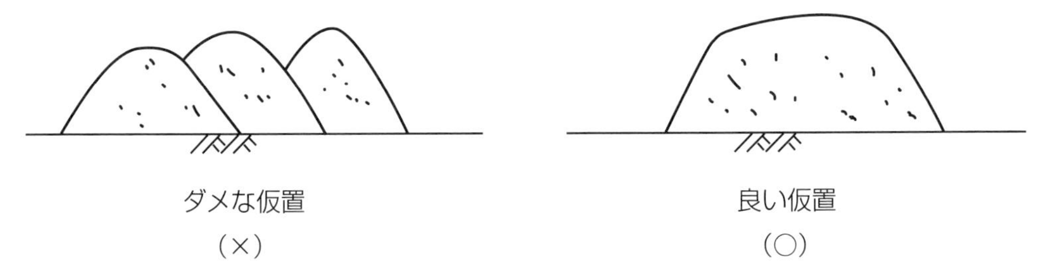

＜仮置のポイント＞

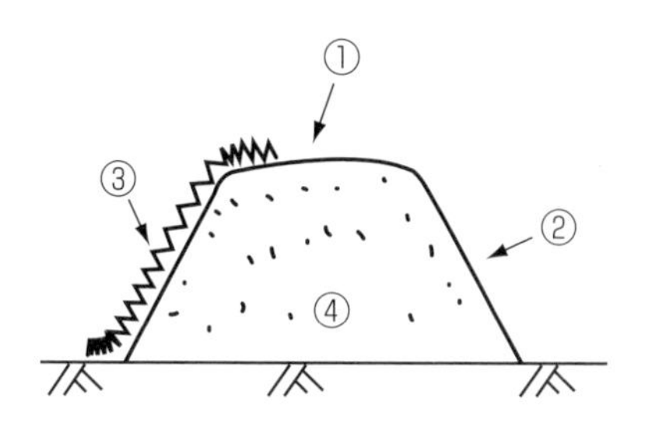

①天端は水が溜まらないように丸くする
②法面は押えたり、転圧して締固めておく
③状況によってシートをかけて雨水の浸透を防ぐ
④台形にして埋戻しに必要な数量を計算しやすくしておく

＜軟弱な残土の場合＞

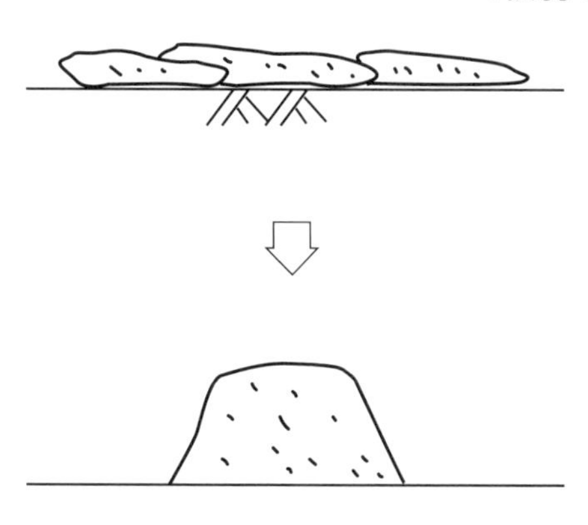

天日干しにして土の水分を蒸発させる。

ある程度水分が抜けたところで良い仮置をしておく。

（注）砂は水締めと呼んで、水を混ぜることで締まりを良くすることもある。土の性質をよく研究しておくことも大切だ。

＜仮置の一例＞

新人の立場

- 特に土木工事は重機を中心に施工を組み立てるので、重機の適正配置と稼働率が問題にあげられる。従って先輩が手配した重機の配置状況等きちんとデータにとる。（野帳にメモして、集計表でまとめる。）
- 切土と盛土、床堀りと埋戻しの名称は必ず覚えるとともに、作業内容をつかんでおく。
- 重機の運転には直接たずさわらないが、舗装・道路等を主とする工事の場合、車輌系建設機械の免許は取得したほうがよい。いざという時に車輌を移動させられるからだ。

(4) 舗装工

ここでは車が通行する車道部でみてみよう。一般的に目にするのは、「アスファルト舗装」と呼ばれるものだ。普段は、車の往来がはげしいため、夜間工事となる場合が多い。しかしこれは単に「打ちかえ」と呼ばれる舗装の表面を切削し「表層」をかけることを言う。それでは新設の場合はどうか。路床と呼ばれる層の上に路盤、基層、表層があるが、これらを総称して舗装と呼ぶ。

<アスファルト舗装の構造>

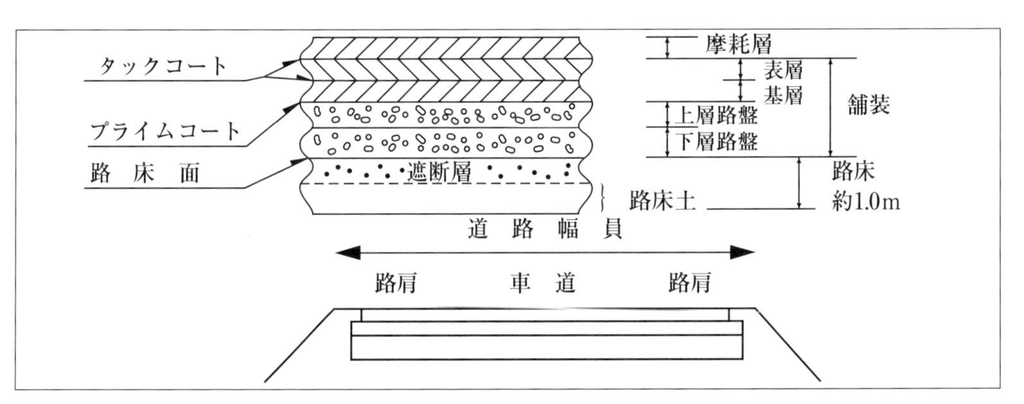

①舗装を構成する名称

- **路盤**：車が走るための荷重を路床の許容支持力以下に分散させるところ。通常、下層路盤（切込砕石）、上層路盤（粒調砕石）に分けられる。
- **アスファルト舗装**：加熱されたアスファルト混合物を用いてつくられる。車が走るために要求されることが4つある。［①安全性、②たわみ性、③すべり抵抗性、④耐久性］

以上が大事なポイントだ。またアスファルト舗装は通常、基層（粗粒度アスコン）、表層（密粒度アスコン）に分けられる。

②路床の重要性とは

舗装の厚さを決めるのは、路床の強さ（CBR値※）による。軟弱な路床はいろいろな方法によって良質な路床にかえなければならない。たとえば、置換工法、安定処理工法などがある。

※CBR値：CBR試験により路床、路盤の支持力の大きさを表す。

③舗装工事の作業フロー

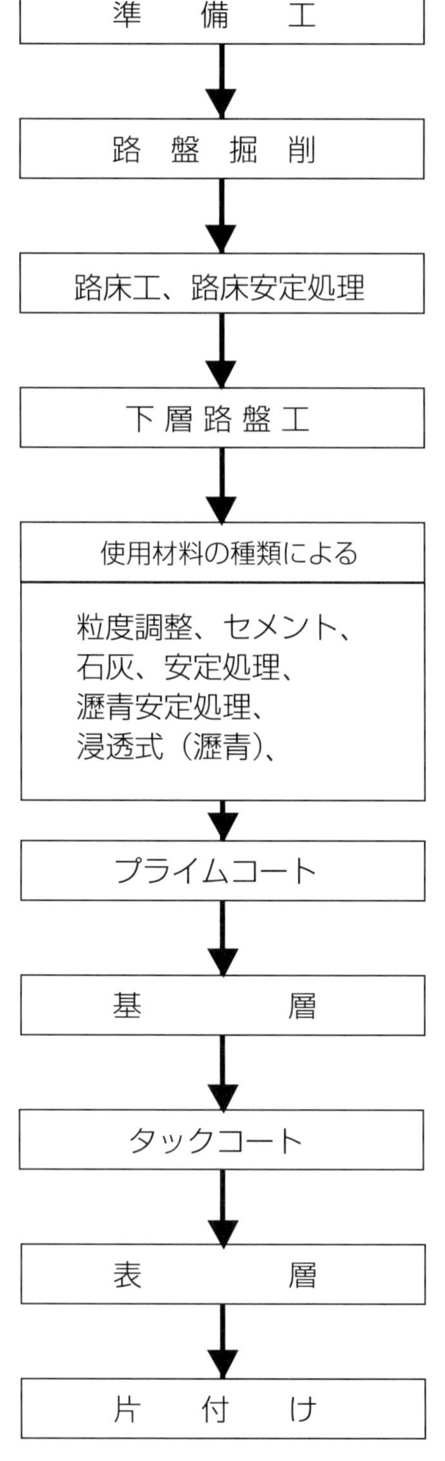

切土、盛土の場合も路床上、天端で仕上げる

路盤材はふるい分け試験

締固後、砂置換法による密度試験を行う

側溝をいためないようにして行う

施工中、打設するアスファルトの温度が極端に下がったりした場合は使用しない

新人の立場

- 舗装工事は比較的簡単に見えるが、施工の適否により、耐用年数に大きく影響を及ぼす。特にアスファルト混合物の温度管理は非常に大切である。プラントの発送から着温度、打込み温度等、きちんと管理しよう。
- 舗装構成は、載荷車輌によって決められる。（表示方法として、たとえば「T-25」）なぜこういった舗装構成なのか、発注者の立場に立って考えてみることが大切だ。ただ施工するだけが我々の仕事ではない。
- 舗装をかける前に路床の状態を把握しておく。たとえば、施工時期がずれている場合や業者が変わる場合などトラブルの原因となるので、記録や写真に収めておく。

(5) 下水管布設工

一般に下水道とは、家庭排水（台所、フロ等から排水されるもの）、雨水である。汚水（便所等から排水されるもの）は、大都市部で整備されているが、地方ではまだ未整備のところが多い。公共工事の中でも重要な工事であり、特に道路の地下部に建設される。比較的浅い１～３ｍ位の所に管を布設する。

道路工事と並行して工事が進めば良いが、別途発注になる場合が多く、地下水、土質等により土留、水替等が発生する。

①下水道工事は一般道路上を一部占用または全面的に占用して行う

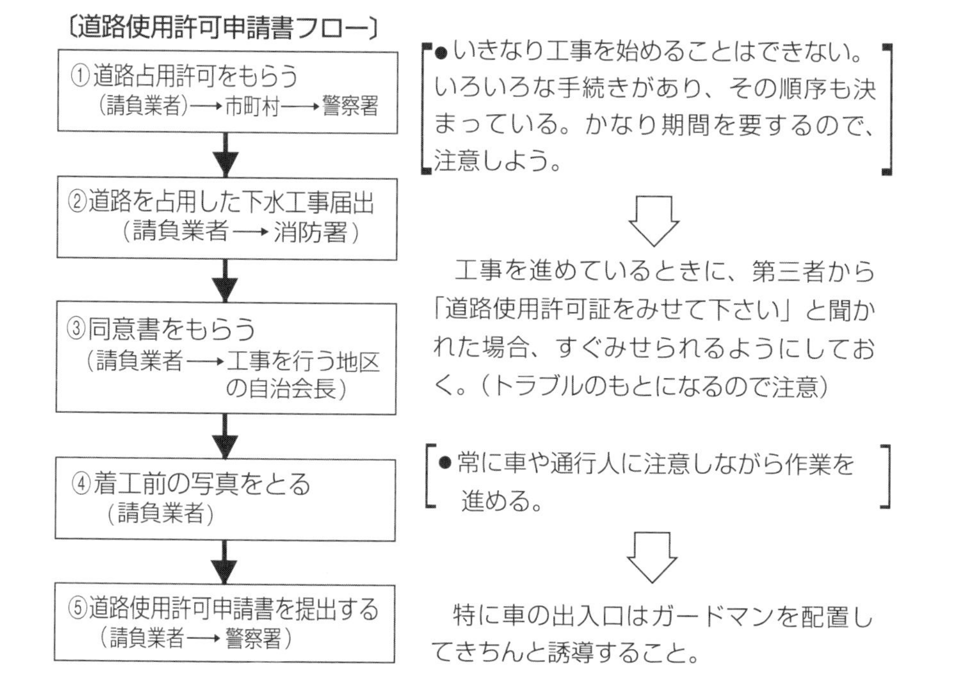

②下水管布設工の作業フロー

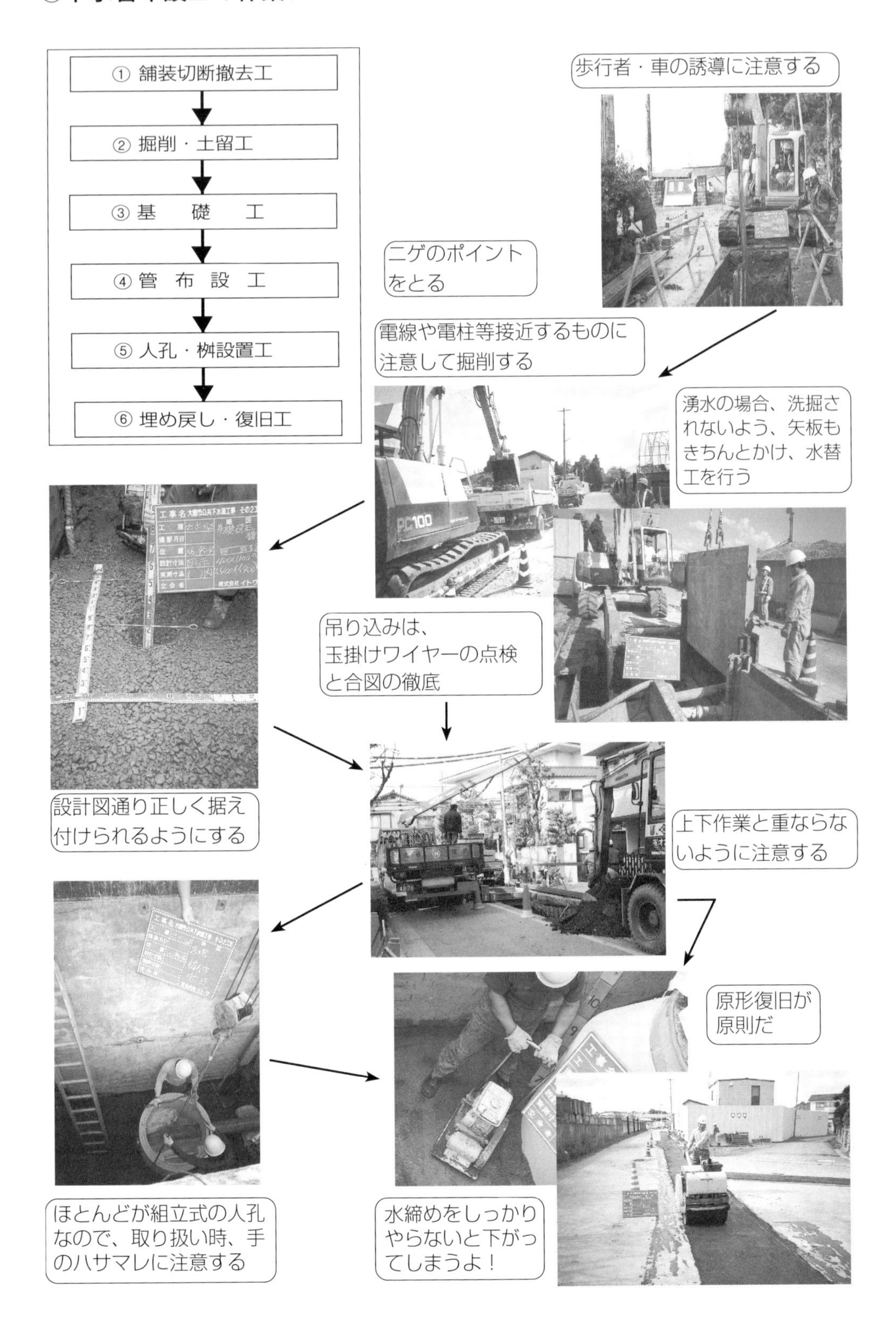

新人の立場

- 下水道工事に限らず道路を使用して行う工事では、必ず道路使用許可が必要である。「道路使用許可申請書フロー」の各内容を先輩に聞き、自分で出来るようにしよう。
- 既設の埋設物には特に注意をはらい、仮にガス管や水道管があれば機械堀は避け、人力堀にて完全に既設埋設管を出してから機械堀を続ける。設計図面にきちんと明示しておこう。
- 各作業の写真を必ず撮影し、写真帳に整理できるようにしよう。

(6) ボックスカルバート工

大型工事では立体交差部で、２連、３連のボックスカルバートを構築し、道路の交通量を緩和させるなど、都市部ではその必要性は大である。一方山間部では、比較的小規模河川において橋梁にするまでもなく、ボックスカルバートにて排水工とする。さらに土盛りをして上部を道路として利用するわけである。ここでは後者の例で説明するとしよう。

構造物として、通常身につけなければならない基本である。技術者として、マスターすべきものである。最近は２次製品の需要が増えているが、２ m×２ m位までで、これ以上は現場打ちとなる。

①ボックスカルバートの各部の名称とチェック事項

最小の土被り厚が決められているので、道路計画高において、曲線部等、片勾配になる場合、センターのFH（計画高）だけをチェックしたのではインサイドで不足になる場合がでてくる。したがって、センターだけでなく、両サイドのFHとボックスカルバートの端高を計算しチェックすることが必要だ。

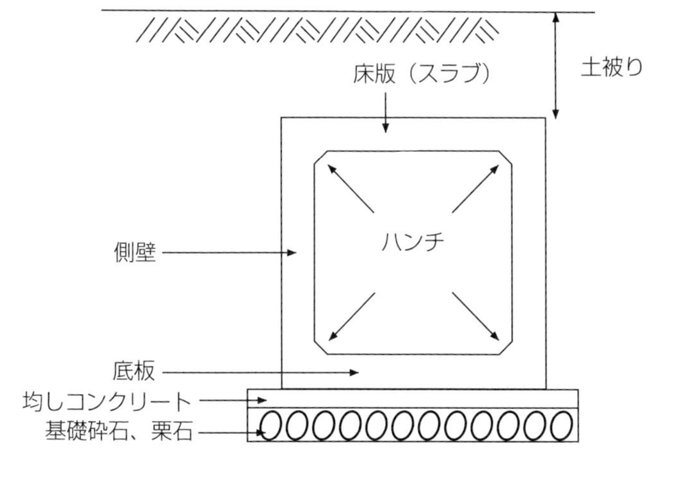

②ボックスカルバート工の作業フロー

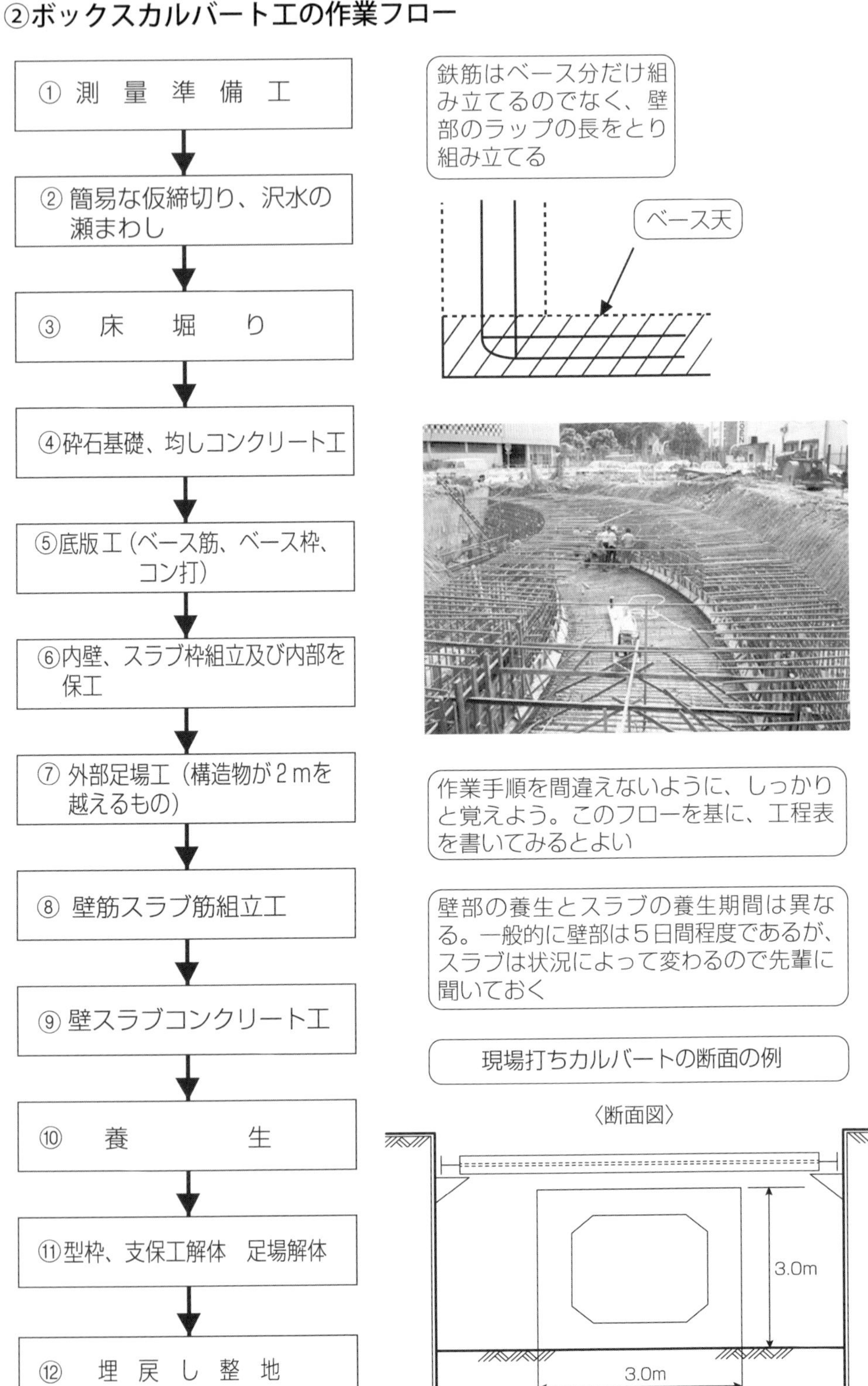

<ボックスカルバートの一例>

ボックス内部の支保工と壁、スラブのコンクリート

プレキャスト（二次製品）によるボックスカルバート設置工事例

新人の立場

・地下構造物としては、地盤強度に耐えうるもの、漏水の少ないものが求められる。強度に関しては、構造計算で許容応力度範囲内に納めればよいが、漏水に関しては、施工精度に負うところが大である。特に、コンクリートの打ち継ぎ目の管理と、構造上の打ち継ぎしてはならないところがあるので注意する。
例えば、ハンチ部がその対象になるが、ここはクラックが起こりやすいところなので、床版との打ち継ぎではレイタンス処理、ハンチ筋のかぶり厚等のチェックを行う。さらにスラブとの打ち継ぎは、なるべくなくした方がよい。

・スラブの養生には細心の注意をはらう。早期脱枠はクラックのもとになる。

(7) 橋梁下部工

橋梁がかけられるところと言えば、河川が思い浮かぶはずである。身近なところにもたくさんあるが、最近は長大橋（夢のかけ橋）を景観目的につくるところもある。車の往来が激しくなり、歩行者の安全上、歩道橋を並設する場合も多い。中には老朽化した橋もあり､特に地震国日本では設計に注意する必要がある。

さて橋梁には、直接車などの荷重を支える上部工と、この上部工の荷重を基礎地盤に伝える下部工がある。ここでは専門工業会社が扱う上部工ではなく、一般的な総合工事業者（ゼネコン）が施工する下部工（橋台、橋脚）について説明する。

①橋梁下部工の簡単な形を覚えよう（比較的小規模な橋梁）

一般的に橋梁工事は、上部工と下部工がある。下部工は上部工を支える土台の型式があるのでそれを覚えておこう。

<橋脚と橋台>

上部工

橋台
（アバット）

橋脚

沓

橋脚の一例

桁の連結部分の
沓座の様子

壁式橋脚　T型橋脚　逆T式橋台

逆T式橋台の一例

ウイング（翼壁）

パラペット

フーチング

沓座・落橋防止

下部工事の様子

橋台・橋脚の
施工例

②橋梁下部工（橋台）の施工例から理解しよう

施工に従事する新人現場係員の立場でも「なるほど」と着目点を理解できるように実施例から解説しておこう。

■実施例の施工概要

河川を横断する農業用コンクリート製橋梁工事の下部工事である。

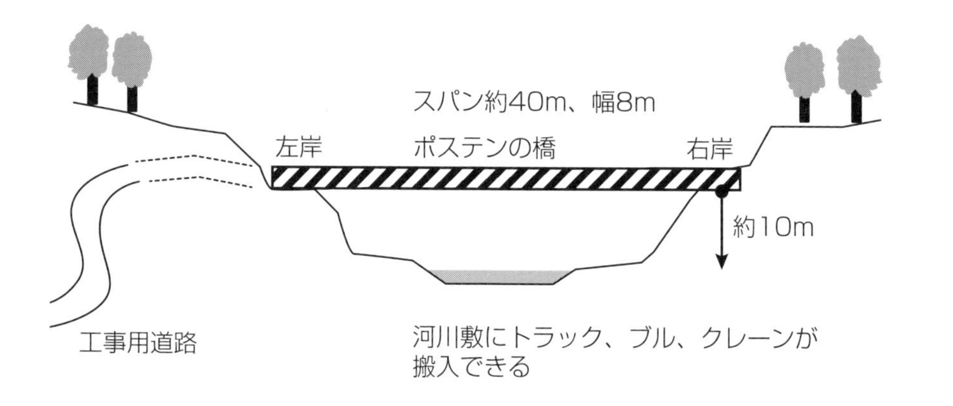

ところが、下部工事は基礎の支持力が不可欠であり、オーバーハング※がどの程度かを現場調査した。数m掘り下げたのである。

※P.206「オーバーハング状態になっているケース」を参照

＜当初の設計＞

上部工

岩盤

河川

＜問題点＞

このままの位置に橋台をつくると
基礎崩壊の危険がある

ここにオーバーハングが見つかった。木が茂っていたので事前調査においては気づかなかったと思われる。

岩盤

河川

全容がつかめ、橋台を後方にずらす変更案が最も好ましいものの、橋長が長く

なることで上部工の変更に1か月以上を要することが判明した。そこでコンクリート擁壁を橋台前面に施工した。そして、これを完成させて右岸橋台に着手した。

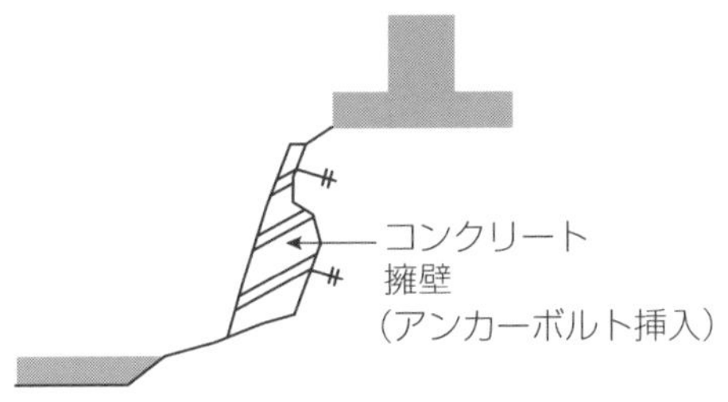

完成した橋梁は、下記の写真である。

このように橋台の基礎部分については、地山を削ったり掘り下げたりして、その床付面がどのような状態になっているかを確認することが、技術者にとって構造物の安全を点検する最初のポイントとなる。

もし設計図をチェックして現地との食い違いを発見したら発注者に立ち合いをお願いする義務がある。それは工事請負契約の中に記載されている。

＜小さな橋台施工例＞

③山留（やまどめ）工事

一般に下部工は、基礎工事からスタートする。数メートルから数十メートルも掘るには土留工事が必要になってくる。そこで土木は"土"に表れているように、"土"に強くなるきっかけをここでは考えてみよう。「どどめ」は「土留め」または「土止め」と書く。ここでは新人でも理解できる土木の基本を解説しよう。まず、この山留工事のどこに着目するかを５つ取り上げてみよう（下図の吹き出しを参照）。

※下図の写真は好ましくないものなので真似しないこと。

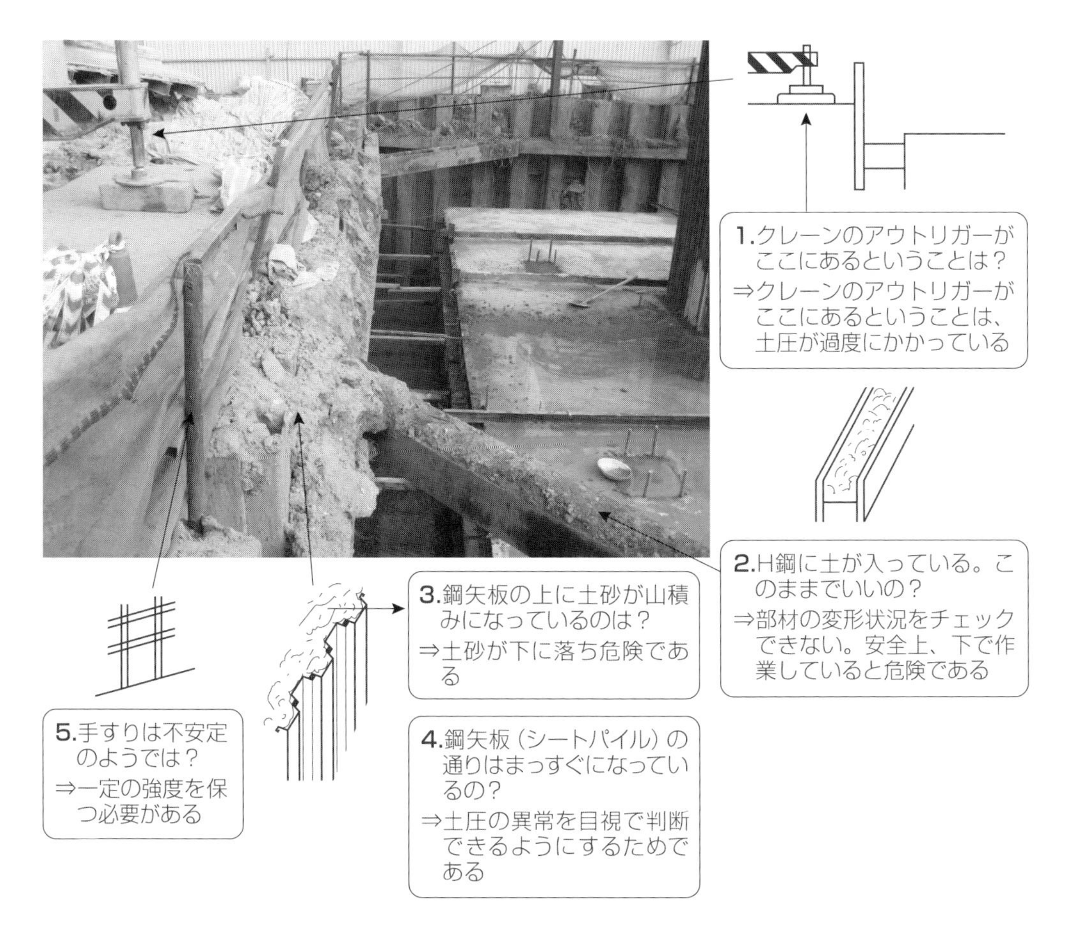

次に、以下のように矢板の脇に穴が開いている状況を見て放っておいてよいのかどうかを判断してみよう。単に問題あると思うだけでなく、なぜ穴が空いているのかを考え、原因を推察する知識力が必要になってくる。

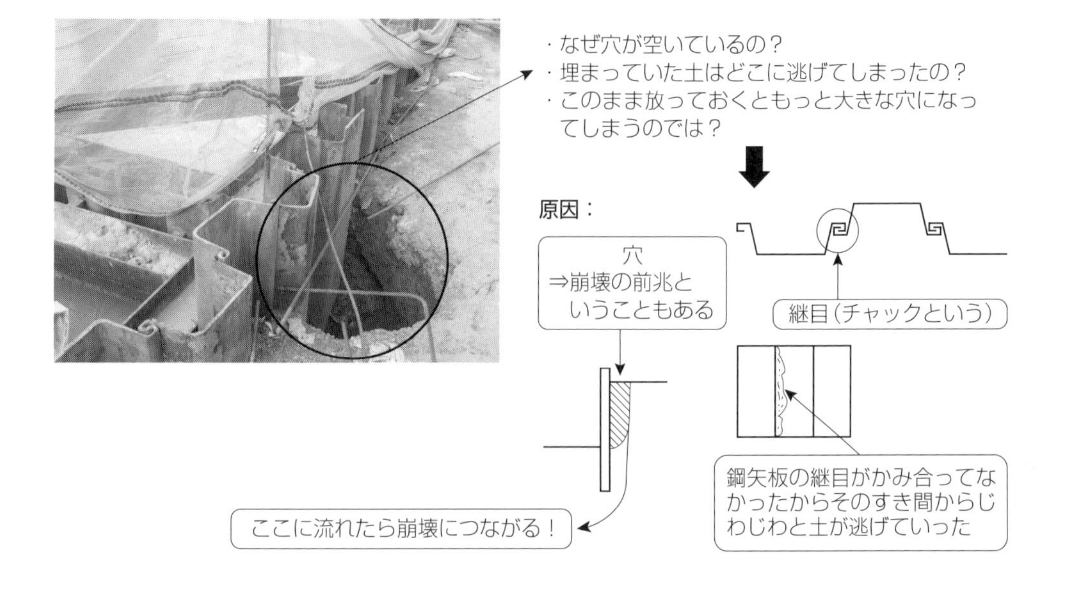

以上の２つ施工写真は真似してはいけないものである。

それではお手本を示そう。下記の写真から悪い点がどのように良い点（適正な施工）になっているか比べてみよう。

新人の立場

- 橋梁下部工は花形工事と言える。これをマスターすれば、重力式擁壁、逆Ｌ型擁壁は簡単である。まず、下部工の形を覚え、その目的を知ろう。
- 橋梁下部工事は、そのものだけでは機能しない。必ず上部工が施される。工事が分離し、業者が変わるため、特に支承部の施工が雑になる。次の工程を考えて施工しよう。
- 各作業フローを覚えるとともに、それぞれの作業内容をしっかり覚えよう。

(8) 仮設構造の基礎知識

土木の施工の良し悪しは、重量物を支える仮設工事（支保工や山留工）にあると言っても過言ではない。ひとつ間違えると大事故につながるからだ。

「土」の知識とともに土圧に耐える山留工事をするには矢板（やいた）、切梁（きりぼり）、腹起こし（はらおこし）、ブラケットなど鋼材を組み合わせた仮設構造計算に慣れておく必要がある。鋼材のカタログを見て、その仕様や規格値などを読めればある程度仮設工事の安全チェックはできる。

ここからは、仮設工事の一例、足場等の構造の基礎知識を解説していく。

①構造上の着目点をつかむ

次の写真のどこに構造力学の知識を生かしたらよいのだろうか？

最近ではパソコンソフトによる仮設計算が普及し、自ら手計算することが少なくなってきた。

しかし、計算の考え方、押えどころを身につけるには、ある程度自分でやってみることが大切だ。安全は自らの目で、身体で、そして頭（計算方法が間違っていないかを現場で常にチェックする用心さ）で実施していくものである。

<構造力学の着目点>

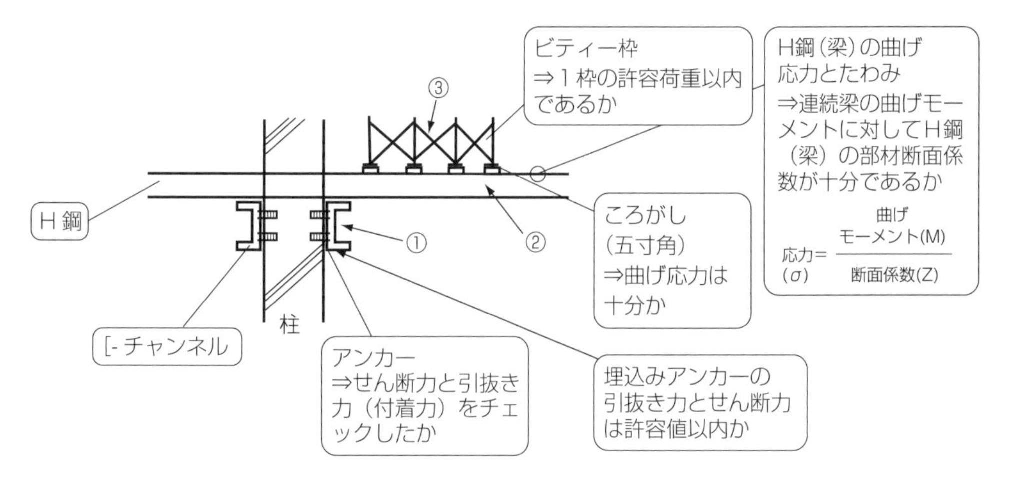

①チャンネル（[－チャンネル＝C型鋼）のせん断力とアンカーの引抜きとコンクリートとの付着力の計算
②H鋼の曲げ応力とたわみの計算
③ビティー枠の強度、支保工に関連する大引受け（五寸角やバタ角）や角パイプ・桟木の根太の計算

②作業しやすい安全な仮設計画

次の写真は構造物の柱の型枠とその作業に必要な足場を示している。

型枠はメタルフォーム（写真）と合板（コンパネ）に大別される。土木の型枠はほとんどが仕上げ不要なので、型枠の跡、目違い、コールドジョイント（打継ぎ）が表面に出てしまう。また、型枠の強度不足による"ふくらみ"（丸くなったり凹凸になったりする）を生ずることもある。コンクリート打設方法を考えた型枠計画が必要である。

<足場、支保工のイメージ>

そして、単管足場の作業床の巾と高さを作業しやすい寸法にし、柱の打ち継ぎ部分を考えておく。また、柱の型枠作業にじゃまにならない足場との"すき間"は、物や人の落下の落し穴になることが多い。所定の寸法（労働安全衛生規則で定められている）を調べ、その範囲内で能率よく作業できるように工夫しよう。

＜作業のポイント＞

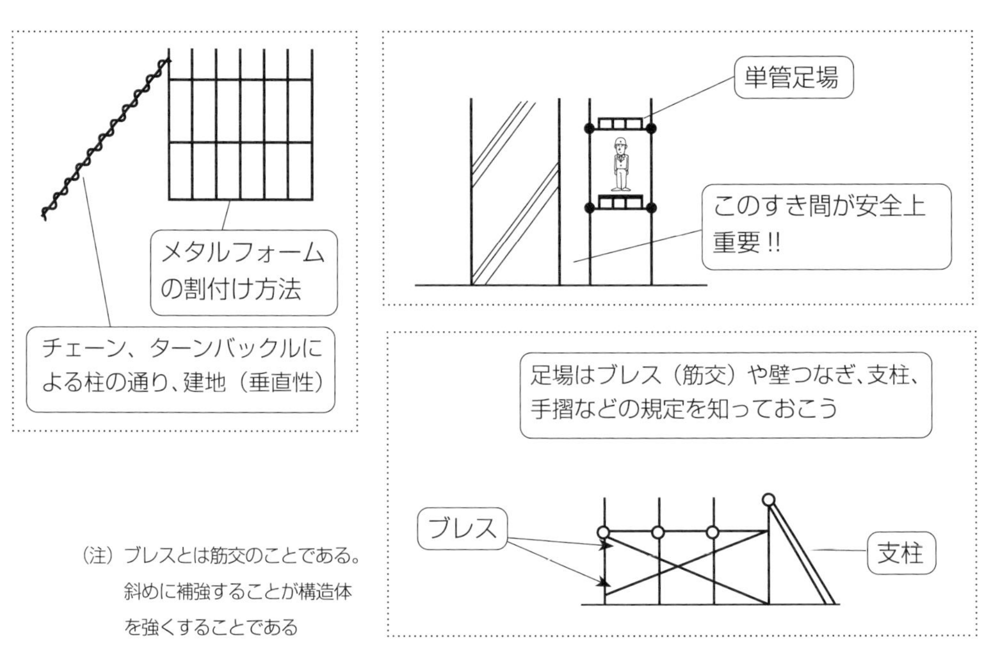

労働安全衛生規則等に定められている足場の規定ついても、理解しておかなければならい。ここでは規定の一例を紹介するが、詳細は自ら調べて確認しよう。

＜足場の規定（一例）＞

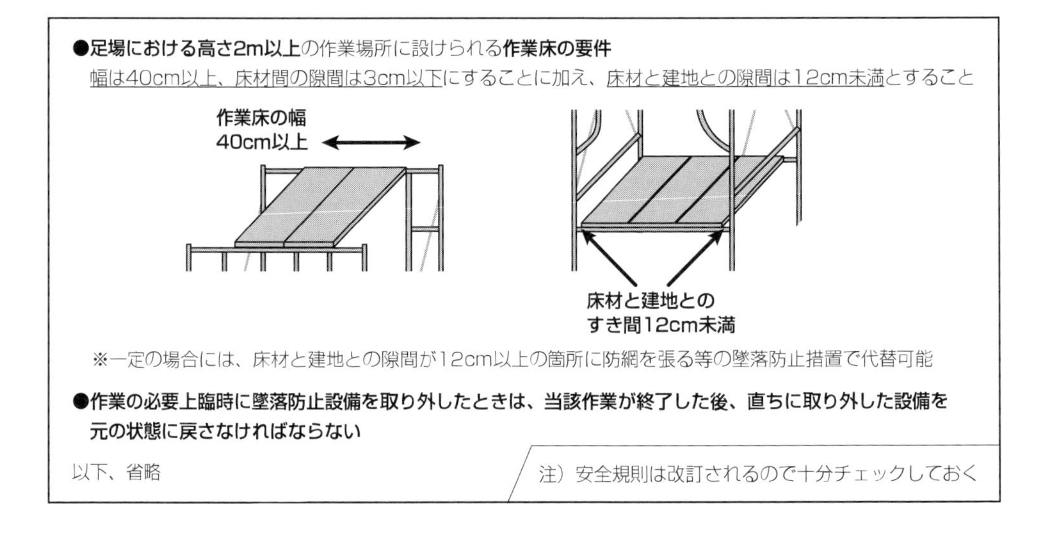

✍ 練習問題（第６章　施工場面の実務知識）

■共通篇

［問題１］

次の名称の呼び方を記入しなさい。

①貫板　（　　）
②水糸　（　　）
③端太角　（　　）
④玉掛け　（　　）
⑤天端　（　　）
⑥丁張り　（　　）
⑦法面　（　　）
⑧出来高　（　　）
⑨床付け　（　　）
⑩出面　（　　）

［問題２］

次の道具はどの作業でよく使われるか、下のＡ～Ｅの中から選びなさい。

①バイブレーター　（　　）
②クランプ　（　　）
③ジャッキベース　（　　）
④ハッカー　（　　）
⑤シュート　（　　）
⑥結束線　（　　）
⑦水中ポンプ　（　　）
⑧布枠　（　　）
⑨ポリドーナツ　（　　）
⑩Ｐコン　（　　）

Ａ．掘削作業
Ｂ．コンクリート作業
Ｃ．鉄筋作業
Ｄ．型枠作業
Ｅ．足場作業

■建築編

以下の写真①～⑤を見て、それぞれ何に使うものか、各問いに答えなさい。

（写真①）

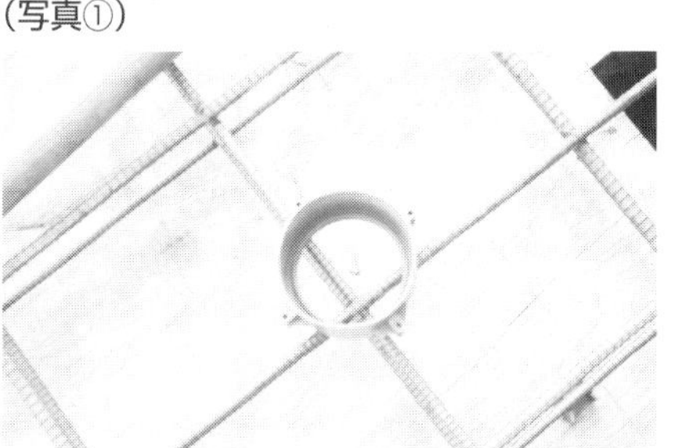

（写真②）

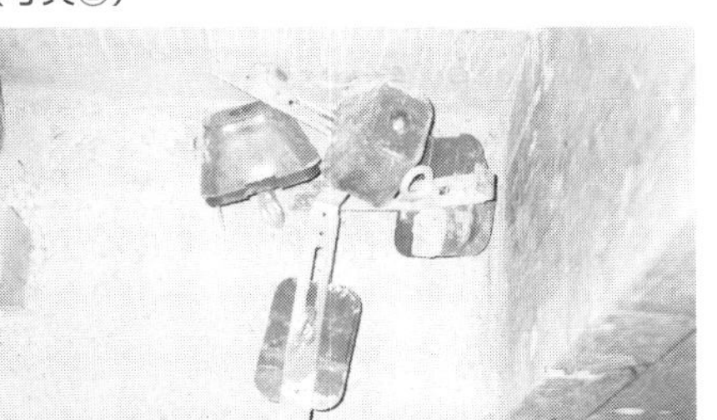

（写真③）

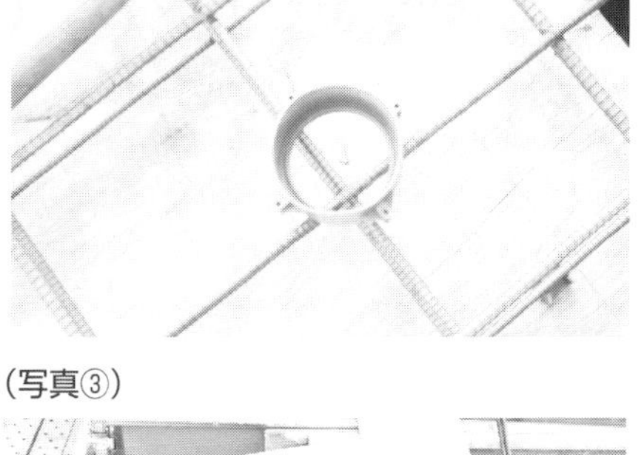

（写真④）

（写真⑤）

［問題１］

型枠工事で使う便利なもの。他にも種類がある。コンクリート打設の前にセットしておく。（写真①）

［問題２］

これもコンクリートの前にセットしておくもの。何のために、どこにセットしておくのだろうか。（写真②）

［問題３］

これは現場の条件によっては、使っている建設企業があるが、使っていない企業も多い。条件によっては非常に便利である。（写真③）

［問題4］

ハンマーのようであるが、木でできている。（写真④）

［問題5］

ストローのような細長いもので、色は黄色をしている。君もどこかできっと見たことがあると思う。（写真⑤）

［問題6］

以下の写真の施工場面を見て各問いに答えなさい。

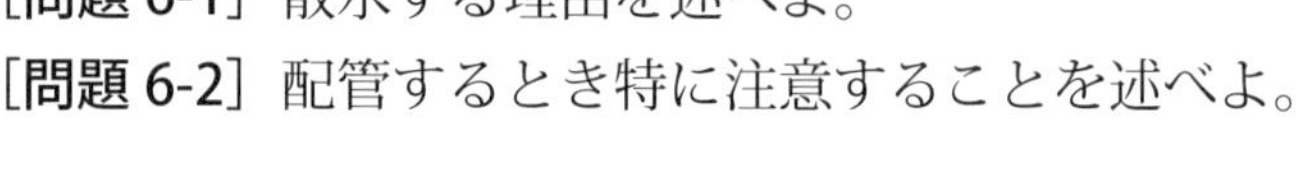

［問題6-1］散水する理由を述べよ。
［問題6-2］配管するとき特に注意することを述べよ。

■土木編

［問題1］

以下の写真の施工場面を見て各問いに答えなさい。

［問題 1-1］シートパイルは何のために打ち込むのか。

［問題 1-2］ダンプに土を積み込むとき安全上で注意することを３つ挙げなさい。

［問題 1-3］掘削を能率よく行うためのポイントを２つ挙げなさい。

［問題 2］

以下の写真の施工場面を見て各問いに答えなさい。

［問題 2-1］これは何をしているか。

［問題 2-2］クレーンが２台見えるが、この作業をクレーン１台でできるか。

［問題 2-3］クレーンを使う場合、事前にどんな調査が必要か。

⇒（解答は P.260「第６章　施工場面の実務知識（解答）」を参照）

第7章

一流建設技術者への道

君たちは、入社から 4～5 年間ひと通りの建設知識を身につけ、実践場面でどんどんノウハウや対応方法を吸収していくだろう。

早い人で 5 年くらいで、一つの工事を任されることもある。ある程度一人前として扱われるようになったとし、次のことを考えてもらいたい。

「建設技術者として、私はどのように生きるのか」

社会の中で、工事屋として設計屋として、あるいは開発屋としての自分流の仕事に対する哲学をもたなければ、一流になれないということである。

そのときのためのヒントとして、この章を学ぼう。

1. 技術者と会社員との2面性

(1) 想定問題

君たちが順調に仕事をこなし、５年後に現場代理人として小規模の工事を次のような状態で仕事を任されたと想定してみよう。

- 君は丁寧な仕事をするので評判である。施主からも、会社からも細かいことを指摘されると気になってしまう。それゆえ納得のゆくまで現場で仕事をしてしまう。反面、社内書類作成に手間どり、提出遅れになることもある。ときとして、現場代理人として工事全体を監督することを忘れてしまい、段取りや手配が後手に回ることもある。
- 後輩への指導については、必要なこと以外は積極的に教えようとしない。マニュアルを読ませるだけなので、後輩は定型的な仕事以外はノウハウを身につけていないようだ。その結果、工事利益は期待されるほど良い数値を残していない。

この［想定問題］を考えるに当たって、「技術者」としての一面と「会社員」としての一面という２面性について解説していくことにする。

＜現場代理人の２面性＞

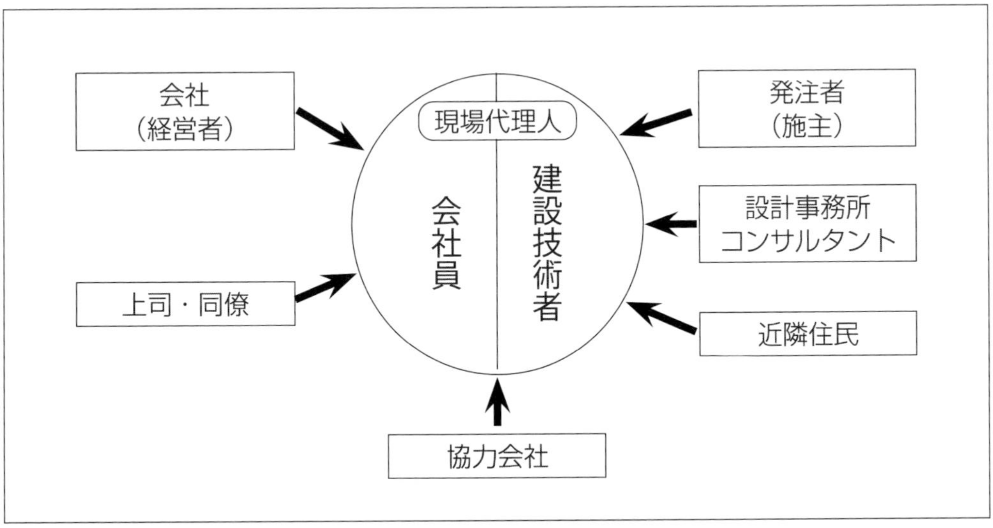

会社
（経営者）
発注者
（施主）
設計事務所
コンサルタント
上司・同僚
近隣住民
協力会社
現場代理人
会社員
建設技術者

(2) 技術者としての面

工事現場の監督は、そこで働くメンバーの安全を保証しながら、工事を進め所定のものを建設しなければならない。この仕事は一般の人がすぐに真似できる訳ではない。確かな経験・知識と優れた指導力・判断力をもって、刻々と変化する工事状況を、正しく舵取りしていく役目を持っているからである。すなわち、「建設技術者」という専門家なのである。

工事を依頼した発注者や設計事務所側は、その現場の工事責任者（工事技術者）として君たちを見ているのだ。

建設技術者として発注者や設計事務所の人たちと話し合うのである。それだけに、現状において建設技術に関する大切なことや技術上責任のある仕事、専門的な仕事をこなしていくことになる。

つまり、施工の技術者として一人前に仕事を進めていくことが、この"技術者"としての一面である。

(3) 会社員としての面

次に会社員の一面はどうだろうか。建設会社は工事を通して利益を上げていく。当たり前のことであり、営利企業の宿命である。会社側からみると、しっかり利益を確保する現場代理人がいるから、会社は運営できるのである。

会社は、工事担当者に対して工事経験を積ませ、発注者から認められる技術者として育てていくことを考えている。早く一人前にさせることで多くの仕事をこなし、利益を上げてくれることを望んでいるのである。

これらの理由から上図において、会社（経営者）・上司の君たちへの見方は、どうしても会社員的にならざるをえないのである。

(4) 現場代理人は、技術者と会社員の２面性をもっている

これら技術者と会社員の２面性の中間的な見方にあたるのが、協力会社である。現場代理人の協力会社への接し方は、仕事の上では技術者としての指示・命令が多くなる。しかし原価管理、すなわち作業の発注交渉や材料手配などにおいては、協力会社は現場代理人を会社員として認めてくれる部分もある。

「そんな単価ではこの作業は赤字ですよ。もう少し単価を上げて下さい。」と協力会社が頼んでも、「私も会社員で会社の方針を曲げるわけにはいかないんだ。次の機会にできるだけのことはするからさ、今回は私の会社での立場を考えて納得してくれないか。」と答えることもあるからだ。

最後に残った近隣住民は、工事担当者をその工事に限定して見ている。

「あなたも技術者ならこれくらいのこと何とかできるでしょ。」と都合のよいように押しつけてくることもある。そんなとき、「私も会社員ですから」と答えても「そうだわね。よくわかるわ。」と簡単に許してくれない。親しくなったとき以外は、会社員としての見方をしてないのである。

このように考えてくると**会社員としての枠の中で、いかに建設技術者としてのやり甲斐を実現することができるか**というテーマに帰着するのではないだろうか。

会社員としてのみに生きていくのであれば組織の中でうまく立回り、出世コースに乗るように社内営業に専念すればよいだろう。現場代理人として失格であっても社内の主要ポストにうまく収まり、一つの部門を統括できるかもしれない。それは技術者的能力が不足していても、営業センスや企画センスが良くて、別の道で能力を開花させたと言えるであろう。そのときは建設技術者としての生き方を捨てて、新しい道を自分でやり抜いていったと拍手を送りたい。

建設技術者としてのみに生きていくとどうなるであろうか。筆者はアメリカやヨーロッパ、アジア諸国の建設技術者といっしょに仕事をしたことが何度もある。彼らはいつも自分のやりたい仕事を目指して、常にそれを追い求めているように感じられる。

例えばトンネル工事が得意な人がいた。彼は、担当していたトンネル工事が終了すると、別のトンネル工事を見つけて、積極的に新しい会社へ自分を売り込みに行った。売り込みは成功した。彼は自分の得意な技術を磨き、さらにエキスパートとなっていった。

このように、アメリカでは平均的に３年ほどで建設会社を移り変わって自分の得意な工事領域に従事して、エキスパートの道を歩んでいるということであった。得意とする自分の技術の才能を高く売り込み、高収入と名誉を高めていく社会、まさにアメリカという国の一端を見た思いである。

一方、日本においてそういった方式が社会に受け入れられるであろうか。将来のことはわからないが、現在のところけっして賢い方法とは言えないであろう。やはり、１つの企業体の中で技術者として成長し、会社にとって最も頼られ、重宝される存在--、そういった社員になるべきではないだろうか。そうすればいずれは技術者としての夢を実現させることもできるし、やりたい仕事を自己創造し、会社を納得させ、多くの部下やメンバーを使って仕事をこなすことができるようになる。

ある人は、その力を買われて、よりすぐれた他社に引抜かれたりすることがあるかもしれない。大変結構なことであろう。実力が高く認められた結果であり、すばらしいことだ。いずれにしても、会社という組織の中で初めて建設技術者としての価値が高まったのである。

現実的に何億円もの工事を、一人の技術者に請負わせることはないと考えて間違いない。必ず会社という名やバックがあってこそ、それぞれの建設技術者が信用されるのである。一方では個人の建設技術者としての生き方も、見方をかえれば現実にはありえる。建設業界の周辺を見渡せば、たとえば大学や高校の先生になったり、あるいは設計家になったり、コンサルタントになったり、といった生き方も考えられる。

こういった人たちになろうとすれば、建設技術者として一人前としてみとめられ、自分の信念・哲学をもっていなければけっして成功しないであろう。

今、君たちはこれからの将来に対して、幅広いあらゆる選択をできる立場や位置にいることには間違いない。あわてることはない。まずは一人前の技術者となり、つねに実力を身につけていれば、君たちのところに必ずチャンスがめぐってくる。めぐってきたチャンスを生かすためには､建設技術者としての評価を高め、会社や周囲の人々を納得させる実力と実績を兼ね備えておくことだろう。

2. 建設技術者の生き方

前項で「現場代理人の２面性」は、「技術者」と「会社員」の２面であることを説明したが、もう一つ工事現場特性として「プロジェクト」というものがある。

工事現場の周辺住民、地域の自然と工事期間中にお付き合いすることである。自然破壊や近隣への騒音、さらには交通渋滞を引き起こしたりすると建設というプロジェクトを何のためにやるのか、迷惑をかけてまでやる必要があるのかと分からなくなることもある。そんなとき３つのバランスをとるための"よりどころ"がポイントになる。いわゆる生き方、人生哲学、自分の目標などである。

お金をたくさん使って赤字になって自分は良いものを作ったと技術者の満足感にひたっていれば会社から信頼されなくなってしまうだろう。一方、品質や安全をギリギリまで絞って運良く完成させたとしたら技術者としての信用は全く得られない。むしろ使命感が欠如していると見られてしまう。

地域と共にプロジェクトを完成させる。すなわち地域の行事に参加したり地域に解け込んだ施工法を考えたりすることで地域の人たちから感謝されることもある。

これから君たちは一人前になり、工事を任される責任者になっていくはずだ。そうした時、この３つを考えてもらいたい。今すぐではなく、これから５年 10 年かけて確固たる自分の"よりどころ"を築いてもらいたい。その"よりどころ"は後輩たちのお手本になるだろう。

＜これから何を築いていくのか＞

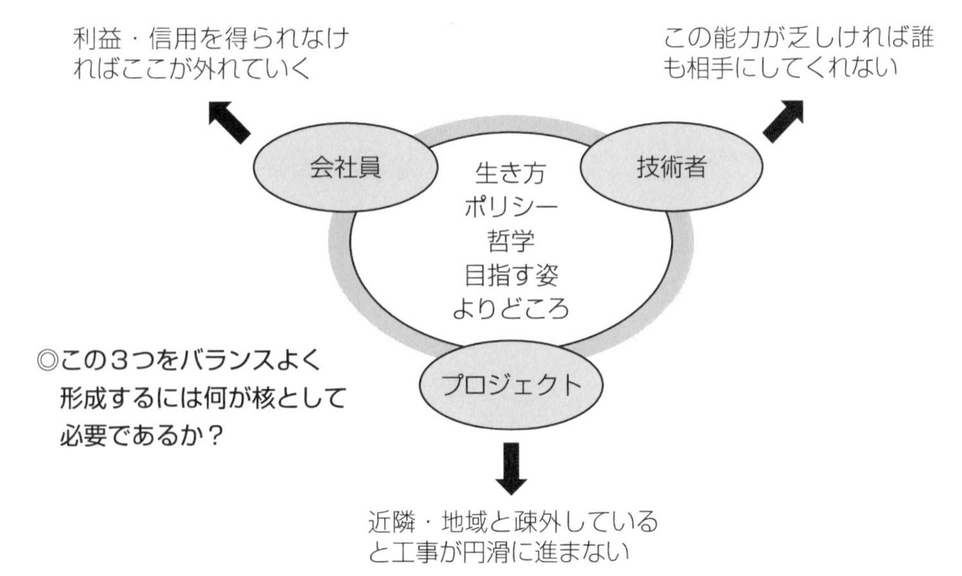

3. 積極的に「学ぶ姿勢」を養う

(1) ノート・メモからノウハウを自分のものにする

ノートは自分のノウハウの財産になるものである。自分がいつも持ち歩き、ノウハウを吸収したらメモし、それを次に使えるようにまとめておこう。活用方法は使う人が決めればよい。ただし、次の基本は外さないことが大切である。

a. ノート活用の基本

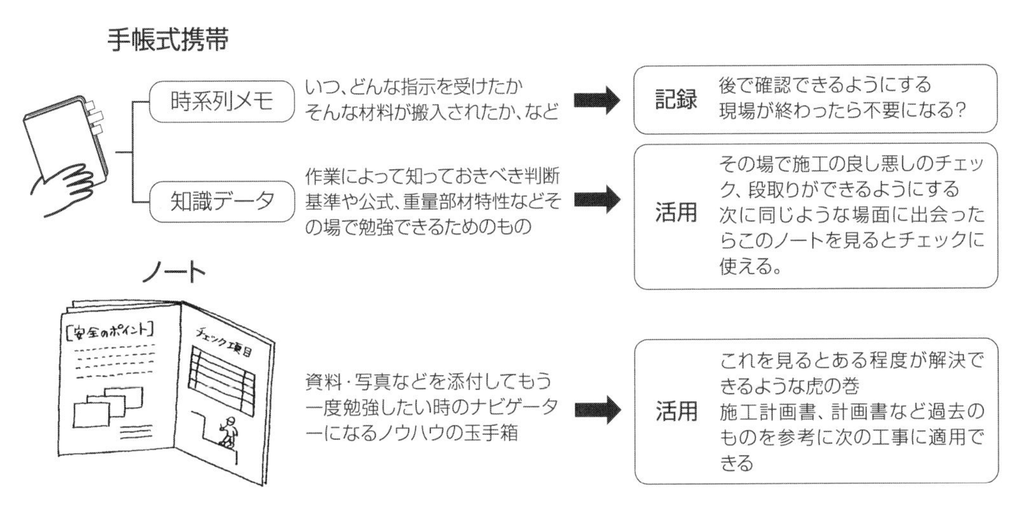

b .ノートをつくる目的

①早く専門用語・道具の使い方を覚える。
②施工のポイントを正しく理解する。
③出面を調べ、作業に要する労務数を知る。
④覚えた知識を忘れないようにする。
⑤失敗・ミスをしないようにする。
⑥将来、後輩を教える手引書になる。

＜能力の磨き方はメモをとること、生かすこと＞

●作業をよく観察して
何人で、どんな方法で、どんな材料･道具･キカイを使用して、
何日でできたかをいつも野帳にメモしておこう。

□作業チェック方法
□ミスや失敗のよくあること
□類似例の写真や略図
□作業能率（歩掛り）や材料単価
□仮設計算設計データ
□道具･材料の取扱方法、燃料消費量etc.

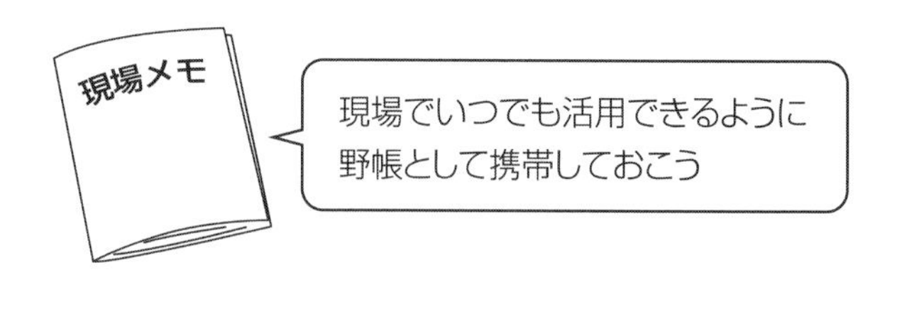

(2) 上司・先輩からよく言われる言葉

上司・先輩は何かこだわりをもっている。何か注意を促すために口癖のようにいうことがある。入社１～２年は、早く一人前にしようと先輩たちは君たちに注目している。それが「よく使う言葉」に代わっているのだ。ただし、経験の少な

い君たちにとっては、その言葉の意図が汲み取れないこともあるだろう。そんな時は恥ずかしがらずに分からないことは分からないままにせず自分から聞く姿勢が大切である。上司・先輩は、自分だけのために多くの時間を割いて手取り足取り教えてくれるわけではないことに注意しよう。

- **例**：「分からない事はすぐ聞けよ！」
- **意図**：分からないまま次の作業に進むと、そこでまた止まってしまう。また一からやり直しになる。知らないままやってしまって、あとで不具合の原因になるかもしれない。

(3) うまく教わったこと

先輩・上司は仕事の経験が長い。それだけミスや失敗を数多くしている。ミスや失敗は人間なら誰でもしている。小さなミスのときに何かに気付き、自分の仕事のやり方、考え方、生活態度、習慣を変えていくことで大きなミス、致命的な失敗を防ぐことになる。

例えば、未知の山に登るとき、一度登ったことのある人のアドバイスを聞くことが重要である。事前対策ができるからである。

建設業の仕事もこれと同じである。上司・先輩から繰り返し注意されることは、過去の経験に裏付けられたノウハウとして素直に受け止め、自分のものにしていくようにしよう。

4. さあ、これからやるぞ！

さて、これが「建設業・新入社員読本」で、君たちに贈る最後の言葉（節）になる。

(1) 社会の基本的ルールを覚える

まず、社会の基本的なルールを覚えてほしい。挨拶もできない、時間も守れないような人は、仕事ができても社会では評価されない。仕事は人と人との関係で成り立っている。気持ちよく仕事をしたり、お互いに協力し合ったりするためには、社会では礼儀やルールが求められる。会社や建設現場でも同じことだ。

たとえば、施主（発注者）と会う約束をしていて、君が時間に遅れて行ったり、約束の資料を作っていなかったりすれば、施主は君に悪いイメージを持つだろう。工事が進んで追加変更の話があったときに、施主が君に対して悪いイメージを持っていれば、君が提示した見積書がいいかげんなものではないかと考えたり、君の話を信頼できないと思ったりするかもしれない。

お互いの信頼関係で仕事は成り立っているので、それが崩れれば話し合いはうまくいかない。仕事をスムーズに進めたいのならば、社会の基本的なルールを覚えて、周りの人との関係に気を使うことだ。礼儀正しく接することで、先輩も作業者も君にいろいろなことを教えてくれたり、アドバイスしてくれたりするだろう。

(2) 現場をまかされる力量を養う

次に、早く一人前になって、自分で現場を動かせるようになろう。それまでは、先輩たちの指示に従って早く仕事を覚えていくことだ。建設用語、資材の寸法、図面の納まり、工種ごとの段取り等々、覚えることは山ほどたくさんある。一人前になるための道は険しい。

時には、先輩の段取りや施工方法に納得できないこともあるかもしれない。しかし、現場の統制をとるためには、決めたことをきちんと行うことが重要なのである。それが気に入らなければ、早く一人前になって現場を任されるようになることだ。その時には、君の力量を充分に自由に発揮することができることになる。

君が現場の責任を任せられたとすれば、現場は君の力量に応じてうまくいったり、トラブルに巻き込まれたりすることになる。段取りが悪ければ、協力会社の人たちの賃金にも影響するし現場の利益も出なくなる。

現場運営は小さな企業にたとえられるが、現場所長になれば、経営者と同じような責任と権限を持つことになる。そのときに、君は十分な力量を蓄積していなければトラブルで苦しむことになるし、力量が蓄積されていれば、思うように現場を動かすことで生き甲斐を感じることができるだろう。

(3) 誇りを持てる仕事をする

最後に、君が仕事を通して社会的な意味を見出してくれることを願っている。次の三人の石切工の話を参考にしてほしい。

・三人の石切工がいました。ある人が一人目の石切工に話しかけました。
「あなたはどんな仕事をしているのですか？」
「見ればわかるでしょう。この重くてやっかいな石を切っているのです。私は生活のために、毎日この石を切っています」と答えました。
・二人目の石切工に話しかけました。
「あなたはどんな仕事をしているのですか？」
「私は石を切る技術を磨いているのです。石を正確に切ることに、毎日挑戦しています」と答えました。
・三人目の石切工に話しかけました。
「あなたはどんな仕事をしているのですか？」
「私は教会を建てているのです。街の人たちが感嘆し喜ぶような教会を建てています」と答えました。

君は、どの石切工が素晴らしいと思うだろうか。建設物を建てることを通して、社会の人々から感謝されたり喜ばれたりした方が素晴らしいと思っただろうか。自分が造った建物（あるいは橋やトンネル）に対して誇りが持てる仕事をしてほしいと思う。

新人として、常に前向きに仕事に取り組んでほしいものだ。最初のスタートラインは、みんな平等に真っ白いはずである。どのような希望や夢を描くのも、それを実現させるのも、君自身なのだ。

さあ、これからやるぞ！がんばって建設業界を生きぬいていこうではないか。

☝練習問題　解答

第１章　建設業とは（解答）

［問題１］

・技術者としての生き方について考えてみよう。
・どのようにしたら営業や事務の立場で、建設の面白味とやり甲斐を味わうことが出来るのだろうか。
・建設物を造り上げるということは、苦労、責任は常について回る。それ以上にどんな喜びを味わえるだろうか。
・社会に役立つとはどんなときだろうか。

［問題２］

・高齢化に伴い、若年労働力を確保する。
・労働者不足は慢性的であり、施工コストを縮減するためにも生産性向上を図る。
・外国人労働力（技能実習生等）活用における現場のグローバル化に対応する。
・災害から地域を守るインフラ見回りの役割を果たす。

第２章　建設会社のしくみ（解答）

［問題１］

① 実行予算書　（　B　）
② 定期点検訪問　（　D　）
③ 安全パトロール　（　C　）
④ 企画営業　（　A　）
⑤ 上棟式　（　C　）
⑥ 計画書届出　（　B　）
⑦ 入札　（　A　）
⑧ 見積り　（　A　）
⑨ 施工検討会　（B，C）
⑩ 営業と工事の引継ぎ（　B　）

［問題２］

①工事を遂行する立場

・指示ミスや報告忘れで、作業が遅れたり、事故を招いたりする。
・測量を間違えて、作業をやり直し大損をする。
・工期を遅らせて、施主を怒らせてしまう。
・施工品質チェックを怠り、満足する建物ができなくなる。

②営業・事務をする立場

・得意先に失礼なことを言って怒らせてしまう。
・口約束したため、後でトラブルを招いてしまう。
・情報収集が遅れて、他社に仕事をとられてしまう。
・法律・税務を知らないで、施主に大損害を与えてしまう。

③設計をする立場

・施主のニーズより自分の満足する設計をして、予算内に納まらない。
・設計寸法を間違えて記入して、施工をやり直しする。
・十分な現地調査をしないと、設計通りの施工ができなくなる。

第３章　建設実務の基本知識（解答）

［問題１］

①見積書　（　E　）
②請負契約書　（　B　）
③仕様書　（　C　）
④実行予算書　（　G　）
⑤注文書・請書　（　H　）
⑥納品書　（　F　）
⑦作業日報　（　A　）
⑧月次原価報告書（　D　）

［問題２］

①（○）
②（×）騒音や振動が近隣住民に影響を及ぼすような地域を「指定区域」と

して定め、その区域内で一定以上の騒音や振動が出る工事について届出しなければならない。

③(×)「道路占用許可申請書」ではなく「道路使用許可申請書」を「警察」に届け許可をもらう。

④(○)

⑤(○)

⑥(×) 確認申請の許可が下りてから着工しなければならない。

第４章　建設現場の仕事（解答）

［問題１］

①(F)
②(J)
③(E)
④(D)
⑤(C)
⑥(H)
⑦(I)
⑧(B)
⑨(A)
⑩(G)

［問題２］

①(C)
②(C)
③(A)
④(B)
⑤(D)

［問題３］

写真①の現場については、残材は次に使うときに使いやすくすること、数量を数えやすくすること、飛散したり湿気を防ぐ養生をしたりすることなど整理整頓をすることが大切だ。一方、安全管理もある。写真にある木材は端材や使用済みのものだ。もし釘仕舞いしていなかったら踏んだ時にケガする恐れもある。現場には危険因子がいろいろある。

写真②の現場はどうだろうか。見た目に汚い。施工も粗雑と思われてしまう。「だらしない現場だ」と見られ、施工の信頼は薄らいでしまう。現場はいつも見られていると肝に銘じておくことだ。

下記は整理整頓出来ている現場なので、参考にしよう。

第5章　業務場面別ポイント（解答）

［問題1］

①(ニーズ)
②(施工実績)
③(ランニングコスト)

［問題2］

①×　数量計算は積算であり単価設定は見積である。
②○
③×　一般管理費等の経費も含める。
④×　ほぐし率約 1.2 として 24 ㎡になるので 5 台必要になる。

［問題3］

①相手の事業に関心を持つこと
　例）バリアフリー設計なら車いすの体験をする。
②相手のニーズに自社の設計ノウハウを生かすこと
　例）このような実績を持っていますと施工例を見せる。
③マナーなど好印象を与える

例）相手と良いコミュニケーションをとり信頼関係を築く。

［問題４］

①目的
②復唱
③応用

第６章　施工場面の実務知識（解答）

■共通篇

［問題１］

①（ぬきいた　）
②（みずいと　）
③（ばたかく　）
④（たまがけ　）
⑤（てんば　　）
⑥（ちょうはり）
⑦（のりめん　）
⑧（できだか　）
⑨（とこづけ　）
⑩（でづら　　）

［問題２］

①（　B　）
②（　E　）
③（　E　）
④（　C　）
⑤（　B　）
⑥（　C　）
⑦（　A　）
⑧（　E　）
⑨（　C　）
⑩（　D　）

■建築編

[問題１]

建築物の工事では、階ごとにコンクリートを打設する。各階で通り芯（①通り、A通りなど）がずれていたとしたら、曲がった建物になってしまう。下の階のスラブに出した通り芯の墨を、上の階のスラブに下げ振りで上げる（イラスト 1-1 参照）。多くの現場では下げ振りの代わりにレーザー墨出しを使っている。下の階から移した墨を基準墨として他のすべての墨を出していく。答は下の階から上の階に墨を上げるための「墨出し穴」をあけるための道具なのだ。

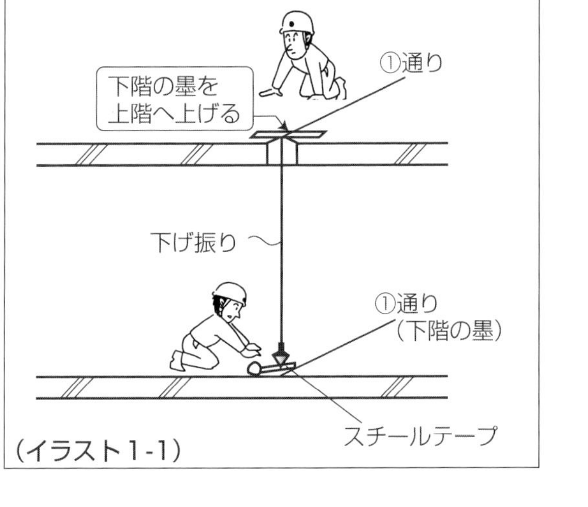

（イラスト1-1）

墨出しスリーブ受けに、ボイド（紙でできた円筒形の筒）をセットし、釘でスラブ型枠の通り芯を上げる位置に設置する（イラスト 1-2 参照）。コンクリート打設後にボイドを撤去し、貫通した穴を作る（写真 1 参照）。穴は墨出し後に、上下階の音や空気の流通がないように、コンクリートで埋め戻す。次のコンクリート打設時にコンクリートを利用して埋め戻すことが多い。

（写真1）

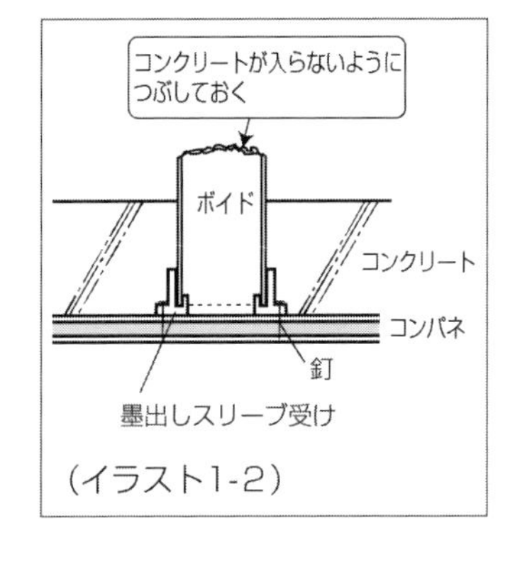

（イラスト1-2）

今回の墨出しスリーブ受けを使わない場合には、コンクリートを受けるためにサポートで底板を受けるか、針金で底板を吊るかして型枠を作る必要がある（イラスト 1-3 参照）。墨出しスリーブ受けは、プラスティック盤が受けられるようになっているので、のせるだけで済み省力化ができる（イラスト 1-4 参照）。

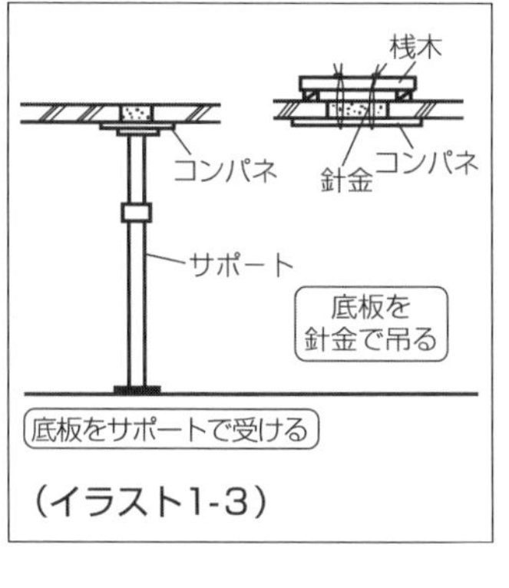

（イラスト1-3）

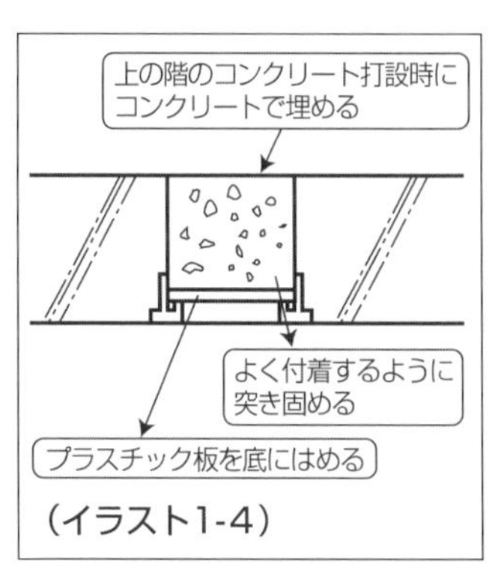

（イラスト1-4）

［問題 2］

アルミの手摺やステンレスの手摺を建物に取り付けるときには、コンクリートに脚注を埋め込む必要がある（イラスト 2-1 参照）。もし、コンクリートをそのまま打設してしまうと、手摺の脚注の部分をハツることになる。壁厚が狭いと、ハツった時に周りも壊してしまい、コンクリートを補修しなければならなくなる。

答えは、このような手戻り作業が生じないために、手摺の脚注アンカーを入れておく道具なのだ（写真 2-1 及びイラスト 2-2 参照）

（写真2-1）

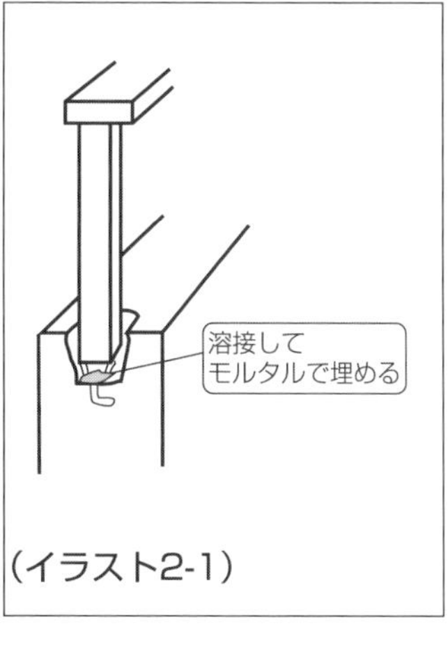

（イラスト2-1）

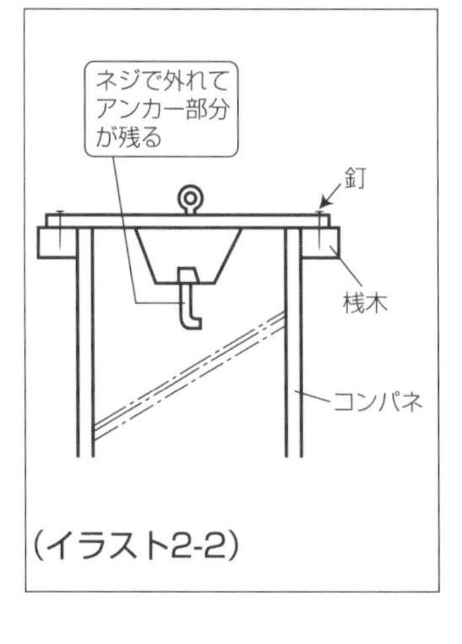

（イラスト2-2）

（写真2-2）

後打ちアンカーで手摺を固定する工法もとられている。

［問題3］

型枠工事では、型枠資材を上階に揚重する小運搬の労務がかかる。下階の部屋のタイプと上階の部屋のタイプがおなじようなマンションなどでは、下階の型枠資材がそのまま上階で使える場合に、資材の運搬の省力化のためにスラブにダメ穴をあけるために使う（写真3-1参照）。答は、資材の荷揚げ用のダメ穴をあけるために作られた道具である。

穴の大きさは、コンパネ（３尺×６尺：サブロクバンという）を斜めにして荷揚げできる大きさとする。必要最小限の寸法で、また後でダメコンを打設するときに、コンパネ１枚で底板がカバーできる（写真3-2参照）。ダメ穴は墜落の危険があるので、普段はふたをしておく（写真3-3参照）

（写真3-1）

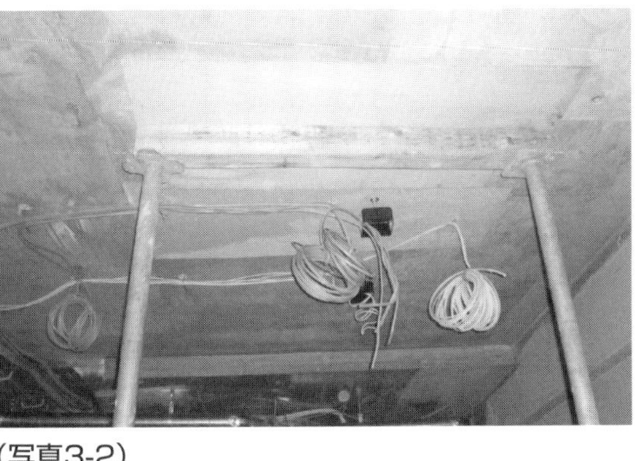
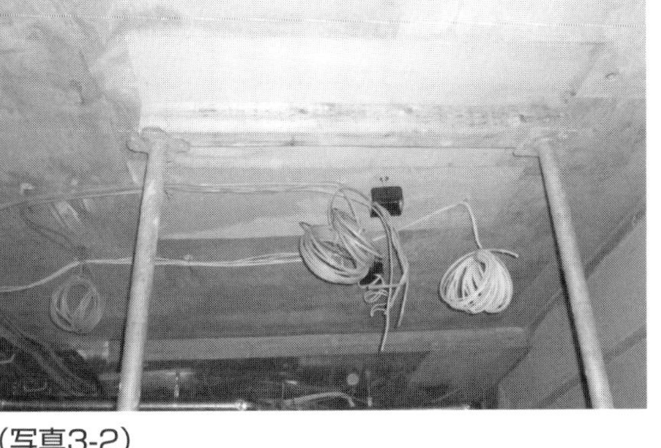

（写真3-2）

（写真3-3）

［問題４］

コンクリートはどろどろした粘性をもっていて、隅部や隙間まで充填させるには、木槌（きづち）で叩いたり、バイブレータをかけたりする。鉄のハンマーでは型枠が壊れてしまうので、木のハンマーを使う。答は、コンクリートの打設時に型枠を叩く木槌だ。

コンクリートの打設では、スラブ下で木槌を叩く人と、スラブ上でコンクリートのこぼれを処理したり、バイブレータでコンクリートを充填させたりする人に分かれる。柱の一番下はコンクリートが落ちてくる間にフープ筋に当たって分離したり、狭くなっていて充填しづらかったりするために、ジャンカ（コンクリートが分離して砂利が表面にでてしまっている状態）ができやすく良く叩く必要がある。その他に手摺や窓下、梁と柱の接続部分、階段周り、箱抜きの下端や配管が密集している箇所などは注意すべきところだ（イラスト 4-1 参照）。窓下は穴をあけておいて、充填したことを確認してふたをする方法もとっている。

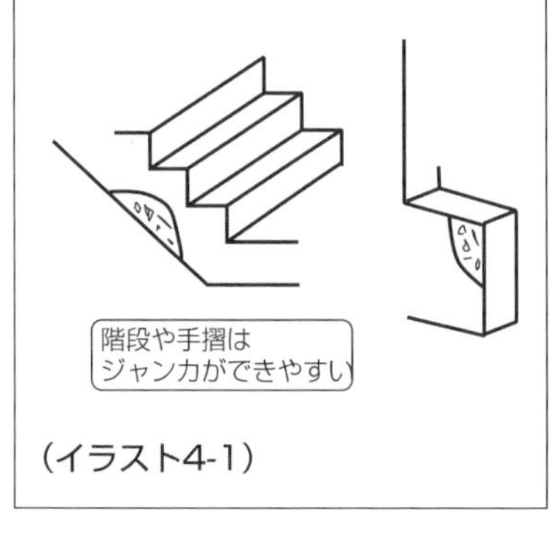

（イラスト4-1）

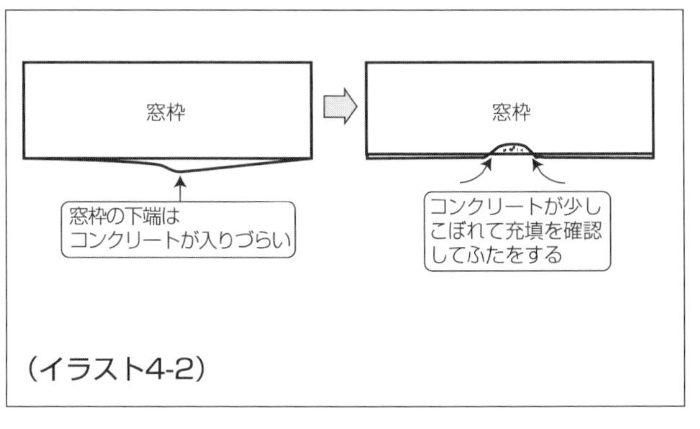

（イラスト4-2）

［問題５］

クレーン作業や仮設足場が電線から近い場合には、電線との接触事故を防ぐために防護管で電線を保護する。答は、電線をカバーする防護管だ（イラスト 5-1 参照）。

防護管は元請会社で準備し、電力会社に頼むと取り付けをしてくれる。直接手で接触しなくても、仮設足場を作成中に持っていたパイプが接触して事故を起こした例もある。クレーン作業では、電線を制約条件として揚重計画を作成することが重要だ。電線を超えて荷吊りをする場合に、吊りしろを考えておくことも必要だ（イラスト 5-2 参照）。ちなみに、クレーンは荷物の重さ、揚重半径、揚重の高さの３つの要素によって、クレーンの機種（必要な性能）が決まってくる。

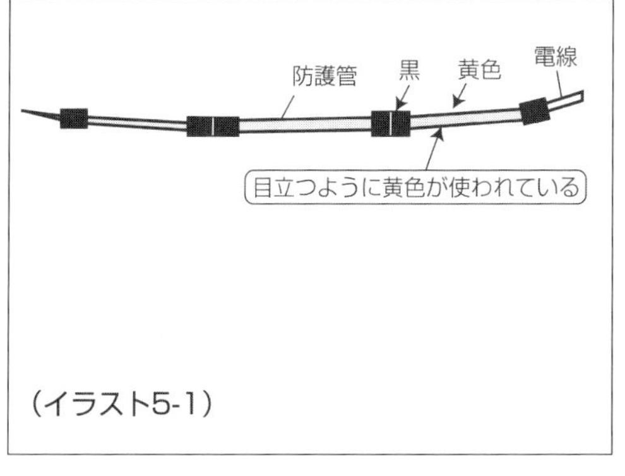

（イラスト5-1）

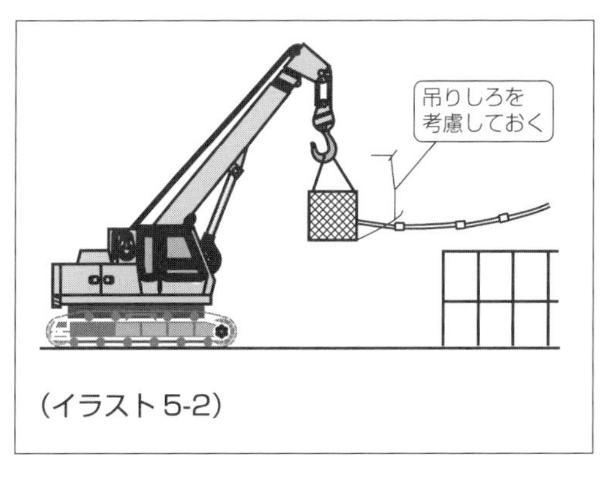

（イラスト5-2）

［問題 6-1］

①型枠がコンクリート中の水分を吸収しないよう、あらかじめ水を含ませておく。コンクリートの流れが悪くなったり、硬化に影響を与える。
②小さなゴミ等を流い流す。

［問題 6-2］

①鉄筋の配筋を乱さないように、うま等を使って配管する。
②コンクリートを圧送する時に配管が動くので、配管は型枠に固定しない。仮設足場は場合により、配管補強を必要とする。

■土木編

［問題 1-1］

周囲の土が崩れないため、および止水するため。

［問題 1-2］

①通行人や作業員が、作業半径内に立ち入らないようにバリケードをする。
②誘導員をつける。（バックするとき合図マンが必要）
③過積載（重量オーバー）しない。この他泥をタイヤにつけないなど。

［問題 1-3］

①バックホーを遊ばせないようにする。
②掘削から積込みまでのバックホーの旋回角度を短くするなど。

［問題 2-1］

コンクリートのけた（桁）を架けている。

[問題 2-2]

通常できない。長いものを２点吊りするので２台のクレーン必要。また重いものを１台のクレーンで吊るには能力の大きなクレーンが要求されコストアップになることが多い。

[問題 2-3]

①クレーンの設置場所を決める（地盤の弱いところは補強する）。
②吊る重量から必要なクレーンの大きさ（能力）を求める。
③付近の障害物の有無を調べる。
④吊り込む手順（搬入ルート、吊り込み位置など）を実査するなど。

第8章

資料編

これからもっと建設関係の知識を身につけ、一人前の建設マンになっていくための目標とする資格や、参考となる図書、ウェブサイトなどを紹介しておこう。

この資料編を、これから建設人生を歩んでいく際の参考にしよう。

1. 建設業に関連する主な国家資格一覧

早く仕事を覚えるためにも、また、対外的あるいは社内的に信用を得るためにも、資格は有力な一つの武器となるものである。忙しい毎日とは思うが時間をみつけて勉強し、資格を取得することは若い君たちの義務でもある。

(1) 施工管理・検査に関連する資格

■土木施工管理技士（1級・2級）

河川、道路、橋梁、ダム、トンネル等の土木工事において、主任技術者または、監理技術者として施工計画を作成し、現場における工程管理、品質管理、安全管理等、工事施工に必要な技術上の管理等の措置を適切に実施することを業務とする資格。

■建築施工管理技士（1級・2級）

建築一式工事、鋼構造物工事、鉄筋工事、大工工事、防水工事、内装仕上げ工事等の建築工事において、主任技術者または監理技術者として施工計画を作成し、現場における工程管理、品質管理、安全管理等工事施工に必要な技術上の管理等の措置を適切に実施することを業務とする資格。

■管工事施工管理技士（1級・2級）

冷暖房設備工事、空気調和設備工事、給排水・給湯設備工事、衛生設備工事等の管工事において、主任技術者または監理技術者として施工計画を作成し、現場における工程管理、品質管理、安全管理等工事施工に必要な技術上の管理等の措置を適切に実施することを業務とする資格。

■電気工事施工管理技士（1級・2級）

発電設備工事、送配電設備工事、構内電気設備工事等の電気工事において、主任技術者または監理技術者として施工計画を作成し、現場における工程管理、品質管理、安全管理等工事施工に必要な技術上の管理等の措置を適切に実施することを業務とする資格。

■造園施工管理技士（1級・2級）

公園工事、緑地工事、広場工事等造園工事において、主任技術者または監理技術者として施工計画を作成し、現場における工程管理、品質管理、安全管理等工事施工に必要な技術上の管理等の措置を適切に実施することを業務とする資格。

■電気通信工事施工管理技士（1級・2級）

電気通信工事において、施工計画及び施工図の作成、工程管理、品質管理、安全管理等工事の施工管理を適切に実施することを業務とする資格。

■コンクリート診断士

日本コンクリート工学会の民間資格で、コンクリート診断の専門知識を習得することで実際に役立てることができる。

■建設業経理事務士（1級・2級・3級・4級）

建築業の企業内での経理部門業務の資格。平成6年度より、公共工事の入札に係わる「経営事項審査」の見直しに伴い3級以上の有資格者が審査の評価対象となっている。

■建築仕上診断技術者〈ビルディングドクター（非構造）〉

外壁又は防水の劣化等を調査、測定したデータの評価、及び改善提案を含む報告書の作成をする資格。

■技術士

高度な専門技術と能力を有し、社会的責任を担うプロフェッショナルな資格。建設、上下水道、機械などの分野別技術部門と多種の分野をカバーする総合技術監理部門で構成される。

※施工管理技士は第1次検定合格で「技士補」を、第2次検定合格で「技士」の資格が与えられる。

(2) 土地・測量・不動産に関連する資格

■宅地建物取引士

不動産取引に関する重要事項の説明等の業務を行うための資格。（宅地建物取引業者は、その事務所ごとにその業務に従事する者の数5名に対して1名以上の、事務所以外で契約の申込みを受付ける場所〈案内書等〉に1名以上の成人である専任の取引主任者を置くことを義務付けられている。）

■測量士・測量士補

技術者として基本測量又は公共測量に従事する者は、測量法第49条の規定に従い登録された測量士又は測量士補でなければならない。測量士は、測量に関する計画を作成し、又は実施する。測量士補は、測量士の作成した計画に従い測量に従事する。(測量業者は、その営業所ごとに測量士を一人以上置かなければならない。)

■土地区画整理士

換地計画に関する専門的技術を有する者の養成確保を図るための資格。

■マンション管理士

マンションの管理の適正化や良好な住環境の確保を目的に、管理組合や区分所有者の相談に応じ、管理組合運営や大規模修繕工事などに関する助言や指導を行うことを業務とする資格。

(3) 設計・インテリアに関連する資格

■建築士（1級・2級・木造）

①建築物の設計、②建築物の工事監理、③建築工事の契約に関する事務、④建築工事の指導監督、⑤建築物に関する調査または鑑定、⑥建築に関する法令または条例に基く手続きの代理等を行うことができる業務とする資格。

■建築設備士

大規模の建築物その他の建築物の建設設備に係る設計または工事監理を行う場合の建築士に対して、建築設備に関するアドバイザーを業務とする資格。

■インテリアコーディネーター

インテリア関連業種の専門店、住宅・施工業者、販工店または独立自営にてインテリア商品の選択、インテリアの総合的構成等について適切な助言、提案を行う業務とする資格。

■福祉住環境コーディネーター

高齢者や障害者に対して住みやすい住環境を提案するアドバイザーの資格。1級から3級までの3種類があり、上級になるほど専門性が高くなる。

(4) 電気設備、機械設備に関連する資格

■電気工事士（第一種、第二種）

電気設備の工事・取扱いの際に必要な資格。第二種が扱える範囲は一般住宅、小規模な店舗や事務所などの600 V以下で受電する設備。第一種は第二種の範囲に加え、最大電力500キロワット未満のビルや工場、大規模な店舗などが対象になる。

■第三種電気主任技術者

発電所や変電所、工場やビルなどに設置されている電気設備の保守・監督を行うための資格。第三種は電圧が５万ボルト未満の事業用電気工作物（出力５千キロワット以上の発電所を除く）が対象になる。

■消防設備士甲種

甲種は消防設備の点検・整備・交換工事を行う資格。
第１種：屋内消火栓設備・スプリンクラー設備・水噴霧消化設備など
第２種：泡消火設備・パッケージ型消火設備・パッケージ型自動消火設備など
第３種：不活性ガス消火設備・ハロゲン化物消火設備・粉末消火設備など
第４種：自動火災報知設備、ガス漏れ火災報知設備、火災通報装置など

■消防設備士乙種

乙種は消防設備の点検・整備を行う資格。
第７種：漏電火災警報器

■電気通信主任技術者

電気通信ネットワークの高い知識が求められ、電気通信ネットワークの工事、維持及び運用の監督責任者の資格。次の２種類の資格者証がある。

- 伝送交換主任技術者資格者証は、監督の範囲が電気通信事業の用に供する伝送交換設備及びこれに附属する設備の工事、維持及び運用。
- 線路主任技術者資格者証は、監督の範囲が電気通信事業の用に供する線路設備及びこれらに附属する設備の工事、維持及び運用。

2. 新入社員のための参考図書等

早く一人前の現場代理人になるために、参考になる関連書籍等を列挙した。自分の努力次第で、身につきかたも違ってくる。建設現場を見て、なぜ、そうなっているのかを本などで理解を深めるようにしよう。

(1) 書籍

- **『建設人ハンドブック』（日刊建設通信新聞社刊）** 毎年建設業界のトレンドを反映して、建設業界の最前線の情報をわかりやすく説明している。［建設業に従事している人向き］
- **『施工がわかるイラスト建築生産入門』一般社会法人 日本建設業連合会編集（彰国社刊）** 一つの建築物が出来上がる着工から完成までの過程を、イラストを中心に各工事のポイントを解説している。［建築向き］
- **『ゼロからはじめる建築の〔施工〕』原口秀昭著（彰国社刊）** 建築施工の手順と要点を説明している。［建築向き］
- **『建設現場技術者のための施工と管理実践ノウハウ』中村秀樹・高木元也・志村満共著（オーム社刊）** 建設業の生きた施工知識、工事管理の考え方、工事進行のノウハウを提供している。［土木・建築向き］
- **『建築工事担当者のための施工の実践ノウハウ』志村満著（オーム社刊）** 建築工事の工種ごとに、施工知識、施工管理のポイントを説明している。
- **『建設業コスト管理の極意』中村秀樹・志村満・降籏達夫共著（日刊建設通信新聞社刊）** コストに関して 87 項目をQ＆A形式で伝授している。［建築・土木向き］
- **『安全法令ダイジェスト』（労働新聞社刊）** 建設現場に関係する労働安全衛生法令について、コンパクトにまとめてある。［建築・土木向き］
- **『工事運営のリーダーシップ』中村秀樹著（日本コンサルタントグループ刊）** 事例を中心に現場代理人のリーダーシップを実務に基づいて解説している。［建築・土木向き］
- **『こうすれば現場は働く』中村秀樹著（日本コンサルタントグループ刊）** 現場代理人として一人前になっていくためのハードルを簡潔明瞭にまとめてある。［建築・土木向き］
- **『図解 建築用語辞典』建築用語辞典編集委員会編集（オーム社刊）** 建築全般にわたり基本的な用語約 6300 語を、図、写真、表などを入れて説明している。［建築向き］

- **『新入社員のための「工事管理」入門』中村秀樹著（日本コンサルタントグループ刊）** 事例が豊富で建設業ならではの醍醐味やおもしろさがつかめる。［建築・土木向き］
- **『建設業の実践 OTJ 読本』中村秀樹・志村満・小澤康宏共著（日本コンサルタントグループ刊）** 教育担当者・工事担当者・先輩社員が実務の中で、若手人材育成のコツを習得できる。［建築・土木向き］
- **『初めて学ぶ建築実務テキスト 建築施工図』大野隆司監修（市ヶ谷出版社）** 建築躯体図の見本が付いていて、施工図の基本を学ぶことができる。［建築向き］
- **『新人教育－電気設備』一般社団法人 日本電設工業協会（オーム社）** 電気設備工事の新人向けに基礎となる設計、積算、施工について説明している。［電気設備向き］
- **「現場がわかる！電気工事現場代理人入門」志村満著（オーム社）** 初めて電気工事の現場代理人になった香取君とともに施工管理のポイントを、エピソードを交えながら学ぶ。（電気設備向き）
- **「改訂版イラストでわかる給排水・衛生設備の技術」中井多喜雄著他（学芸出版社）** 給水設備、給湯設備、排水通気設備、衛生器具設備、ガス設備について、イラストを入れて易しく解説。（給排水設備向き）
- **「改訂版イラストでわかる空調の技術」中井多喜雄著他（学芸出版社）** 空気調和のはなし、空気調和機、熱源装置、空気環境測定などについて、イラストを入れて易しく解説。（空調設備向き）
- **『新人・若手建設社員の仕事の基本とマナー』中村秀樹著（日本コンサルタントグループ刊）** 建設業の仕事への心構えとマナーを、豊富なイラストをまじえてやさしく解説した入門書。［営業・事務向き］
- **『建設業の営業担当者読本』酒井誠一著（日本コンサルタントグループ刊）** 中堅・中小建設業のための営業全般の幅広い必須知識を分かりやすく解説している。［建築・土木向き］
- **『建設工事担当者の「現場管理力」養成読本』志村満著（日本コンサルタントグループ刊）** 若手現場担当者が現場の管理力と基本を学ぶための手法を「工程・原価・品質・安全」に沿って解説。［建築・土木向き］
- **『工事監督物語 1 技能編』原作：泰村元次郎　作画：玄場育三（清文社）** 担い手の確保育成に向けた新しいタイプの漫画指南書。素人が現場で技能のコツを覚えていく過程をリアルに描写している。
- **『工事監督物語 2 施工管理編』原作：泰村元次郎　作画：玄場育三（ワンダーベル合同会社）** 現場代理人を目指す若手に工事と現場運営のあり方を考えさせる現実描写の漫画指南書。建設会社の生きる道を照らしてくれる。

・**『知っておきたい安全作業の周知徹底』原作：泰村元次郎　作画：玄場育三（ワンダーベル合同会社）** リョウはいかにして安全意識を現場に浸透させていったか。現場代理人になったとき、作業者への安全管理のポイントを漫画でアドバイスしてくれる。

(2) ウェブサイト

・**国土交通省**：建設業界のこれからの方向性や統計資料を活用することができる。
・**新技術情報提供システム（NETIS）**：様々な新技術が登録されていて検索することができる。
・**建設現場へ GO！**：建設業の専門業種の動画をはじめ、工事現場で役立つ情報を提供している。
・**一般社団法人全国建設業協会**：全国建設業協会のホームページ。
・**一般社団法人日本建設業連合会**：建設業ハンドブックのような総合的情報を始め、土木、建築、安全、環境に関する多くの実務情報を提供している。
・**日経クロステック（xTECH）**：日経クロステック（xTECH）は IT、自動車、電子・機械、建築・土木など、さまざまな産業分野の技術者とビジネスリーダーに向けた技術系デジタルメディアである。日経コンストラクション、日経アーキテクチュア、日経ホームビルダーなどの記事の一部を読むことができる。
・**日本コンサルタントグループ建設産業研究所**：建設に関する情報が盛りだくさん。建設書籍やセミナーの情報もある。
・**一般財団法人建設業技術者センター**：建設技術者のためのコミュニティサイト CONCOM で、現場の失敗と対策、現場監理の達人、現場のマネジメント学など、現場担当者に役立つ情報を提供している。
・**一般社団法人全国土木施工管理技士会連合会**：各講習会やセミナーの案内、施工現場で実施した施工事例についての技術論文などを提供している。
・**建設業労働災害防止協会**：建設業の災害状況、安全衛生講習、事故に関する情報を提供している。

【著者紹介】

中村 秀樹（なかむら・ひでき）

ワンダーベル合同会社 建設コンサルティング＆教育統括

名古屋工業大学土木工学科卒。大手ゼネコンにて、高速道路、新幹線の橋梁工事に従事。また、シンガポール地下鉄工事や北極海石油開発プロジェクトに参画。米国建設会社での実務経験を有し、建設マネジメントの実践および現場代理人教育の第一人者。1985年より日本コンサルタントグループにて数々の建設企業を指導・教育したのち2013年より現職。建設省メカテクノビジョン委員、公共工事コスト縮減委員ほか、建設業協会、銀行、保証会社等の講師を歴任。マスターマネジメントコンサルタント登録（J-MCMC13029）。

〈著書〉

『現場営業実践ノウハウ』（共著：清文社刊）
『施工と管理—実践ノウハウ』（共著：オーム社刊）
『安全活動にカツを入れる本』（共著：労働調査会刊）
『新人・若手建設社員の仕事の基本と実践マナー』『建設業の実践OJT読本（改訂版）』『建設業・コストダウン読本』『建設業・現場代理人のコミュニケーション養成読本』『建設業・現場代理人実践読本』『変われますか！ 建設現場代理人』（共著）（以上、日本コンサルタントグループ）他、多数。

志村 満（しむら・みつる）

株式会社日本コンサルタントグループ 建設産業研究所

中堅ゼネコンにて現場管理、デベロッパーにて建築工事監理と土地事業化に従事。1994年より建設業専門のコンサルタントとなり、現場代理人研修、階層別研修、OJTトレーナー研修、人材育成制度づくり、人事評価制度づくりなど、建設業向けの様々な研修や建設業の各種制度づくりのコンサルタントとして活動している。一級建築士、一級施工管理技士、全能連認定マスターマネジメントコンサルタント登録（J-MCMC15057）。

〈著書〉

「建築工事担当者のための施工の実践ノウハウ」「現場がわかる！電気工事・現場代理人入門」「建設現場技術者のための施工の管理・実践ノウハウ（共著）」（以上、オーム社）
「建設工事担当者の「現場管理力」養成読本」「建設業のための部下育成読本」「現場代理人のコミュニケーション養成読本（共著）」「建設業の実践OJT読本（共著）」（以上、日本コンサルタントグループ刊）
「建築工事施工管理の極意」「建設業・コスト管理の極意（共著）」（以上、日刊建設通信新聞社刊）、他多数

建設業 新入社員読本 第3版

1996年3月12日　初版第1刷発行
2005年3月25日　第2版第1刷発行
2021年1月20日　第2版第22刷発行
2022年9月1日　第3版第1刷発行
2024年3月15日　第3版第2刷発行

著　者　中村　秀樹／志村　満
発行者　清水　秀一
発行所　株式会社日本コンサルタントグループ
〒161-8553　東京都新宿区下落合三丁目22-15
電話 (03) 3565-3729　　FAX (03) 3953-5788
振替　00130-3-73688

ISBN 978-4-88916-514-2　C2034

【写真提供・協力】
イトウ／北川ヒューテック／近藤建設／松下産業／川口土木建築工業／常陽建設
平和建設／深松組／ノザキ建工／北村組／蜂谷工業／内山建設／城東建設

【カバー・表紙・扉デザイン、イラスト（一部）】
Rococo Creative 下村　滋子

【印刷】
日経印刷株式会社

建設業新入社員向け

e-Learning教材

- 初期教育が新入社員のやる気を育てます -

映像世代の学習に最適

- PC、スマホ、タブレットで場所・時間を問わず個人のペースで学習できます。
- 繰り返し学習が可能ですので「自分だけ知らないのかな？」という不安を解消します。

低コストで学習機会を提供

- 低コストで集合研修の事前・事後学習教材として、また独習教材として活用できます。
- 管理画面で受講者一人ひとりの学習状況やテスト結果を確認できます。

建設業基本コース【共通編】

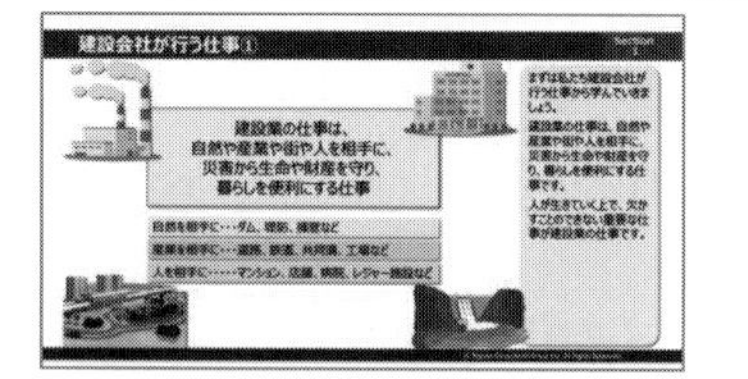

建設業基本コース【現場入門編】

内容

建設業基本コース【共通編】	建設業基本コース【現場入門編】
・建設業の基礎知識 ・建設業界の基本用語【会社編】 ・建設業界の基本用語【工事編】 ・建設会社のしくみと仕事の流れ 【収録時間90分・WEBテスト45問】	・建設現場の仕事 ・品質管理 ・安全管理 ・現場で成長するために 【収録時間34分・WEBテスト40問】

建設業基本コース【共通編】	建設業基本コース【現場入門編】
建設会社の新入社員の方 （内容はゼネコン向けです）	建設会社の新入社員で現場配属予定の方 （内容はゼネコン向けです）

建設業基本コース【共通編】	建設業基本コース【現場入門編】
受講料：1人5,000円（税別） 受講期間：4か月	受講料：1人3,000円（税別） 受講期間：4か月

建設業の法令遵守シリーズ

建設業における法令遵守の基本を習得することを目的に、「建設業法」「労働安全衛生法」の２つをテーマにしたコースをリリースしました。

新入社員に限らず、若手社員や転属者・中途採用者の教育など、幅広い方を対象としています。全社のコンプライアンス教育としてもご活用ください。

建設業法の基本知識コース

学習のねらい

建設業法の概要を理解するとともに、建設業法において定められている、適正な営業体制・契約体制・施工体制について学びます。理解度を促進するために、各単元に確認問題が配置されています。

内容

1. 建設業における法令遵守の重要性
2. 建設業法の概要
3. 建設業法の重要ポイント
   - 3-1 適正な営業体制
   - 3-2 適正な契約体制
   - 3-3 適正な施工体制

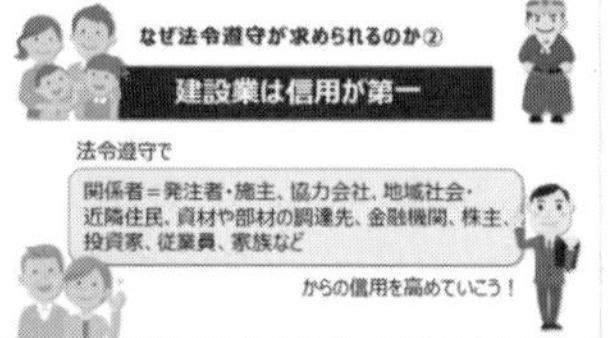

【収録時間80分・WEBテスト46問】

労働安全衛生法の基本知識コース

学習のねらい

労働安全衛生法の概要を理解するとともに、事業場における安全衛生管理体制と労働災害防止に関して、発注者・事業者・労働者それぞれの責務についての学びます。理解度を促進するために、各単元に確認問題が配置されています。

内容

1. 労働安全衛生法の概要
2. 労働安全衛生法で使われる基本用語と定義
3. 安全衛生管理体制と安全配慮義務
4. 建設業法（適正な契約体制）
   - 4-1 注文者としての責務
   - 4-2 各事業者としての責務
   - 4-3 労働者としての責務
5. 労働災害（労災）隠し問題と罰則

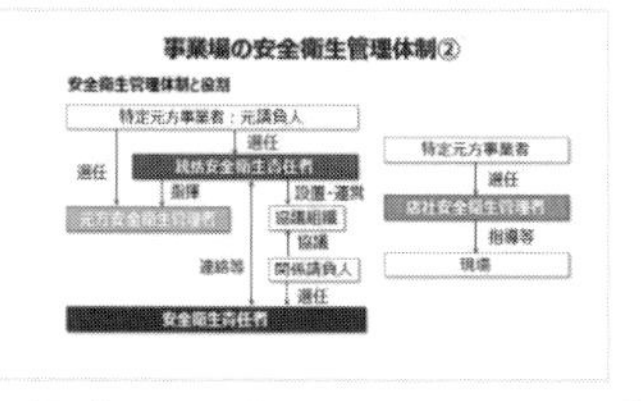

【収録時間60分・WEBテスト52問】

対象者：建設会社の新入社員、若手社員、転属者、中途採用者（全従業員）
受講料：1人1コース：3,000円（税別）
受講期間：4か月